The Hidden Treasures of Taiwan's Wild Orchids

臺灣野生蘭圖誌

鐘詩文——著

臺灣野生蘭圖誌

作　　者　鐘詩文
總 策 畫　陳穎青
系列主編　謝宜英
責任編輯　李季鴻
特約編輯　胡嘉穎
協力編輯　陳妍妏、張蘊之
內容校訂　林哲緯
版面構成　劉曜徵、張靖梅
封面設計　高偉哲
插畫繪製　林哲緯
影像協力　王晉軒、林毅瑋、許盈茹、許茵茵、陳昱卿、廖于婷、蔡良聰
校　　對　李季鴻、林哲緯、胡嘉穎
總 編 輯　謝宜英
行銷業務　林智萱

─────────

出 版 者　貓頭鷹出版
發 行 人　凃玉雲
發　　行　英屬蓋曼群島商家庭傳媒股份有限公司城邦分公司
　　　　　104台北市民生東路二段141號2樓
劃撥帳號：19863813；戶名：書虫股份有限公司
城邦讀書花園：www.cite.com.tw購書服務信箱：service@readingclub.com.tw
購書服務專線：02-25007718～9
（週一至週五上午09:30-12:00；下午13:30-17:00）
24小時傳真專線：02-25001990；25001991
香港發行所　城邦（香港）出版集團
　　　　　　　電話：852-25086231／傳真：852-25789337
馬新發行所　城邦（馬新）出版集團
　　　　　　　電話：603-90563833／傳真：603-90576622
印製廠　五洲彩色製版印刷股份有限公司
初版　2015年12月
定價　新台幣990元／港幣330元
ISBN　978-986-262-108-0
有著作權‧侵害必究

國家圖書館出版品預行編目(CIP)資料

臺灣野生蘭花全圖鑑 / 鐘詩文著.
-- 初版. -- 臺北市：貓頭鷹出版：
家庭傳媒城分公司發行, 2015.12
440面；17x23公分
ISBN 978-986-262-108-0（精裝）
1.蘭花 2.植物圖鑑 3.臺灣
435.3025　　　　　101019338

讀者意見信箱　owl@cph.com.tw
貓頭鷹知識網　http://www.owls.tw
歡迎上網訂購；大量團購請洽專線(02)2500-7696轉2725‧2729

貓頭鷹

本書定稿蒙許天銓先生多方協助，特此申謝。

目次

作者序

　　臺灣的蘭科植物種類有400種以上，約佔開花植物的十分之一，是臺灣最大的科，也是臺灣非常重要的天然資源。臺灣野生蘭的歧異及美麗，是難以界說的；三片花萼、三枚花瓣、一個蕊柱，如此簡單的要素，在臺灣卻演繹出許多令人驚奇的繁複花姿，並廣泛的適應臺灣各地的生境，從海邊、低海拔的荒野、草原、校園，延至中海拔的森林內，甚至高峰絕頂均有它們的存在；這島上的蘭花有的是如此明豔動人，但更多的種類僅有單純明朗的線條及乾淨澄定的顏色，而這樣的蘭花更令人迷戀。它們像隱士般，有的匿跡小隱於樹冠層中，平日僅與山風對話，啜飲霧露度日，凡人難以謀面，地生者也常只是一抹綠，似野間的平凡一介草菅，但開花時又絕然的全力，展現它的美絢，而不在少數的無葉綠素蘭花，終其一生隱於林床下，僅與蘭菌共生共活，為了履約傳宗的演化大法，才結伴從地下竄出，交換基因，花後結實，旋即再度隱入地中；如此迷人的身世及姿態，無怪乎深受世人喜愛。

　　大學及研究所我有幸投入歐辰雄老師的門下，那時研究室有許多的生態及植群調查計劃必需執行，那些年，我們追的是一個個的山頭及植物；我們的假日及寒暑假，都在臺灣各山林從事植物調查，而同伴中有數個很熱衷野生蘭者，我也耳濡目染，開始在山中追蘭蹤，那時中部山區的野生蘭仍豐饒及多樣，印象中那時我們已看過撬唇蘭、香蘭、小鹿角蘭、阿里山豆蘭、香莎草蘭、黃花捲瓣蘭、脈葉蘭、金稜邊、新竹石斛等珍稀美麗野蘭，更常在樣區內遇見各式各樣的蕙蘭屬植物及金線蓮，那些年，我們都是蘭花狂，找尋野生蘭是我年輕時的回憶之一。

　　離開學校後，我有計劃的紀錄臺灣所有的野生植物，拍完了臺灣的木本植物、菊科植物後，我開始決心拍攝臺灣的全部野生蘭，這時巧好認識了許天銓先生，他的蘭花分類學底蘊深厚，又極度醉心稀有野生蘭的搜尋，是一個尋蘭的好友伴，與他多年的披星戴月，穿梭山林，終於紀錄了較完整的臺灣蘭科影像。蘭花是一群受眾人注目的植物，世界上有許多的蘭花圖鑑，但全以野外生態照形式，記錄大區域的全圖鑑卻寥寥可數，努力了數年，我們也終於有了如此完整的野生蘭圖鑑，冀希這本書亦能向外彰顯臺灣蘭島之實，是個美麗多元的綠色島國。

　　任何的成就，都不可能不奠基在前人的基礎上，任何的成果，都不可能沒有眾人的支援，感謝曾經在這蘭島上幫我過的所有人，包括在山路上讓我搭便車的陌生人，以及被遺忘的福山伯明*。

鐘詩文

註：Fukuyama Noriaki, 1912－1946，研究臺灣蘭科日籍
　　植物學家，發表超過100種新種植物。

賞蘭入門——快速識別法大公開

在臺灣，野生蘭的種類多達四百餘種，那麼，我們該如何快速、正確的判別，在野外看到的是那類的蘭科植物呢？雖然本書已替讀者搜羅了幾近全數的臺灣野生蘭，只要知道它是那一屬或那一類，再利用本書加以確認，你很快就可以變成臺灣野生蘭達人，但對許多初學者來說，如何分屬（類）還是有些難度的。所以，為了讓大家都能順利的 找到你發現的是何類植物，在這裡，我們將介紹幾個簡單的方法，幫助初學者快速辨識是何屬（類）蘭種，再進一步的使用本書，順利找到「它」的名字。

舉頭望「附生」，低頭見「地生」

蘭花大致上可以分成地生及附生二大類，

地生類：凹唇軟葉蘭（沼蘭屬）。

附生類：撬唇蘭（撬唇蘭屬）。

長在大樹上的附生蘭科植物，非常的多，而地生類的蘭花則是最容易在野外看到的。

地生類

葉形似竹葉的蘭屬

地生蘭中，以葉子頗大，葉片上有許多平行起伏且醒目的葉脈，形似竹葉的根節蘭屬最容易被發現，此屬在本書中有21種，花色包含白色、黃色及粉紅色，其中白鶴蘭、臺灣根節蘭及長距根節蘭族群量最多，很容易於臺灣的各山區見著。

在臺灣，與根節蘭屬一樣具有竹葉形狀且葉面有摺皺，親緣關係也很相近的有鶴頂蘭屬及肖頭蕊蘭屬，這二屬植物的葉片通常較大，相較於根節蘭，鶴頂蘭屬的植物具更大的假球莖（即莖基部膨大而成），肖頭蕊蘭屬的假球莖則拉長呈直立莖狀。

具竹葉般葉片的種類還有許多的小屬：白及屬、一葉蘭屬、頭蕊蘭屬、罈花蘭屬、黃唇蘭屬、馬鞭蘭屬、管花蘭屬、部份芋蘭屬、安

臺灣摺唇蘭（摺唇蘭屬）。

長距根節蘭（根節蘭屬）。

細花山蘭（山蘭屬）。　金稜邊（蕙蘭屬）。

蘭屬、部份地生羊耳蒜屬、軟葉蘭屬及杜鵑蘭屬植物皆是。

　　此外，另有一群葉片亦像竹葉的蘭花，但它們的莖木質化，摸起來很乾硬，不像上述其它的種類，莖非常的鮮綠及肉質，它們分別為鈴蘭屬、摺唇蘭屬（竹莖蘭屬）及管花蘭屬等，其中又以摺唇蘭屬最易見。

葉子帶狀的蘭屬植物

　　在臺灣的野生蘭中，有一群的葉子呈帶狀，在植物形態學稱為線形或長披針形，它們分別為蕙蘭屬植物及山蘭屬植物，蕙蘭屬的許多種類在園藝流通上被簡稱為國蘭，為花市最易看到的蘭花之一，臺灣大約有十種，它們的葉子乍看像禾本科或莎草科的植物；蕙蘭於一植株大都有五片以上的葉呈叢生狀，山蘭則通常僅一或二片的葉，這是它們之間的簡易區別法。

絢麗斑葉的寶石蘭類

　　蘭科是外觀變異很大的植物，相應的，它的葉片外形亦非常的多元，有一群地生的蘭花，葉表面有條紋或連成網狀的線絡，在國外喚為Jewel Orchids（寶石蘭），泛指熱帶地區陰暗林床上，那些葉片有著炫麗花紋但花朵不太起眼的蘭科植物，這群植物大都屬於綏草亞科，如金線蓮屬、斑葉蘭屬和角唇蘭屬、小部分的指柱蘭屬、線柱蘭屬及齒唇蘭屬植物皆是。它們的植株都很迷你，包括花莖約僅10至20公分高，甚至更小。

銀線蓮（斑葉蘭屬）。

臺灣金線蓮（金線蓮屬）。

一莖一葉的迷你蘭類

有些蘭花它們的全株僅有一或二片葉，如盔蘭屬就只有一枚心形的葉片，長約1公分左右或甚至更小，且只開一朵花；如此迷你的單葉種類尚有絲柱蘭屬，但它開花時花莖上會多出一至二枚小葉。

紅盔蘭（盔蘭屬）。　　　絲柱蘭（絲柱蘭屬）。

一莖一葉的小蘭花

在臺灣的地生蘭中，葉片數量只一枚，較大且亦呈心形者，最多且最有名的當屬脈葉蘭屬植物了，它們皆先開花後長葉子，物候特性相當不一樣，部分種類的葉緣有稜有角，故多有八卦癀之稱呼。此外，葉子尺寸再大一些的類群，有美麗的柯麗白蘭屬植物，它們具摺皺感的葉片上，常有一點一點的深綠暈斑；隱柱蘭屬亦僅有一至二片葉，且表面也可能有深綠斑點，但它們的葉表是平滑的，可與柯麗白蘭屬區別。韭葉蘭屬的葉子也常單生，它的葉呈圓柱狀似韭葉，非常特殊。又，在高山，鐵杉林內，葉單一，長橢圓形，葉表單純綠色的是兜蕊蘭屬。

小兜蕊蘭（兜蕊蘭屬）。　蓬萊隱柱蘭（隱柱蘭屬）。

柯麗白蘭（柯麗白蘭屬）。　大漢山脈葉蘭（脈葉蘭屬）。

一莖二葉的美蘭

在蘭科中，還有許多種類僅有二片葉子，最著稱的是鳥巢蘭屬的植物，大部份皆長在冷溫帶地區，植株均高約10公分左右，是小個子們；另外，長在中海拔約1,500公尺的羊耳蒜們如白花羊耳蒜、彎柱羊耳蒜、德基羊耳蒜、長穗羊耳蒜、雙葉羊耳蒜及尾唇羊耳蒜，這些稀有的羊耳蒜們，它們都是雙葉類的野生蘭；小喜普鞋蘭及臺灣喜普鞋蘭亦是雙葉者。

梅峰雙葉蘭（鳥巢蘭屬）。　臺灣喜普鞋蘭（喜普鞋蘭屬）。

高山頂的蘭花

在臺灣海拔3,000公尺以上的地區，雖然這裡的環境是碎石坡，冬溫極低，但仍有許多植物生長在這裡，如喜普鞋蘭屬、小蝶蘭屬及雛蘭屬等，它們的顏色特別鮮豔，若在這區域你

高山粉蝶蘭（粉蝶蘭屬）。　奇萊紅蘭（小蝶蘭屬）。

碰到的是開著粉紫紅色花朵的野蘭，那極有可能是小蝶蘭及雛蘭屬植物。而在高山草坡上生長，花為綠色且上端花被常聚攏，看來類似罩狀的則是粉蝶蘭屬植物。

唇瓣常絲裂的玉鳳蘭

若是葉身厚肉質，一如鴨趾草科的葉形，且其花之唇瓣深裂成絲狀裂片，那八九不離十，應該是玉鳳蘭屬的種類！

叉瓣玉鳳蘭（玉鳳蘭屬）。

無葉綠素蘭──「花」期現蹤

另外，臺灣還有一群僅在開花時才會從地下冒出的無葉綠素蘭，這些野生蘭在臺灣有鬼蘭屬、上鬚蘭屬、山珊瑚屬、蔓莖

緋赤箭（赤箭屬）。

山珊瑚屬、肉果蘭屬、赤箭屬、皿柱蘭屬、肉藥蘭屬及長花柄蘭屬等，看到這樣習性特殊的植物，逕查這些屬即可。

附生類

全世界第一及第二的大屬——豆蘭屬及石斛屬

　　以附生形式生長的蘭科植物又稱為「著生蘭」，在眾多的著生蘭中，最大的屬為豆蘭屬（捲瓣蘭屬），其次為石斛屬。一般而言，豆蘭都具有橫走式的根莖之構造，根莖有長有短，下面生根，上頭間隔或疏或密著生假球莖，假球莖單生一枚厚革質的葉片。多數種類的假球莖形狀如豆，故有豆蘭之稱呼；它們的側萼片大部份會捲曲，故又名為捲瓣蘭。具渾圓有光澤的假球莖者，臺灣尚有烏來石山桃，但它一假球莖上有兩枚葉，不難區分，但臺產中有一名為綠花寶石蘭者，其植株一如豆蘭屬

植物，即使資深蘭友也常搞混，但花朵則大異其趣。而石斛屬也是臺灣山野中常見的類群，它們的假球莖具有明顯之節，細長或肥厚而呈棍棒狀，有些種類看似竹莖，花自假球莖的節上抽出；類似的長相在臺灣尚有暫花蘭屬（木槲）。

黃花石斛（石斛屬）。

花蓮捲瓣蘭（豆蘭屬）。

唇瓣基部囊袋形的松蘭屬

　　松蘭屬（盆距蘭屬）植物屬於小型單莖性著生蘭，臺灣原產約八種，它們的葉片大部份二列互生，長橢圓形，唇瓣基部囊袋形，很像「距」的形態，所以有盆距蘭之別名，由於在臺灣早期較常被發現於松樹枝幹上，所以稱之為松蘭。

合歡松蘭（松蘭屬）。

葉形扁平的莪白蘭

　　莪白蘭，又名鳶尾蘭。葉扁平，線狀披針形，像是一把劍，二裂互生，懸垂附生枝幹，

高士佛莪白蘭（莪白蘭屬）。

是很容易辨識的迷你蘭花。除大莪白蘭外，其餘莪白蘭葉長多不及10公分。

針狀特殊葉的蘭屬

　　著生蘭不乏葉形特殊者，有針狀似松針者：撬唇蘭、小鹿角蘭，其造型特殊，在臺灣的植物中 無僅有；葉呈圓柱形如大針者則為金釵蘭屬。

小鹿角蘭（鹿角蘭屬）。

帶狀二列互生的迷你蘭—風蘭屬

　　臺產大部份風蘭屬的葉為線狀長橢圓形，二列互生，葉大抵不超過10公分，花一次開一兩朵，半天即謝，也是一群不難認的植物。

高士佛風蘭（風蘭屬）。

大型蘭——萬代蘭類植物

有著單莖，上生有許多的帶狀，革質葉，外觀像花市萬代蘭的臺灣野生蘭，有雅美萬代蘭、蕉蘭、龍爪蘭和隔距蘭（閉口蘭），它們的成株頗大，算是野生蘭的高個子們。

無葉子的奇異蘭花——蜘蛛蘭

如同地生蘭中有一類奇異的無葉綠素植物，著生蘭中亦有群怪物，它們 有葉片，還 開花時僅有根攀附在大樹上，根群八方伸展的樣子頗似蜘蛛，此為大蜘蛛蘭屬及蜘蛛蘭屬等。

蜘蛛蘭（蜘蛛蘭屬）。

雅美萬代蘭（萬代蘭屬）（呂順泉攝）。

大蜘蛛蘭（大蜘蛛蘭屬）。

蕉蘭（脆蘭屬）。

行家帶路──臺灣賞蘭熱點

烏來

　　烏來是個多山的地區，同時也處於臺北盆地中，海拔最高的區域，其中不乏以烏來命名的蘭花，如烏來石山桃、烏來柯麗白蘭及烏來捲瓣蘭。其海拔600至1,100公尺，由於山區隸屬翡翠水庫集水區上游，為自來水法公告之重要水源，全區闊葉林相完整，除少部分有砍伐外，大多為未開發的原始林，復加此山區終年潮濕，適合許多中低海拔的蘭花生長，內藏有許多的野生蘭，其中雲仙樂園最易到達，種類亦多，而拔刀爾山、大桶山、福山地區及桶後山區皆有不錯的登山步道，也有不少的蘭花。

烏來地區的蘭花名錄

一葉鍾馗蘭、紋星蘭、黃萼捲瓣蘭、小葉豆蘭、日本捲瓣蘭、紫紋捲瓣蘭、白鶴蘭、臺灣根節蘭、輻形根節蘭、阿里山根節蘭、長距根節蘭、黃苞根節蘭、綠花肖頭蕊蘭、虎紋隔距蘭、白石斛、長距石斛、扁球羊耳蒜、大花羊耳蒜、樹絨蘭、大腳筒蘭、黃絨蘭、穗花斑葉蘭、厚唇斑葉蘭、長苞斑葉蘭、淡紅花斑葉蘭、長葉杜鵑蘭、美唇隱柱蘭、報歲蘭、鳳蘭、寒蘭、冬赤箭、北插天赤箭、心葉葵蘭、阿里山莪白蘭、柯麗白蘭、叉瓣玉鳳蘭、黃吊蘭、南嶺齒唇蘭、黃松蘭、臺灣梵尼蘭、二尾蘭、阿玉線柱蘭。

尖石鄉

　　尖石鄉是新竹縣境內兩個山地鄉之一，位在新竹縣的最北端，為新竹縣面積最大的一個鄉鎮。尖石鄉境內那羅、嘉樂兩溪匯流處有一塊聳立的巨石，形狀有如竹筍一般，尖尖的伸向天空，尖石鄉的名稱即由此而來。司馬庫斯、霞喀羅國家步道及北德拉曼步道為交通可及且蘭況不錯的地點。

　　司馬庫斯是尖石鄉最為偏遠的部落，海拔1,580至1,630公尺，早期由於位處深山交通不便，曾被稱為黑色部落，山區中以神木群著稱；司馬庫斯部落有食宿服務，由於此地區較偏遠，來此賞蘭以二日為佳。

　　霞喀羅古道位於新竹縣五峰鄉的清泉與尖石鄉的秀巒之間，是昔日兩地泰雅族人往來的一條社路。日據時代，日本人將其闢建為理蕃警備道路，沿途設置駐在所，配置警力，以嚴密監控泰雅族的行動。臺灣光復後，霞喀羅古道成為林務局的造林及伐木道路，也成為登山健行的路線，在山界頗負

盛名，這條古道不僅擁有豐富的歷史及人文內涵，同時也以自然風光著稱。

北德拉曼神木群，位於新竹縣尖石鄉的水田部落（又稱飛鼠部落），在油羅溪的上游，擁有臺灣最低海拔的紅檜巨木群著稱，山區約有一、二百棵檜木，其中已被公開的有四棵神木，樹齡約3,000至4,000年。林務局於此修建北德拉曼國家步道，步道長約2.6公里，落差約400公尺，簡單易行；但一般汽車由山下至登山口很不好開，必須高底盤汽車較佳。

尖石地區的蘭花名錄

一葉鍾馗蘭、恆春金線蓮、白毛捲瓣蘭、鸛冠蘭、黃萼捲瓣蘭、紫紋捲瓣蘭、竹柏蘭、馬鞭蘭、波密斑葉蘭、大花斑葉蘭、長苞斑葉蘭、短穗斑葉蘭、斑葉蘭、插天山羊耳蒜、反捲根節蘭、阿里山根節蘭、黃根節蘭、厚唇斑葉蘭、淡紅花斑葉蘭、日本雙葉蘭、阿里山全唇蘭、紫葉旗唇蘭、短柱齒唇蘭、全唇線柱蘭、絲柱蘭、長葉羊耳蒜、紅檜松蘭、臺灣松蘭、寒蘭、建蘭、南湖蠅蘭、惠粉蝶蘭、長葉杜鵑蘭、叉瓣玉鳳蘭、臺灣一葉蘭。

南投魚池鄉蓮華池

蓮華池研究中心是行政院農業委員會林業試驗所的六個研究中心之一，總面積達461公頃，海拔高度從576至925公尺，年均溫21℃，年降雨量2,211公釐，屬亞熱帶氣候。轄區內天然林林相完整，擁有豐富的植物資源，原生植物約有600種之多，生物多樣性高居全台第二，僅次於恆春半島之南仁山地區。其中以蓮華池山龍眼、蓮華池穀精草、蓮華池柃木、蓮華池桑寄生、菱形奴草、南投菝葜、呂氏菝葜、桃實百日青、臺灣原始觀音座蓮、伊藤氏原始觀音座蓮、垢果山茶、天料木、南投石櫟及柳葉山茶等二十餘種稀有植物最具特色。此區域的蘭花雖然種類很多，但每一種皆零星分布於山區內，不易尋找，需要花較長的時間於林間搜尋，適合資深賞蘭者前往。

蓮華池蘭花名錄

一葉鍾馗蘭、臺灣金線蓮、紋星蘭、黃萼捲瓣蘭、黃花捲瓣蘭、連翹根節蘭、綠花肖頭蕊蘭、鳳蘭、黃唇蘭、美唇隱柱蘭、細莖石斛、黃吊蘭、黃絨蘭、黃松蘭、高士佛上鬚蘭、闊葉細筆蘭、長苞斑葉蘭、圓唇伴蘭、白皿蘭、寶島羊耳蒜、大花羊耳蒜、尾唇羊耳蒜、短柱齒唇蘭、白毛風蘭、日本摺唇蘭、阿里山線柱蘭、黃唇線柱蘭、烏來石山桃、扁蜘蛛蘭、心葉葵蘭、大腳筒蘭、廣葉軟葉蘭。

溪頭

溪頭自然教育園區位於鹿谷鄉鳳凰山麓，海拔800至2,000公尺，面積約2,200公頃，係臺灣大學生物資源暨農學院實驗林的六個林區之一。清末時期，溪頭原是「溪流源頭」的山林小村。日據時代被日本東京大學農學部選為附屬演習林，光復後於民國38年轉給臺灣大學為實驗林區。經年氣候涼爽，終年水氣充足，非常適合各種蘭花生長，且交通方便，為尋蘭佳處之一、代表物種有溪頭豆蘭、夏赤箭、假蜘蛛蘭、肉果蘭、溪頭捲瓣蘭。

溪頭蘭花名錄

一葉鍾馗蘭、臺灣金線蓮、小鹿角蘭、高士佛豆蘭、溪頭豆蘭、穗花捲瓣蘭、紫紋捲瓣蘭、阿里山豆蘭、黃萼捲瓣蘭、細點根節蘭、阿里山根節蘭、竹葉根節蘭、細花根節蘭、長距根節蘭、白鶴蘭、大蜘蛛蘭、金蟬蘭、馬鞭蘭、鳳蘭、金稜邊、春蘭、竹柏蘭、肉果蘭、金草、新竹石斛、白石斛、臘著頦蘭、小腳筒蘭、黃絨蘭、大腳筒蘭、小囊山珊瑚、山珊瑚、緣毛松蘭、臺灣松蘭、無蕊喙赤箭、夏赤箭、細赤箭、冬赤箭、雙板斑葉蘭、烏嘴蓮、香蘭、撬唇蘭、紋皿蘭、一葉羊耳蒜、心葉羊耳蒜、扁球羊耳蒜、寶島羊耳蒜、長葉羊耳蒜、大花羊耳蒜、插天山羊耳蒜、凹唇軟葉蘭、假蜘蛛蘭、阿里山全唇蘭、阿里山莪白蘭、二裂唇莪白蘭、短柱齒唇蘭、紫葉齒唇蘭、雙囊齒唇蘭、貓鬚蘭、黃鶴頂蘭、粗莖鶴頂蘭、烏來石山桃、臺灣一葉蘭、綠花寶石蘭、扁蜘蛛蘭、蜘蛛蘭、長葉杜鵑蘭、臺灣風蘭、小白蛾蘭、臺灣梵尼蘭、阿里山線柱蘭、毛鞘線柱蘭。

阿里山、二萬坪

1900年6月12日，日本政府派小西成章、小笠原富二郎、小池三九郎及石田常平等人展開阿里山森林調查，調查結果約有三十萬株的檜木遍及整個山區，從此開啟伐取阿里山天然森林資源的濫觴。1906年開工興築阿里山森林鐵路展開大規模的伐木作業。1974年伐木事業功成身退，漸漸由伐木、造林轉為保育及森林遊樂，為保護天然資源，將附近1,400公頃國有林班地劃為「阿里山森林遊樂區」，提供遊客更完善的森林遊憩服務。其整齊的人造林林相，經常雲霧裊繞，在林間散步傾聽鳥叫蟲鳴，享受森林浴，彷彿置身人間仙境。以往阿里山森林遊樂區的確有許多的野生蘭，但隨著愈來愈高的開發及頻繁的學術及商業採集，這裡的蘭況也大不從前，但從奮起湖、二萬坪至阿里山森林遊樂區的大阿里山區，該區域內仍有不少的野生蘭，但須花較長的時間搜尋，才會有較佳的收穫。

阿里山山區蘭花名錄

臺灣白及、黃萼捲瓣蘭、阿里山根節蘭、尾唇根節蘭、反捲根節蘭、馬鞭蘭、臺灣松蘭、雙板斑葉蘭、毛唇玉鳳蘭、細葉零餘子草、圓唇伴蘭、撬唇蘭、尾唇羊耳蒜、單葉軟葉蘭、二裂唇莪白蘭、長葉蜻蛉蘭、臺灣一葉蘭、小鹿角蘭、阿里山豆蘭、竹葉根節蘭、羽唇指柱蘭、膩著頦蘭、吊鐘鬼蘭、黃絨蘭、寬唇松蘭、短穗斑葉蘭、鳥嘴蓮、大花斑葉蘭、叉瓣玉鳳蘭、狹瓣玉鳳蘭、白肋角唇蘭、一葉羊耳蒜、寶島羊耳蒜、扁球羊耳蒜、尾唇羊耳蒜、長葉羊耳蒜、廣葉軟葉蘭、凹唇軟葉蘭、韭葉蘭、單囊齒唇蘭、寶島芙樂蘭、厚唇粉蝶蘭、短距粉蝶蘭、惠粉蝶蘭、卵唇粉蝶蘭、高山粉蝶蘭、奇萊紅蘭、綠花寶石蘭、小白蛾蘭、白鳳蘭、長葉蜻蛉蘭、南湖雛蘭、白石斛、高山絨蘭、長花柄蘭。

滿州山區、南仁山及壽卡山區

　　滿州山區以低山及丘陵台地為主。其中屏200號縣道以北，港口溪以東地區，除港口溪兩岸之長樂、滿州一帶為一河谷平原外，全部為低山丘陵綿延，如太平山、南仁山、埤亦山、出風山、豬嶗束山、萬里德山及老佛山等，海拔高度約在400尺左右，坡度多在30%以上，此山區蘊藏許多的野生蘭，最著名者為臺灣蝴蝶蘭。刻板印象中整個恆春半島乾濕明顯，因之 有許多野生蘭，其實不然，在滿州及南仁山這一整塊山區，由於森林植被完整，即使在西部的乾季，此區午後仍常有地形雨及雲霧，很適合亞熱帶及熱帶的野生蘭生長。這一帶雖然容易到達，但山路不明顯，或缺少登山小徑，要進入山區尋蘭有一定的難度，但這區域據調查約有近百種的蘭花，且許多為此區域的特有種，是資深賞蘭者最嚮往的地區之一。另外，滿州的鄰近山區壽卡及里龍山，也是蘭況不錯之山區，但此處的蘭花，並不好找，須花點時間，才能漸入佳境。

滿州、南仁山及壽卡山區蘭花名錄

臺灣竹節蘭、鳳蘭、臺灣禾葉蘭、蔓莖山珊瑚、爪哇赤箭、長腳羊耳蒜、芳線柱蘭、恆春金線蓮、屏東豆蘭、紋星蘭、連翹根節蘭、白鶴蘭、綠花肖頭蕊蘭、白花肖頭蕊蘭、黃唇蘭、美唇隱柱蘭、蓬萊隱柱蘭、報歲蘭、大腳筒蘭、南洋芋蘭、黃松蘭、垂頭地寶蘭、恆春羊耳蒜、齒唇羊耳蒜、脈羊耳蒜、高士佛羊耳蒜、裂唇軟葉蘭、廣葉軟葉蘭、裂瓣莪白蘭、高士佛莪白蘭、裂唇闊蕊蘭、白蝴蝶蘭、綏草、豹紋蘭、金唇風蘭、臺灣風蘭、相馬氏摺唇蘭、黃花線柱蘭、細莖鶴頂蘭、琉球指柱蘭、闊葉細筆蘭、尾唇斑葉蘭、叉瓣玉鳳蘭、三裂皿蘭、鳳尾蘭、金釵蘭、臺灣鷺草、中國指柱蘭、全唇皿蘭、鬚唇暫花蘭、高士佛上鬚蘭、肉藥蘭，心葉葵蘭。

蘭嶼

　　蘭嶼最早的名稱為達悟語「Ponso no Tao」，意思是「人之島」。漢人最早以閩南語稱呼，意為紅頭嶼（音為：Âng-thâu-sū）或紅豆嶼（音為：Âng-tāu-sū），日治時期以後固定紅頭嶼之名，1947年因島上盛產蝴蝶蘭而改名為蘭嶼。蘭嶼全島面積僅45.7平方公里，環島全長38.45公里，為臺灣地區島嶼中僅次於澎湖的第二大島，最高峰為海拔548公尺的紅頭山。由於蘭嶼的位置恰好在熱帶北緣，年平均溫度22.4℃，年平均相對濕度90%，年平均雨量為3,077公釐，強風日數達275天以上。從地理位置來看，蘭嶼位於鵝鑾鼻東方約70公里，距離臺東99公里，北距綠島60餘公里，向南110公里可抵菲律賓的巴丹群島，可以說是南北植物的交會帶，也是植物分布的大融爐，植物風貌與臺灣本島大異其趣，植物組成以熱帶成分為主，據調查蘭嶼的蘭花有50至60種，最著名為白蝴蝶蘭、雅美萬代蘭及桃紅蝴蝶蘭（產在小蘭嶼），但這三種由於濫採，已難以看到，但管唇蘭、紅花石斛、燕石斛及黃穗蘭等依然頗容易在森林內被發現，這是一個迷人的蘭花之島，是賞蘭者必去的地點。

蘭嶼蘭花名錄

黃穗蘭、雅美萬代蘭、豹紋蘭、長苞斑葉蘭、蘭嶼白及、綬草、垂頭地寶蘭、寶島羊耳蒜、紫苞舌蘭、線瓣玉鳳蘭、穗花斑葉蘭、香線柱蘭、白鶴蘭、蘭嶼金銀草、紅花石斛、管花蘭、長橢圓葉伴蘭、菲律賓線柱蘭、蘭嶼脈葉蘭、延齡鍾馗蘭、蘭嶼竹節蘭、長葉竹節蘭、臺灣根節蘭、連翹根節蘭、烏來閉口蘭、燕石斛、小鬼蘭、吊鐘鬼蘭、雙袋蘭、三藥細筆蘭、厚唇斑葉蘭、蘭嶼袋唇蘭、恒春羊耳蒜、齒唇羊耳蒜、脈羊耳蒜、大花羊耳蒜、廣葉軟葉蘭、圓唇軟葉蘭、裂唇軟葉蘭、凹唇軟葉蘭、綠葉旗唇蘭、白花線柱蘭、白蝴蝶蘭、桃紅蝴蝶蘭、大腳筒蘭、爪哇赤箭、山芋蘭、禾草芋蘭。

都蘭山

　　都蘭山為海岸山脈南段最高峰，隸屬臺東縣東河鄉，山頂海拔1,190公尺，為一等三角點。都蘭山山勢挺拔，呈東北西南走向，一般臺東市民又稱之為美人山。其山勢峻巍，雍容華貴，是岳界朋友必登的中級名山，此山徑為林務局之國家森林步道，路況甚佳。這裡因為常年雲霧籠罩，水氣充足，適合許多的野生蘭生長，但此處的蘭況隨著名聲張揚，已大不如前，也要規勸前往之蘭友，到此聖山，請勿再隨意採蘭花，讓它休養生息。

都蘭山蘭花名錄

一葉鐔花蘭、臺灣金線蓮、恆春金線蓮、小豆蘭、狹萼豆蘭、穗花捲瓣蘭、花蓮捲瓣蘭、阿里山根節

蘭、長葉根節蘭、細點根節蘭、綠花肖頭蕊蘭、琉球指柱蘭、鳳蘭、竹柏蘭、長距石斛、黃絨蘭、淡紅花斑葉蘭、大武斑葉蘭、歌綠懷蘭、小小斑葉蘭、裂瓣玉鳳蘭、叉瓣玉鳳蘭、白肋角唇蘭、全唇皿蘭、一葉羊耳蒜、樹葉羊耳蒜、寶島羊耳蒜、齒唇羊耳蒜、脈羊耳蒜、大花羊耳蒜、單花脈葉蘭、寶島芙樂蘭、仙茅摺唇蘭、日本摺唇蘭、黃松蘭、長葉杜鵑蘭、香莎草蘭、樹絨蘭、大腳筒蘭、黃唇線柱蘭。

浸水營

　　這條人跡往來百餘年的古道，西端起自屏東縣枋寮鄉的水底寮，經玉泉村（石頭營）、新開村（崁頭營）、歸化門、力里、大樹林、浸水營、出水坡、姑仔崙，終至東端臺東縣大武鄉的加羅坂部落。浸水營國家步道早年為原住民與漢人之間進行交易的通道，也是平埔族馬卡道人移居臺東的道路。後來受到「牡丹社事件」影響，清廷為開山撫番，派遣兵工開闢越嶺道。光緒八年，清朝官員周大發等人負責監修此一路線，緣於古道起點附近有三條崙石頭營的屯軍負責古道防務，因此清代地方誌將此道稱為「三條崙道」。這裡已紀錄的植物種類超過750種，十分豐富，更有許多此區域才有的特有種，珍稀物種中又以臺灣穗花杉最著名。浸水營位處雲霧帶，為臺灣山區中最潮溼之處，這區域的蕨類和蘭科植物茂盛生長，復加交通尚易達，是臺灣賞蘭最佳的地點之一。

浸水營蘭花名錄
大芙樂蘭、綠花肖頭蕊蘭、阿里山根節蘭、黃唇蘭、長距石斛、闊葉細筆蘭、長葉羊耳蒜、馬鞭蘭、黃絨蘭、樹絨蘭、扁球羊耳蒜、狹萼豆蘭、白花肖頭蕊蘭、小豆蘭、垂莖芙樂蘭、一葉鍾馗蘭、矮根節蘭、黃花捲瓣蘭、流蘇豆蘭、卵唇粉蝶蘭、北插天赤箭、裂唇軟葉蘭、小小斑葉蘭、異色風蘭、一葉羊耳蒜、紫葉旗唇蘭、尾唇羊耳蒜、厚唇斑葉蘭、山林無葉蘭、日本摺唇蘭、心葉葵蘭、假蜘蛛蘭、細莖鶴頂蘭、廣葉軟葉蘭、大武斑葉蘭、白毛捲瓣蘭、長葉杜鵑蘭、尾唇斑葉蘭。

福山植物園

　　福山植物園位於新北、宜蘭兩縣市交界處，海拔高度400至1,400公尺，冬季陰濕多雨，全年無乾濕季之分，年平均相對濕度為94.1%，適合許多蘭花之生長。園區內保有臺灣地區典型的天然闊葉樹林，動植物種類豐富，為研究自然生態之優良場所。由於是保護區，復加蘭花甚多，在園區的大樹上

即可發現許多蘭種，但它們大部份長在大樹上或與苔蘚混生於樹幹上，不易被發現；在水生植物池旁的柳杉林下，常可撿拾到附生在枯枝上的假蜘蛛蘭及金唇風蘭，而細看水杉枝幹，或可見到蜘蛛蘭，鑽進林內則有許多附生的羊耳蒜及豆蘭屬植物，賞來輕鬆愜意。

福山蘭花名錄

一葉鍾馗蘭、單囊齒唇蘭、日本捲瓣蘭、紫紋捲瓣蘭、鳳蘭、長距石斛、樹絨蘭、闊葉細筆蘭、穗花斑葉蘭、鳥嘴蓮、樹葉羊耳蒜、扁球羊耳蒜、心葉葵蘭、阿里山莪白蘭、單囊齒唇蘭、烏來石山桃、假蜘蛛蘭、蜘蛛蘭、金唇風蘭、二尾蘭、毛鞘線柱蘭、一葉羊耳蒜、廣葉軟葉蘭、大芙樂蘭、臺灣梵尼蘭、長距根節蘭、銀線蓮、南嶺齒唇蘭。

合歡山

　　合歡山原為原住民之獵場，民國四十五年中橫公路霧社至大禹嶺支線闢建，由於地形地勢獨特，加上交通可及性高，成為全臺最著名之賞雪地點。合歡山可說是臺灣3,000公尺以上高山最容易到達的地方，但大多數人只知道冬天到合歡山賞雪，卻不曉得夏季合歡山的高山花草多樣且精彩，唯有植物愛好者絡繹不 的前往這裡，觀賞美不勝收的各種花草，其中也包含了許多的高山野生蘭，這裡的蘭花零星分布在箭竹林、森林、路旁岩壁及山溝中，數量雖不多，但細細觀察將能體會高山蘭花的獨特風姿。

合歡山蘭花名錄

南湖雛蘭、小雛蘭、高山頭蕊蘭、九華蘭、小喜普鞋蘭、臺灣喜普鞋蘭、奇萊喜普鞋蘭、鳥嘴蓮、細葉零餘子草、梅峰雙葉蘭、大花雙葉蘭、玉山雙葉蘭、合歡山雙葉蘭、單葉軟葉蘭、印度山蘭、厚唇粉蝶蘭、短距粉蝶蘭、卵唇粉蝶蘭、高山粉蝶蘭、奇萊紅蘭、南湖蠅蘭、細花蠅蘭、綠花凹舌蘭、無葉上鬚蘭。

葉形說明

大多時間，我們所看到的蘭花都不會是開花狀態的，往往只有葉片，也因此，葉片的形狀也是一個重要的辨識特徵；何謂葉形？即是單枚葉片的整體形狀，但正如人類的高矮胖瘦，即使是相同的蘭花種類，其葉形往往在同種內也存在相當程度的變化，影響因素包括光照強弱、環境濕度、各地族群差異等等，但通常大致會有一個範圍，在此表中，我們採用一個綜觀將葉形分為三個區間（不含無葉類型），以利讀者簡明的判別。

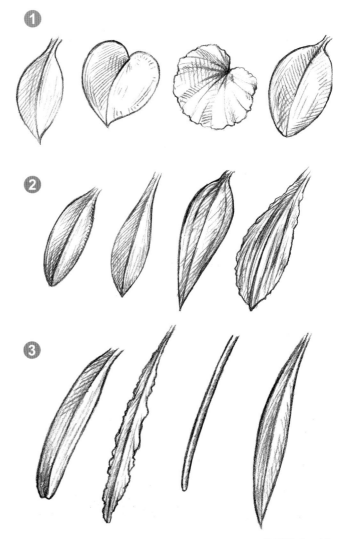

1 心形至卵形，包含圓形、橢圓形、倒卵形、三角狀心形等連續變化；常見諸於喜普鞋蘭屬、脈葉蘭屬、鳥巢蘭屬及金線蓮屬等。

2 長橢圓形至披針形，也包括長卵形、倒披針形等，許多根節蘭和斑葉蘭以及豆蘭屬皆是。

3 線形至劍形，呈帶狀的葉片，含線狀披針形、線狀倒披針形，如萬代蘭屬、閉口蘭屬以及許多蔦白蘭屬的成員，多數單莖性著生蘭皆為此類。

4 無葉，直接由根部抽出無葉片的莖幹以及花序。

花色速查表

* 本表供讀者快速查詢使用，實際情形依自然環境多有不同，請以個論敘述為準。

（低頭）在地上看到

白色

橢圓／心形

臺灣金線蓮 P.39	恆春金線蓮 P.40	北大武苞葉蘭 P.49	細點根節蘭 P.77	中國指柱蘭 P.98	斑葉指柱蘭 P.99
雉尾指柱蘭 P.100	德基指柱蘭 P.101	琉球指柱蘭 P.102	羽唇指柱蘭 P.103	全唇指柱蘭 P.105	臺灣喜普鞋蘭 P.140
雙袋蘭 P.165	雙花斑葉蘭 P.215	波密斑葉蘭 P.217	大武斑葉蘭 P.220	銀線蓮 P.223	花格斑葉蘭 P.224
南湖斑葉蘭 P.225	小小斑葉蘭 P.228	斑葉蘭 P.231	漢考克蘭 P.242	圓唇伴蘭 P.248	長橢圓葉伴蘭 P.249
綠葉旗唇蘭 P.252	紫葉旗唇蘭 P.253	阿里山全唇蘭 P.296	阿里山脈葉蘭 P.307	四重溪脈葉蘭 P.309	古氏脈葉蘭 P.310

蘭嶼脈葉蘭 P.312	大漢山脈葉蘭 P.314	單花脈葉蘭 P.315	短柱齒唇蘭 P.326	紫葉齒唇蘭 P.327	單囊齒唇蘭 P.328

南嶺齒唇蘭 P.330	短距粉蝶蘭 P.359	日本摺唇蘭 P.411	相馬氏摺唇蘭 P.412	二尾蘭 P.416	全唇線柱蘭 P.421

白色

橢圓／心形　　　　　　　　　　　　　　　長橢圓／披針

芳線柱蘭 P.422	香線柱蘭 P.423	菲律賓線柱蘭 P.424	一葉鍾馗蘭 P.32	阿里山根節蘭 P.81	白鶴蘭 P.93
高山頭蕊蘭 P.94	細葉肖頭蕊蘭 P.95	白花肖頭蕊蘭 P.96	管花蘭 P.118	短穗斑葉蘭 P.214	雙板斑葉蘭 P.216
蘭嶼金銀草 P.218	白鳳蘭 P.235	全唇早田蘭 P.244	早田蘭 P.245	蘭嶼袋唇蘭 P.251	臺灣鷺草 P.340
南投闊蕊蘭 P.341	短裂闊蕊蘭 P.343	裂唇闊蕊蘭 P.344	粗莖鶴頂蘭 P.347	小鬚唇蘭 P.372	仙茅摺唇蘭 P.409

線形

臺灣摺唇蘭 P.410	白花線柱蘭 P.419	阿里山線柱蘭 P.425	毛鞘線柱蘭 P.428	蘭嶼白及 P.48	矮根節蘭 P.79
尾唇根節蘭 P.80	春蘭 P.131	細葉春蘭 P.132	密花山蘭 P.333	南湖山蘭 P.335	紅斑蘭 P.377

無葉

香港綬草 P.382	義富綬草 P.383	線柱蘭 P.427	松田氏根節蘭 P.84	錨柱蘭 P.160	小鬼蘭 P.161

粉紅色

橢圓／心形

吊鐘鬼蘭 P.162	高士佛上鬚蘭 P.171	北插天赤箭 P.208	白皿蘭 P.255	肉藥蘭 P.386	寬唇苞葉蘭 P.49

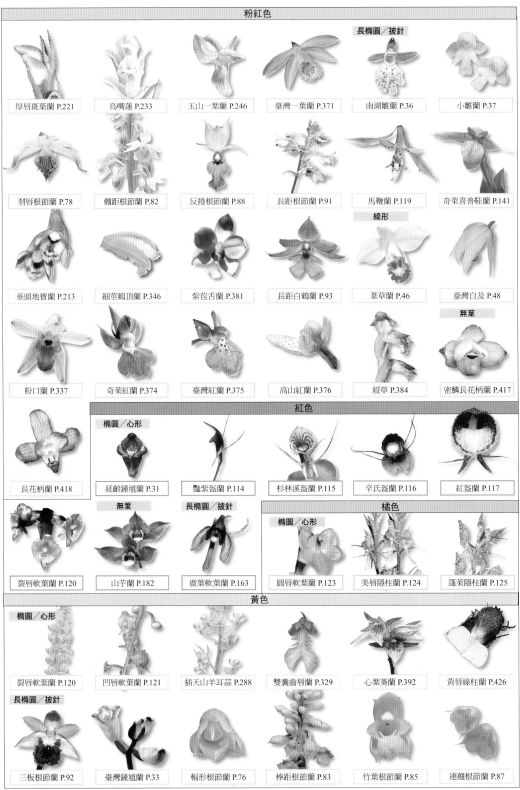

粉紅色

厚唇斑葉蘭 P.221　　鳥嘴蓮 P.233　　玉山一葉蘭 P.246　　臺灣一葉蘭 P.371

長橢圓／披針

南湖雛蘭 P.36　　小雛蘭 P.37

羽唇根節蘭 P.78　　翹距根節蘭 P.82　　反捲根節蘭 P.88　　長距根節蘭 P.91　　馬鞭蘭 P.119　　奇萊喜普鞋蘭 P.141

線形

垂頭地寶蘭 P.213　　細莖鶴頂蘭 P.346　　紫苞舌蘭 P.381　　長距白鶴蘭 P.93　　葦草蘭 P.46　　臺灣白及 P.48

無葉

粉口蘭 P.337　　奇萊紅蘭 P.374　　臺灣紅蘭 P.375　　高山紅蘭 P.376　　綬草 P.384　　密鱗長花柄蘭 P.417

紅色

長花柄蘭 P.418

橢圓／心形

延齡鍾馗蘭 P.31　　豔紫盔蘭 P.114　　杉林溪盔蘭 P.115　　辛氏盔蘭 P.116　　紅盔蘭 P.117

無葉　　　**長橢圓／披針**

裂唇軟葉蘭 P.120　　山芋蘭 P.182　　廣葉軟葉蘭 P.163

橘色

橢圓／心形

圓唇軟葉蘭 P.123　　美唇隱柱蘭 P.124　　蓬萊隱柱蘭 P.125

黃色

橢圓／心形

裂唇軟葉蘭 P.120　　凹唇軟葉蘭 P.121　　插天山羊耳蒜 P.288　　雙囊齒唇蘭 P.329　　心葉葵蘭 P.392　　黃唇線柱蘭 P.426

長橢圓／披針

三板根節蘭 P.92　　臺灣鍾馗蘭 P.33　　輻形根節蘭 P.76　　棒距根節蘭 P.83　　竹葉根節蘭 P.85　　連翹根節蘭 P.87

黃色

橢圓／心形

黃根節蘭 P.89　　新竹根節蘭 P.89　　臺灣根節蘭 P.90　　黃唇蘭 P.108　　寶島喜普鞋蘭 P.142　　南洋芋蘭 P.181

線形　　　　　無葉

黃鶴頂蘭 P.345　　明潭羊耳蒜 P.276　　山林無葉蘭 P.41　　圓瓣無葉蘭 P.41　　肉果蘭 P.143　　無葉上鬚蘭 P.169

小囊山珊瑚 P.186　　山珊瑚 P.187　　夏赤箭 P.202　　爪哇赤箭 P.206　　黃皿蘭 P.254　　杉野氏皿蘭 P.259

臺灣皿蘭 P.260　　糙莖皿蘭 P.262

紫色

橢圓／心形

紫花軟葉蘭 P.122　　雙葉羊耳蒜 P.266　　德基羊耳蒜 P.273　　長穗羊耳蒜 P.275

大花羊耳蒜 P.278　　脈羊耳蒜 P.284　　尾唇羊耳蒜 P.286　　日本雙葉蘭 P.300　　寬唇脈葉蘭 P.311　　紫花脈葉蘭 P.313

線形　　　　　無葉　　　　　　　　　　　褐色

橢圓／心形

絲柱蘭 P.387　　紫芋蘭 P.178　　印度山蘭 P.334　　杉野氏皿蘭 P.259　　三裂皿蘭 P.263　　紅衣指柱蘭 P.104

橢圓／心形

闊葉細筆蘭 P.175　　三藥細筆蘭 P.176　　鳥喙斑葉蘭 P.219　　闊葉杜鵑蘭 P.394　　細花蠅蘭 P.406　　南湖蠅蘭 P.407

長橢圓／披針　　　　　　　　　　　　　　線形

阿玉線柱蘭 P.420　　尾唇斑葉蘭 P.222　　長苞斑葉蘭 P.230　　白肋角唇蘭 P.378　　寒蘭 P.133　　報歲蘭 P.137

褐色					
線形		無葉			
雙板山蘭 P.332	細花山蘭 P.336	日本上鬚蘭 P.170	白赤箭 P.196	無蕊喙赤箭 P.197	緋赤箭 P.198
閉花赤箭 P.199	擬八代赤箭 P.200	高赤箭 P.201	摺柱赤箭 P.203	春赤箭 P.204	細赤箭 P.205
日本赤箭 P.207	冬赤箭 P.209	清水氏赤箭 P.210	蘇氏赤箭 P.211	烏來赤箭 P.212	全唇皿蘭 P.256
屋久全唇皿蘭 P.257	亞輻射皿蘭 P.258	紋皿蘭 P.261	綠皿蘭 P.264	鳥巢蘭 P.297	長葉杜鵑蘭 P.393

綠色					
橢圓／心形					
小兜蕊蘭 P.38	柯麗白蘭 P.111	臺灣柯麗白蘭 P.112	紫花軟葉蘭 P.122	小喜普鞋蘭 P.139	歌綠懷蘭 P.232
彎柱羊耳蒜 P.269	心葉羊耳蒜 P.272	寶島羊耳蒜 P.277	單葉軟葉蘭 P.294	大花雙葉蘭 P.298	合歡山雙葉蘭 P.299
橢圓／心形					
關山雙葉蘭 P.301	梅峰雙葉蘭 P.302	玉山雙葉蘭 P.303	南湖雙葉蘭 P.304	鈴木氏雙葉蘭 P.305	大山雙葉蘭 P.306
				長橢圓／披針	
東亞脈葉蘭 P.308	狹唇粉蝶蘭 P.368	陰粉蝶蘭 P.370	臺灣蜻蛉蘭 P.369	綠花肖頭蕊蘭 P.97	竹柏蘭 P.134

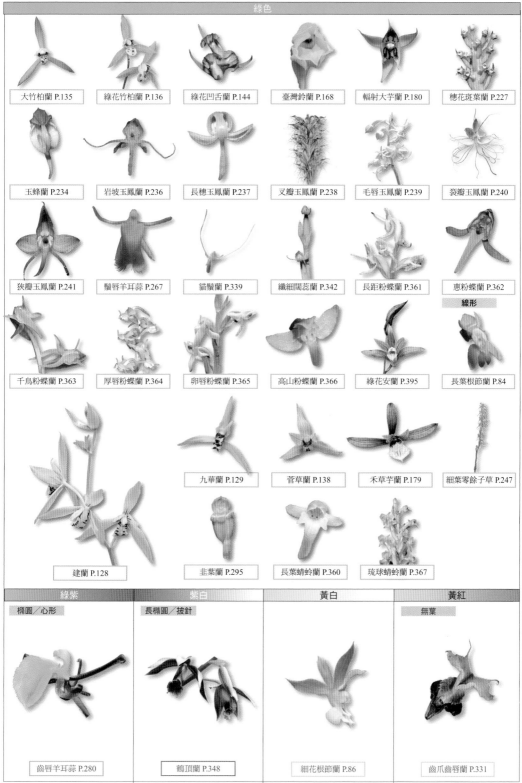

大竹柏蘭 P.135　　綠花竹柏蘭 P.136　　綠花凹舌蘭 P.144　　臺灣鈴蘭 P.168　　輻射大芋蘭 P.180　　穗花斑葉蘭 P.227

玉蜂蘭 P.234　　岩坡玉鳳蘭 P.236　　長穗玉鳳蘭 P.237　　叉瓣玉鳳蘭 P.238　　毛唇玉鳳蘭 P.239　　裂瓣玉鳳蘭 P.240

狹瓣玉鳳蘭 P.241　　鬚唇羊耳蒜 P.267　　貓鬚蘭 P.339　　纖細闊蕊蘭 P.342　　長距粉蝶蘭 P.361　　惠粉蝶蘭 P.362

線形

千鳥粉蝶蘭 P.363　　厚唇粉蝶蘭 P.364　　卵唇粉蝶蘭 P.365　　高山粉蝶蘭 P.366　　綠花安蘭 P.395　　長葉根節蘭 P.84

九華蘭 P.129　　菅草蘭 P.138　　禾草芋蘭 P.179　　細葉零餘子草 P.247

建蘭 P.128　　韭葉蘭 P.295　　長葉蜻蛉蘭 P.360　　琉球蜻蛉蘭 P.367

綠紫	紫白	黃白	黃紅
橢圓／心形	長橢圓／披針		無葉
齒唇羊耳蒜 P.280	鶴頂蘭 P.348	細花根節蘭 P.86	齒爪齒唇蘭 P.331

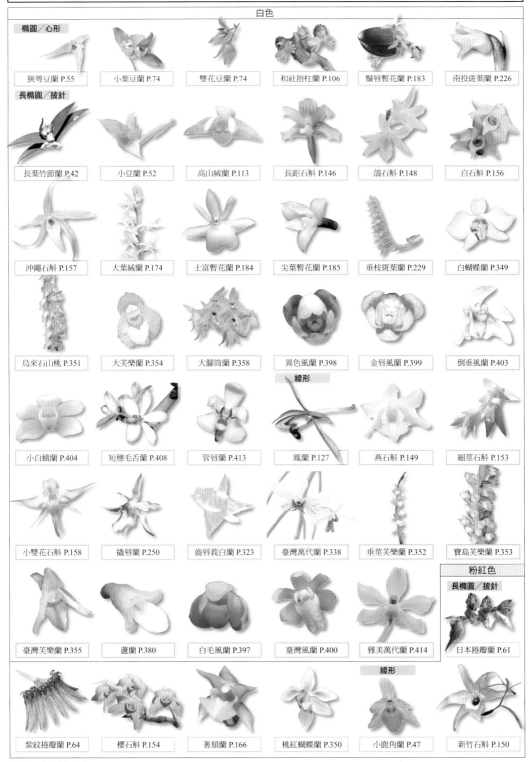

白色

橢圓／心形

狹萼豆蘭 P.55　　小葉豆蘭 P.74　　雙花豆蘭 P.74　　和社指柱蘭 P.106　　鬚唇暫花蘭 P.183　　南投斑葉蘭 P.226

長橢圓／披針

長葉竹節蘭 P.42　　小豆蘭 P.52　　高山絨蘭 P.113　　長距石斛 P.146　　鴿石斛 P.148　　白石斛 P.156

沖繩石斛 P.157　　大葉絨蘭 P.174　　士富暫花蘭 P.184　　尖葉暫花蘭 P.185　　垂枝斑葉蘭 P.229　　白蝴蝶蘭 P.349

烏來石山桃 P.351　　大芙樂蘭 P.354　　大腳筒蘭 P.358　　異色風蘭 P.398　　金唇風蘭 P.399　　倒垂風蘭 P.403

線形

小白蛾蘭 P.404　　短穗毛舌蘭 P.408　　管唇蘭 P.413　　鳳蘭 P.127　　燕石斛 P.149　　細莖石斛 P.153

小雙花石斛 P.158　　撬唇蘭 P.250　　齒唇我白蘭 P.323　　臺灣萬代蘭 P.338　　垂莖芙樂蘭 P.352　　寶島芙樂蘭 P.353

粉紅色

長橢圓／披針

臺灣芙樂蘭 P.355　　蘆蘭 P.380　　白毛風蘭 P.397　　臺灣風蘭 P.400　　雅美萬代蘭 P.414　　日本捲瓣蘭 P.61

線形

紫紋捲瓣蘭 P.64　　櫻石斛 P.154　　著頦蘭 P.166　　桃紅蝴蝶蘭 P.350　　小鹿角蘭 P.47　　新竹石斛 P.150

紅色

長橢圓／披針

細花絨蘭 P.34　白毛捲瓣蘭 P.51　溪頭豆蘭 P.58　無毛捲瓣蘭 P.59　屏東捲瓣蘭 P.69　樹絨蘭 P.357

線形

金稜邊 P.130

橘色

橢圓／心形

觀霧豆蘭 P.62　臺灣梵尼蘭 P.415

長橢圓／披針

短梗豆蘭 P.53　長軸捲瓣蘭 P.56　臺灣捲瓣蘭 P.73

線形

恆春羊耳蒜 P.279　高士佛莪白蘭 P.320　杉林溪捲瓣蘭 P.51　阿里山莪白蘭 P.316　臺灣莪白蘭 P.318　大莪白蘭 P.319

黃色

裂瓣莪白蘭 P.322

長橢圓／披針

臺灣禾葉蘭 P.35　烏來捲瓣蘭 P.63　毛藥捲瓣蘭 P.65　白花豆蘭 P.66　黃花捲瓣蘭 P.67

紅心豆蘭 P.71　鶴冠蘭 P.72　傘花捲瓣蘭 P.75　黃花石斛 P.145　金草 P.147　黃穗蘭 P.159

黃吊蘭 P.164　黃絨蘭 P.172　香港絨蘭 P.173　緣毛松蘭 P.188　臺灣松蘭 P.189　寬唇松蘭 P.191

紅斑松蘭 P.192　合歡松蘭 P.193　紅檜松蘭 P.194　黃松蘭 P.195　香蘭 P.243　小腳筒蘭 P.356

線形

閉花八粉蘭 P.396　黃蛾蘭 P.401　高士佛風蘭 P.402　厚葉風蘭 P.405　蕉蘭 P.30　虎紋蘭 P.109

黃色

線形

雙花石斛 P.151　　呂宋石斛 P.155　　黃繡球蘭 P.373　　豹紋蘭 P.385

無葉

寬囊大蜘蛛蘭 P.107　　大蜘蛛蘭 P.107

紫色

橢圓／心形　　長橢圓／披針

蔓莖山珊瑚 P.177　　白花羊耳蒜 P.265　　紅花石斛 P.152

褐色

橢圓／心形　　長橢圓／披針

蘭嶼竹節蘭 P.43　　臘著頦蘭 P.167　　一葉羊耳蒜 P.268

綠形

川上氏羊耳蒜 P.281　　樹葉羊耳蒜 P.282　　長葉羊耳蒜 P.283　　綠花寶石蘭 P.388　　龍爪蘭 P.45　　香莎草蘭 P.126

綠色

橢圓／心形

臺灣竹節蘭 P.44　　毛緣萼豆蘭 P.54　　雲頂羊耳蒜 P.285　　小軟葉蘭 P.325

長橢圓／披針

穗花捲瓣蘭 P.60　　阿里山豆蘭 P.68

何氏松蘭 P.190　　叢生羊耳蒜 P.270　　長腳羊耳蒜 P.271　　扁球羊耳蒜 P.274　　高士佛羊耳蒜 P.287　　淡綠羊耳蒜 P.289

線形

小騎士蘭 P.321　　圓唇小騎士蘭 P.321　　密花小騎士蘭 P.324　　臺灣擬囊唇蘭 P.379　　假蜘蛛蘭 P.389　　龍爪蘭 P.45

心唇金釵蘭 P.290　　呂氏金釵蘭 P.291　　臺灣金釵蘭 P.292　　金釵蘭 P.293　　烏來閉口蘭 P.110　　二裂唇莪白蘭 P.317

無葉

扁蜘蛛蘭 P.390　　蜘蛛蘭 P.391

紅白

長橢圓／披針

紋星蘭 P.50

紅黃

長橢圓／披針

花蓮捲瓣蘭 P.59　　流蘇豆蘭 P.57　　黃萼捲瓣蘭 P.70

如何使用本書

　　本書收錄了遍布全臺高、中、低海拔已知的野生蘭花共409種。依屬分類，以清晰的去背圖與豐富的文字圖說，詳細記錄蘭花的屬名、學名、別名、花期、棲所、辨識重點等必備知識。以下介紹個論的編排方式：

物種的中文名，這裡採用的是本種蘭花最為通用的名稱。

學名。

本種蘭花的辨識重點，詳細說明其構造。

清晰的去背圖片，以拉線圖說的方式說明本種蘭花的細部特色，有助於辨識。

本種蘭花的近似種，供讀者一併參照。

本種蘭花的中文屬名。

本種蘭花的其他名稱。

本種蘭花的棲息環境。

本種蘭花的花期。

脈羊耳蒜
Liparis nervosa (Thunb.) Lindl.

北部低海拔山區自五月起，各種羊耳蒜紛紛開花，首先是大花羊耳蒜（見278頁），緊跟著是寶島羊耳蒜（見277頁），七月起可見脈羊耳蒜。本種與寶島羊耳蒜不易區別，花期倒是可以作為參考的指標。脈羊耳蒜花序上著花數較少，通常為3至8朵，而寶島羊耳蒜較多，常在15朵以上。

辨識重點
地生蘭。葉2至3片，橢圓形或歪卵形。一花序著花3至8朵；花紫紅色；上萼片及側瓣向後彎曲；藥帽黃色，唇瓣先端凹頭。

花萼紅色

相似種鑑別

寶島羊耳蒜
（見277頁）

偶可見綠花

Data
屬　羊耳蒜屬
別名　紅花羊耳蒜。
棲所　喜愛潮濕之環境。林床上多枯枝落葉層。

花期
11 12 1 2
10 　　　 3
9 　　　　 4
8 　　　 5
7 6

284

地生蘭，葉2至3枚，橢圓形或歪卵形。

生態照片，清楚呈現本種蘭花的生長環境。

如何使用本書　29

蕉蘭
Acampe rigida (Buch.-Ham. *ex* J. E. Smith) Hunt

這是一種大型附生或半地生蘭，植株高可達一公尺餘，很有熱帶野生蘭的風情。由於蕉蘭的株勢壯觀，往往觀察者們在期待它開出大花的同時，才發現它是採以量取勝的策略；當花期屆臨，本種即從節上伸出筆直朝天的花莖，眾多黃色的小花在花序分枝上疏密有致。細看單花，一抹蕉黃夾雜着深色的虎斑條紋，散發著甜香，頗具特色。它的果實呈圓柱狀，整串果序的外形有如山芭蕉，除了形似之外，在黃熟之後，即飄散出帶有香草氣息的果香，亦略似香蕉味呢，故名「蕉蘭」。

常群生於低海拔之溪岸。

辨識重點

附生。莖長達1公尺。葉二列互生，帶狀，長15至30公分，寬3公分，革質。花肉質，有香味，寬1.3至1.5公分；花不轉位；花瓣黃色，有棕紅色橫向斑紋。果柱狀，長6至7公分。

Data

- **屬** 脆蘭屬
- **別名** 多花脆蘭、香蕉蘭、芭蕉蘭。
- **棲所** 零星分布於烏來以南至大武之低海拔溪岸石壁。

花期

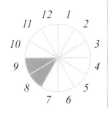

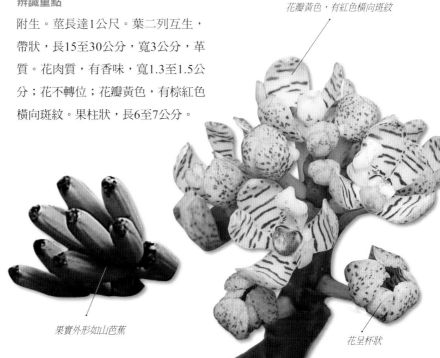

花瓣黃色，有紅色橫向斑紋

果實外形如山芭蕉

花呈杯狀

30

延齡鍾馗蘭

Acanthephippium pictum Fukuy.

僅生於蘭嶼的原始森林內。

由於本種生長在蘭嶼深山，故自從1935年日人福山伯明(Noriaki Fukuyama)發表後，有很長一段時間，臺灣的植物學家沒有看過它的花朵，以至於數十年來，都將它處理為臺灣鍾馗蘭（見33頁）的異名。而後，於2003年，筆者在蘭嶼驚見其花迥異於臺灣本屬的其它二個物種；它的花朵形狀、顏色，和唇瓣結構皆明顯與臺灣鍾馗蘭有所差異，證明福山伯明當初發現的植物的確是一新物種。這花朵外觀一如福山氏發表的小種名「*pictum*」（拉丁文：色彩鮮明之意），其花被片顏色亮麗奪目，可謂全世界上罈花蘭屬中最艷麗的一種。延齡鍾馗蘭分布局限，僅產於日本西表島及台灣的蘭嶼。此植物不論在日本及臺灣的紅皮書中，均被列為瀕臨絕滅等級，足見它們的稀有程度。

辨識重點

假球莖長柱狀，肉質，頂端生有2至3葉。葉片長橢圓形，長20至50公分，寬7至10公分，具5至9平行脈。總狀花序生於當年生假球莖基部，花3至5朵密生，萼片肉質，側生者甚寬，內側聯合成罈狀，花被基部大部分為黃白色，頂端紫紅色雜有黃白色線紋。

萼片頂端呈紫紅色

基部黃色

葉片橢圓形，具5至9平行脈

Data

· **屬** 罈花蘭屬
· **別名** 延齡罈花蘭。
· **棲所** 長在濕度甚高的原始林內，生於富含腐植質之壤土上。

花期

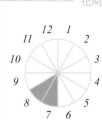

12 1
11　　　　2
10　　　　　3
9　　　　　4
8　　　　5
7　6

一葉鍾馗蘭
Acanthephippium striatum Lindl.

一葉鍾馗蘭隸屬罈花蘭屬植物，罈花蘭之名，源於本屬的花朵造型頗像酒罈；亦有人覺得它圓胖的花朵形似貓頭鷹，而有貓頭鷹蘭之別稱。在臺灣，罈花蘭屬植物共有三種，僅本種的葉子於假球莖上著生一葉，另外二種的葉片均著生二枚以上，其花為白色，綴有數條鮮紅的條紋，清新可愛。

辨識重點
葉片寬大，一葉，萼片合攏成一罈狀，花白底飾有若干的紅色平行脈紋。

花白，有紅色
平行脈紋

Data

· **屬** 罈花蘭屬
· **別名** 酒罈花、貓頭鷹蘭、爪瓣帶葉蘭、大屯鍾馗蘭、葵鍾馗蘭、紋鐘蘭。
· **棲所** 喜生長在原生林、竹林或溪谷較潮濕的環境。

花期

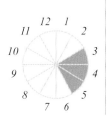

葉子寬大，僅於假球莖上著生一葉。

臺灣錘頭蘭

Acanthephippium sylhetense Lindl.

本種在台灣，雖然廣布各地低海拔的樹林或竹林內，但它的族群數量遠不如一葉錘頭蘭（見32頁），且開花性較差，故而有幸一見其美花的人不多。其粗壯的花莖自當年的假球莖生出，著花寥寥數朵，花朵外表面呈奶黃色，口部綴以密集的紅褐色斑點，整體質地光澤如臘，且株型挺拔，頗具觀賞價值。

辨識重點

葉二或三枚，花白黃，口部暈染紅色，假球莖長柱狀，花序暗紫色，花序軸從新莖的中部抽出。

廣布低海拔的樹林或竹林內。

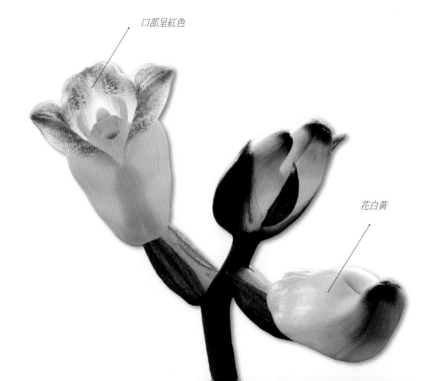

口部呈紅色

花白黃

———— *Data*

· **屬** 罈花蘭屬
· **別名** 臘鴞蘭。
· **棲所** 臺灣全島低海拔之闊葉樹或竹林內。

———— 花期

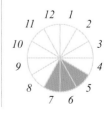

細花絨蘭

Aeridostachya robusta (Blume) Brieger

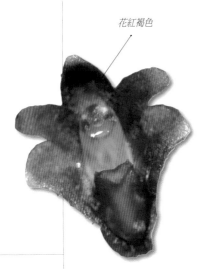

花紅褐色

本種是臺灣最稀有的蘭花之一，目前僅有二地點的三份標本，最早的記錄是由日人Sawada於浸水營地區採集，並由當時的日籍學者Yamamoto以*Eria sawadae*之名發表為新種，此後數十年未有記錄，成為謎般的物種。直至1978年左右，蘇鴻傑教授在同區域探索時才再度發現，而近年，洪信介先生也於滿州山區找到新的生育地，這些地區常年雲霧鎖山，濕度頗高，大樹上滿布苔蘚及蕨類、除了細花絨蘭外，亦著生大腳筒蘭（見358頁）、金唇風蘭（見399頁）等蘭花，生育地頗為獨特，再加上該物種生於特高的大樹樹冠層上，一般人難以到達，這也就說明了眾人緣慳一面之因了。

辨識重點

著生蘭，幼株形似報歲蘭（見137頁）；開花株的葉子較肉質，比報歲蘭的葉子軟，花序長約30公分，密生紅褐色小花，小花可達數百朵。

Data

- **屬** 氣穗蘭屬
- **別名** 氣穗蘭。
- **棲所** 浸水營以南的中央山脈常有雲霧圍繞，又常有強風吹襲，強風吹襲處又無巨木，此區只有在極少的小盆地風較小，樹能長成巨木，因為空氣濕度大，因此樹幹上會長一層厚厚的苔蘚，細花絨蘭就是長在這種環境的苔蘚上。

花期

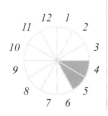

生於特高的大樹樹冠層上（許天銓攝）。

臺灣禾葉蘭 特有種

Agrostophyllum formosanum Rolfe

本種僅產於恆春半島及臺東南部的山區，這些地方在許多人的刻板印象是甚為乾燥炎熱，絕非著生蘭的適宜棲地，但其實這些地區在350公尺以上的某些山區，午後常起雲霧，整體環境空氣濕度甚高，大樹上密生著許多高位著生的植物，臺灣禾葉蘭即是長在這種地區的稀有蘭花。禾葉蘭的莖呈扁形，被葉鞘完整包被，植株長相相當特殊，是外觀辨識度很高的物種。但它的族群量小且分布狹隘，是以在野外看過的人並不多。

莖扁形，包被層層的宿存葉鞘

辨識重點

莖扁形，包被層層的宿存葉鞘，花序頭狀，密生無數淡黃小花，花後苞片即使乾燥，仍可在植株上多年不掉。

頭狀花序

花淡黃

莖扁平，由葉鞘層層包被。

—— Data

· 屬　禾葉蘭屬
· 別名　螃蟹蘭。
· 棲所　為中位著生的附生蘭，僅發現於海拔350至400公尺的山腹。其環境甚為潮濕，大樹上密生著各式各樣的附生植物及苔蘚，為附生植物多樣性奇高的生育地。其棲地午后雲霧繚繞，籠罩整座森林。

—— 花期

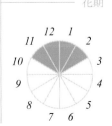

南湖雛蘭

Amitostigma alpestre Fukuy.

本種的種小名為「高山上生長」之意。它普遍出現於臺灣中北部高山的草坡、岩縫或矮盤灌木叢下，細看它的花朵，宛如被了花衣裳的小人偶，細緻秀麗。盛夏負重行走高山，遇到如此美花，稍息片刻欣賞，頓時所有的疲憊暑氣隨風消散。本種的族群量雖多，花期時在山徑旁頗為醒目，但都分布在高山上，對於沒有時間及體力者，合歡山是欣賞此蘭的最佳地點。

辨識重點

植株小，約5至17公分高，花通常2至3朵，萼片淡玫瑰色，唇瓣白色，上生有許多粉紫斑，三裂，中裂片微凹或二裂，唇瓣長於6公釐。

萼片玫瑰色

花朵宛如被了花衣裳的小人偶

唇瓣白色，上生有許多紫斑

Data

· 屬　雛蘭屬
· 別名　高山雛蘭。
· 棲所　生於高山絕頂的草坡或岩縫中，亦常見於刺柏或圓柏的矮盤灌木叢下。

花期

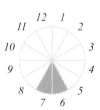

生長於高山草坡、岩坡或灌叢下。

小雛蘭

Amitostigma gracile (Blume) Schltr.

仔細瞧瞧小雛蘭的花，它是不是長得像極了蒙著眼的小人偶？可惜這可愛的小蘭花，目前發現的地點寥寥可數，僅止於合歡山及苗栗加里山，且每個地區的數量都不多，要看到他們著實不易。它的花為白色夾帶一些粉紅色，嬌嫩可愛，在野地雜草及岩縫中，更突顯它的清秀與脫俗。

辨識重點

花小，一花序著花2至20朵，且明顯偏向一側綻放，葉僅一枚，子房與花柄界線明顯，花瓣與萼片不太展開，距極短；唇瓣短於4.5公釐。

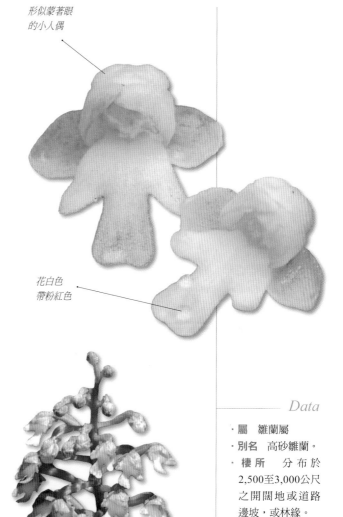

形似蒙著眼的小人偶

花白色帶粉紅色

在臺灣，僅見於合歡山及苗栗加里山。

花明顯偏向一側綻放

Data

· **屬** 雛蘭屬
· **別名** 高砂雛蘭。
· **棲所** 分布於2,500至3,000公尺之開闊地或道路邊坡，或林緣。

花期

12 1
11   2
10   3
9   4
8   5
7 6

小兜蕊蘭 特有種

Androcorys pusillus (Ohwi & Fukuy.) Masam.

這種通常生長在冷杉底下的小型蘭花,長久以來一直被認為是稀有的種類,其在雪山、玉山、南湖大山和大霸尖山皆有記錄,由於體型嬌小,且混生在一群綠色植物及苔蘚中,往往被人們所忽略;根據筆者多年來行走山林經驗,它的族群數量應尚稱穩定。兜蕊蘭屬為一小的屬,約有五種,分布於喜馬拉雅山,中國西南和日本中部,僅具一基生葉,不開花時形似蕨類之瓶爾小草屬。

辨識重點

植株甚小,均高10公分,葉單一,花綠色,花瓣與上萼片成一罩狀,側萼片外彎;唇瓣舌狀,不裂,基部與側萼片合生,無距。

花綠色

花瓣與上萼片成一罩狀

Data

· **屬** 兜蕊蘭屬
· **棲所** 分布於海拔3,300公尺的冷杉林內,常出現在路徑半透空的山坡上,然光線不易直射,旁邊常有苔蘚,每個地點皆有短距粉蝶蘭的伴生。

花期

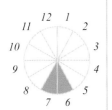

外形似蕨類之瓶爾小草屬。

38

臺灣金線蓮
Anoectochilus formosanus Hayata

金線蓮自古以來，就被當成延年益壽、滋補養生的珍貴藥材。由於民間傳說中有多種藥效而被稱為「藥王」。也傳說其可增強賽鴿飛行耐力，故祕稱「鳥蔘」。國人大都曾經聽聞金線蓮之名，但不多人知曉它是蘭科成員，更少有人看過它開花。它的花形奇異，唇瓣兩側具澄黃梳狀流蘇，似魚骨頭，色彩鮮明的花朵高挺於深色絨質的葉片上，對比強烈。

辨識重點

葉表呈絨狀暗紫綠色，鑲有具閃爍感的淡色網紋，葉背泛紅暈，花形奇異，唇瓣前端二裂呈Y字形，白色，兩側具黃色梳齒。

唇瓣前端
二裂Y字形

具澄黃梳狀
流蘇

葉表質感如絨
布，暗紫綠色

好生於陰濕腐植土中。

— 相似種鑑別

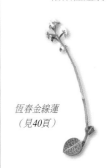

恆春金線蓮
（見40頁）

— *Data*

- **屬** 金線蓮屬
- **別名** 金錢仔草、黃花金線蓮、黃花糯子蘭。
- **棲所** 普遍生長在海拔1,500公尺以下的樟櫟群叢森林內，好生於陰濕腐植土中。

— 花期

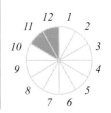

恆春金線蓮

Anoectochilus koshunensis Hayata

本種葉片表面墨綠色，上面鑲有具閃爍感的淺色網狀脈紋，故名「金線蓮」。國外叫這類的植物為「jewel orchid（寶石蘭）」，為著名的賞葉植物。恆春金線蓮在葉片外觀上難以與臺灣金線蓮（見39頁）區分，但經由花部則可輕易判別兩者，本種花朵不似大多蘭花會轉位，故看來像是倒著開放，唇瓣白色，先端呈二裂，兩側不具流蘇狀梳齒，貌似兔寶寶的耳朵。

辨識重點

葉同臺灣金線蓮，唇瓣白色，先端呈二裂片，然中段兩側各具一翼，不為流蘇狀。

相似種鑑別

台灣金線蓮
（見39頁）

Data

- **屬** 金線蓮屬
- **別名** 高雄金線蓮。
- **棲所** 普遍生長於海拔1,800公尺以下的樟櫟群叢森林內，好生於陰濕腐植土中。

花期

12 1
11 2
10 3
9 4
8 5
7 6

好生於陰濕腐植土中。

唇瓣白，中段兩側不為流蘇狀；先端二裂

葉片上有淺黃色網狀脈條紋

山林無葉蘭
Aphyllorchis montana Rchb. f.

唇瓣舟形

花疏生，半張

莖灰綠色，密
生紫色斑紋

本種是無葉綠素植物，僅在秋季的花開時期能見到植物體，它廣泛分布於全島，是臺灣最易見到的異營蘭花之一。伸出土表的莖呈灰綠色，密生紫色斑紋，所以又有「紫紋無葉蘭」之別稱，也是辨明本種的主要特徵之一。全花澄黃，散生在高約半公尺的莖上，其唇瓣舟形。一如許多無葉綠素植物，它的葉子因為不須行光合作用，全部退化成苞片狀，且也非綠色。山林無葉蘭的植株甚為高大，也喜生於登山小徑旁，秋天登高不妨注意一下，也許它就在你的身旁。

辨識重點

無葉。真菌異營。植物體高約30至60公分，灰綠色，密生紫色斑紋。總狀花序，10至20公分，疏生，花半張，花被均為黃色而布有紫斑，花柄和子房長1.6至1.8公分。

植株高大，喜生於登山小徑旁。

—— 相似種鑑別

（蔡錫麒攝）

圓瓣無葉蘭

Aphyllorchis aimplex
Tang & F. T. Wang

本類群可能是山林無葉蘭之整齊花型，形態幾乎一致，主要差異為其唇瓣平展。

—— Data

· 屬　無葉蘭屬
· 別名　紫紋無葉蘭
· 棲所　大部份發現於半遮蔭的林內，生長於路徑兩旁。

—— 花期

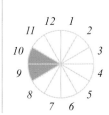

長葉竹節蘭

Appendicula fenixii (Ames) Schltr.

竹節蘭，以植物體莖節似竹節而得名。在臺灣，竹節蘭屬的植物共有四種，葉片二列，互生，革質而具光澤，葉排列整齊，形貌優雅。雖然它的花較小，但植株整體觀之野趣十足，頗受野生蘭趣味者們所栽培欣賞。長葉竹節蘭僅生於蘭嶼，自樹幹或岩壁著生處披掛而下，頗長且優雅。

辨識重點
葉披針形，長達5公分，莖甚長，可達80公分；花被片披針狀長橢圓形，白色。

莖甚長，可達80公分。

Data

· **屬** 竹節蘭屬
· **別名** 地生竹節蘭。
· **棲所** 生長在蘭嶼海拔200公尺以上的濕熱森林內，書上大多記載本種為地生，但在較濕的林子或溪谷中，本種大部份是長在樹幹上或岩石上的。

花期

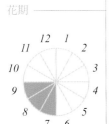

葉子長披針形

花白色

蘭嶼竹節蘭 特有種

Appendicula kotoensis Hayata

以往分類學家將它處理為臺灣竹節蘭（見44頁）之種內變異，經過長期觀察，筆者發現它除了葉形相當不同外，且花白中帶紅，與臺灣竹節蘭的白綠色花頗有差異，視之不同種或許較為恰當。本種的植株甚小，全株長度通常不超過15公分，葉子也是臺灣四種中最小的，大抵不超過2公分。

辨識重點

植物體矮小，通常不超過15公分，葉甚平，橢圓狀，葉長不超過2公分，先端略鈍。5朵以上的花組成一花序，頂生。蒴果橢圓柱狀，長約0.5公分。

花白中帶紅

相似種鑑別

台灣竹節蘭
（見44頁）

Data

· 屬　竹節蘭屬
· 棲所　生於蘭嶼的250至300公尺森林內的樹幹，中位著生，與長葉竹節蘭的低位著生不同。

花期

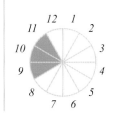

葉子甚平，橢圓狀，葉長不超過2公分。

臺灣竹節蘭

Appendicula reflexa Blume

本種最北分布至天祥，因喜生於濕潤區域，故恆春半島以北的西部地區目前仍無發現。主要分布在南仁山區各大溪流沿岸或兩岸之稜脊，常生於白榕、正榕及江某樹上。竹節蘭雖然屬於中大型的附生蘭，但它的花都非常的小，集生於節上，不熟稔該植物者，即使正逢花期也難察覺它已綻放。

辨識重點

莖長約40公分，常下垂。葉數十片呈二列，長橢圓形，長2至4公分，先端微凹，基部與葉鞘間具有關節。花極小，集生在節上，青綠色；萼片長約0.3公分左右。

相似種鑑別

蘭嶼竹節蘭
（見43頁）

Data

· **屬** 竹節蘭屬
· **別名** 牛齒蘭。
· **棲所** 附生在水氣充足之溪谷兩側坡地的大樹上，對於附生的大樹無專一性，但以白榕、正榕及江某樹最為常見。

花期

青綠色

花極小，集生在節上

葉長橢圓形

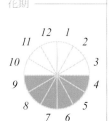

臺灣竹節蘭常生於白榕、正榕及江某樹上。

龍爪蘭

Arachnis labrosa (Lindl. *ex* Paxt.) Rchb. f.

為一著生於大樹上，株型巨大之萬代蘭型植物，莖長，呈攀緣狀。在臺灣西南部山區的巨木樹上偶爾可見。花莖細長傾垂，超過一公尺以上，著花可達百餘，花朵有二個色型，常見為紅褐色斑花，另一型全花為黃綠色。因五片瓣萼形若龍爪，故名之為「龍爪蘭」。

辨識重點

大型附生蘭。葉線形，革質，二列互生，長可達20公分，先端二裂，兩邊不等長。花梗甚長，有時可達1.5至2公尺，總狀花序，花紅色或黃綠色，花萼及花瓣同為線形。

著生於臺灣西南部山區的樹上。

花萼及花瓣
同為線形

其花序甚長，有
時可達2公尺

紅褐色斑花
較常見

花偶見黃綠色

Data

· **屬** 龍爪蘭屬
· **別名** 假腎藥蘭、細花腎藥蘭、長葉假萬代蘭。
· **棲所** 適生於冬乾夏雨之季風型氣候。

花期

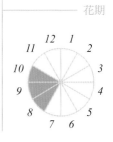

45

葦草蘭

Arundina graminifolia (D. Don) Hochrentiner

在過去的日月潭水社草坡上，蘇鴻傑教授曾拍攝到葦草蘭萬朵齊放的經典畫面，後因公部門定期除草，似千隻鶴鳥舞戲於禾草間的美景，如今只存於少數追蘭者的心中。本種往昔常見於臺灣的平原或淺山，然由於低海拔的漸次開發，使得本種的生育地在臺灣僅餘個位數，野生的植株數可能不超過100株。這種適應性頗強的野生蘭，竟變成需要保育的物種，教人不勝唏噓。

野生的葦草蘭已不多見。

Data

· 屬　葦草蘭屬
· 別名　鳥仔花、禾葉蘭、長桿蘭。
· 棲所　喜生於海拔700公尺以下向陽的草坡，或有土層的岩層上，芒草是最常見的伴生植物。在臺灣早期平原或淺山易見的蘭草，由於低海拔的漸次開發，使本種的生育地僅剩個位數。

辨識重點

葉二列，禾葉狀，葉長10至20公分，花甚大而美，花序上有5至9朵花，但每次僅開一花。花徑4至6公分，花瓣白色或淺紫紅色，唇瓣3淺裂，中央有黃色條紋，兩側裂片有玫瑰色塊斑。

花期

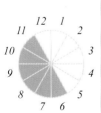

唇瓣捲曲成管狀，先端不規則皺摺

中央有黃色條紋

小鹿角蘭

Ascocentrum pumilum (Hay.) Schltr.

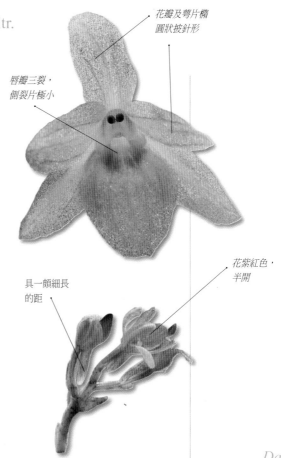

花瓣及萼片橢
圓狀披針形

唇瓣三裂，
側裂片極小

它的植株形似迷你型的萬代蘭，如松針
般的葉子，附生在大樹幹上，植物體即
使未開花，風姿也令人注目。冬季，時
值花期，酡紅豔麗的色彩，更令許多賞
蘭者讚嘆。本屬大約有10種，分布於
中國南部、菲律賓及爪哇、婆羅洲等
地，小鹿角蘭為臺灣的特有種，也是本
屬中體型最小者。

辨識重點

葉似針狀，肉質，切面呈半圓形，長
3至5公分，寬約1.5至3公釐，上部有
溝，基部具關節；花粉紫紅色，半開，
直徑7至8公釐；花瓣及萼片橢圓狀披
針形；唇瓣三裂，側裂片極小，中裂片
卵形，4公釐長，先端具一尖突。

具一頗細長
的距

花紫紅色，
半開

松針般的葉子非常別致。

—— Data

· 屬　鹿角蘭屬
· 別名　假囊距蘭、
　臺灣亞斯高仙蘭。
· 棲所　中高海拔之
　針葉林或闊葉林，
　海拔700至2,300公
　尺。

—— 花期

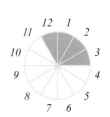

臺灣白及

Bletilla formosana (Hayata) Schltr.

相似種鑑別

蘭嶼白及
Bletilla formosana (Hayata)
Schltr. f. *kotoensis*

特有種

Data

・屬 白及屬
・別名 白芨。
・棲所 常見於路旁、公路坡地全日照之處，若生於山區坡地則土壤上則常被覆有苔蘚。另蘭嶼的種類為本種的地區型（f. *kotoensis*），以往可見成群的生於往氣象站的公路山坡上，但近來有漸次減少的現象，所幸在東清溪上游的向陽谷也仍存有一定數量的族群，其附近也有在蘭嶼漸稀的紫苞舌蘭生長。

花期

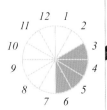

臺灣白及廣泛分布於全島各地，喜好生長在陽光直接照射的芒草原內、公路旁或土石坡上，為最易親近的蘭花之一。冬天莖葉盡皆枯萎脫落，但假球莖宿存於土壤中過冬，為多年生草本植物。樣貌野性十足，常大片生長，占據大面積的河床或山坡，也可見於臺北都市內的屋簷或大樓屋頂上。花呈淡紅紫色到近於白色。

辨識重點

葉線形，10至50公分長，1至3公分寬，具三條主脈，薄革質；花軸10至50公分高；花紫色、淡紫色或近於白色，花瓣及萼片披針形，長1.5至2公分，唇瓣12至15公釐長，帶細斑，中裂片邊緣波浪狀，龍骨黃色。

常見的野生蘭，喜生於全日照、開闊的路旁。

唇瓣中央有黃色
的龍骨凸起

寬唇苞葉蘭

Brachycorythis galeandra (Rchb. f.) Summerh.

在臺灣，見過其植株的人很少，連筆者本身至今亦無緣得見，可見它是多麼稀有啊！曾經有一份來自屏東來義的標本紀錄，也曾有人於八通關、東部山區拍攝過影像，它是臺灣野生蘭中紀錄及資料相對空白的植物。本種的短上萼片與小花瓣組成罩狀，形似鋼盔，故有短盔蘭之別稱。近來又有北大武苞葉蘭之新種發表，產自屏東大武山山區。

辨識重點

植物體高10至35公分，具肉質橢圓形塊莖。莖直立；節間由鞘包住。花具葉狀苞片，花淡紫色，側萼片較大，中萼片與花瓣聯合形成帽狀。

上萼片與花瓣
合成罩狀

花具葉狀
苞片

生長於灌木及草叢間（S. W. Gale攝影）。

相似種鑑別

（林哲緯繪）

北大武苞葉蘭

Brachycorythis helferi
(Rchb. f.) Summerh.

唇瓣展平後近圓形，長及寬各約 2 至 3 公分，先端圓鈍；距長 7 至 10 公釐。

Data

· 屬　苞葉蘭屬
· 別名　短距苞葉蘭、短盔蘭。
· 棲所　分布於海拔1,000至3,000公尺處，生長於灌木及草叢間。

花期

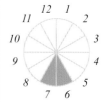

紋星蘭

Bulbophyllum affine Lindl.

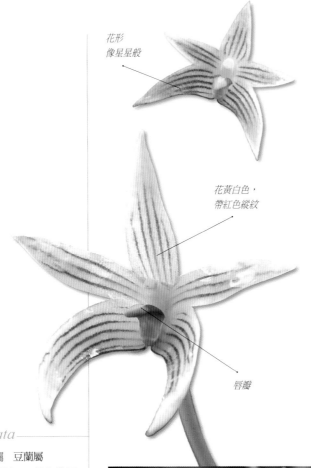

花形像星星般

花黃白色，帶紅色縱紋

唇瓣

本島首次採集紀錄於1912年，為早田文藏和佐佐木舜一於恆春高士佛採到，故又稱為高士佛豆蘭。在臺灣普遍生於全島1,000公尺以下之闊葉林內，烏來、礁溪、日月潭、南仁山山區及大武皆有分布。葉長與烏來捲瓣蘭（見63頁）約等長，但寬度僅2公分左右；花單生，花瓣形狀大小與萼片相似，整體形似星子，瓣片上具紅色條紋，故名紋星蘭。

辨識重點

葉長橢圓形，長8至12公分，寬約1.5至2公分，肥厚而硬，中肋下凹，側脈不明顯，革質。花單生，黃白色，帶紅色縱紋，星形。

Data

· **屬** 豆蘭屬
· **別名** 高士佛豆蘭。
· **棲所** 生於樹幹岩石上，常整片群生。

花期

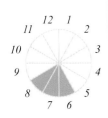

花單生，從假球莖基部生出。

50

白毛捲瓣蘭  特有種

Bulbophyllum albociliatum (T. S. Liu & H. J. Su) K. Nakaj.

本種最早由蘇鴻傑老師採自浸水營，它的最大特徵在其上萼片與花瓣之周邊有白色長毛。植物體通常矮小，根莖纖細，花未開時，也易區別。本種的變異甚大，但可粗略的區別二側萼片膨大及不膨大二型，一般都將側萼片膨大稱為白毛捲瓣蘭基本種，而不膨大者則被發表為變種「維明豆蘭」。因花朵形態如鞋，故又稱小紅鞋。另有一變種：杉林溪捲瓣蘭 (var. *shanlinshiense*)，差別在於其側萼片較長，先端長漸尖。

辨識重點

花梗纖細，長3至5公分，頂生2至5朵排列成繖形的小花，花色為橙黃色或紅色，花朵雖小，卻顯得十分耀眼、可愛。花朵上萼片與花瓣周圍具有纖細的白毛。

花形可愛，似紅色小鞋。

花朵上萼片與花瓣周圍具有纖細的白毛

紅色的唇瓣

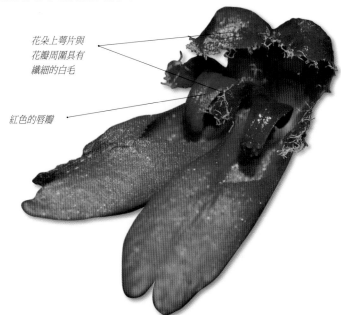

— 相似種鑑別

特有種

杉林溪捲瓣蘭
Bulbophyllum albociliatum
Tang S. Liu & H.J. Su var.
shanlinshiense T.P. Lin & Y.N.
Chang

短梗豆蘭（見53頁）

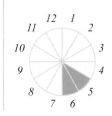

觀霧豆蘭（見62頁）

— Data

· 屬　豆蘭屬

· 別名　臺中捲瓣蘭、小紅鞋、白毛豆蘭。

· 棲所　零星分布於海拔1,000至2,500公尺之檜木林帶，偏好氣候涼爽、雲霧盛行的環境。多附生於樹幹或岩壁上。

— 花期

```
      12  1
   11        2
 10            3
 9              4
   8          5
      7  6
```

51

小豆蘭 特有種

Bulbophyllum aureolabellum T. P. Lin

有幾種臺灣產的豆蘭，外觀看來就像中低海拔山區常見的蕨類：伏石蕨，一枚無假球莖的葉片，直接著生在根莖上，貼伏在樹幹表面，很容易讓人錯過。也因此這類型中，相對稀有的物種更難以被觀測，本種即是代表例子。小豆蘭目前在本島中低海拔有零星的紀錄，附生於能維持環境溼度的成熟森林內，它的花朵數量是本類型物種中最多的，可達三朵，乳白的花朵搭上橙黃色的唇瓣，正如其種名「*aureolabellum*」，描述了花朵有「美麗金色」的唇瓣外觀。

辨識重點

植物體不具假球莖。長葉的節與裸節交替而生。總狀花序具2至3朵花。花黃白色，具橙色的唇瓣。

花黃白色，
具橙色的唇瓣
（許天銓攝）

Data

· 屬　豆蘭屬
· 棲所　生於溪谷涼濕的林內，著生的樹幹上布滿苔蘚。

花期

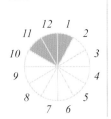

無假球莖的葉片直接著生在根莖上（許天銓攝）。

短梗豆蘭 特有種

Bulbophyllum brevipedunculatum T. C. Hsu & S. W. Chung

本種為筆者與許天銓近年發表的新種，一開始是於花蓮磐石的闊葉林內發現的。那是一座空氣濕度極高的森林，樹上到處長滿了松蘿及各式各樣的稀有附生植物。初見短梗豆蘭，覺得它與白毛捲瓣蘭（見51頁）相近，但花梗奇短，花萼及花瓣也頗為短小。隔年，又於相距上百公里的宜蘭太平山看到相同物種，且一旁伴生有極稀有的白花羊耳蒜（見265頁），同樣的，這裡的生長環境也是非常的潮濕。

辨識重點

本種親緣與白毛捲瓣蘭相近，區別在於它的花梗甚短，僅0.5至0.7公分，側萼片亦短，長5至7公釐，且側萼片常張開而不貼合。

生育地濕度高，常與厚實的苔蘚共生。

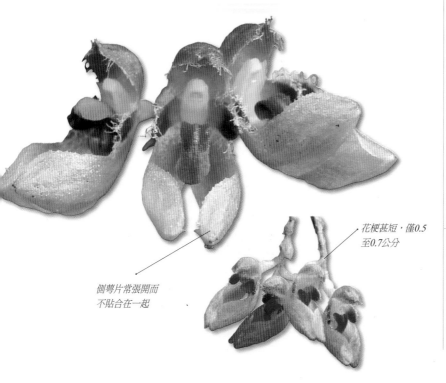

側萼片常張開而不貼合在一起

花梗甚短，僅0.5至0.7公分

相似種鑑別

白毛捲瓣蘭
（見51頁）

Data

· 屬　豆蘭屬
· 棲所　目前僅發現於宜蘭太平山及花蓮龍澗的闊葉樹林內，大部分皆附生於大樹幹的中下部，海拔分布於1,800至2,100公尺，生育地長年雲霧籠罩，相對溼度甚高。著生於大樹上，常亦附生於厚實的苔蘚中。

花期

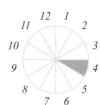

毛緣萼豆蘭 特有種

Bulbophyllum ciliisepalum T. C. Hsu & S. W. Chung

本種是晚近才發表的物種，通常情況下，這種狀況意謂著該物種是較為稀有，或因生境關係而難以得見；它通常是在倒木或大樹枯枝上被發現，常附生在臺灣最高大的喬木，如紅檜、扁柏、鐵杉及華山松的近林冠層樹幹上。一般情況下不容易與它正面相會，尋找它需要一定的運氣。形態上與它最接近的物種應為長軸捲瓣蘭（見56頁），但長軸捲瓣蘭的花莖較長（大於8公分），側萼片較短（小於2公分），且花被緣毛多呈黃色，而本種為白色。記錄於南投、苗栗及臺中山區，海拔1,900至2,500公尺。

辨識重點

葉長1至2.5公分，厚革質，花莖短，約4至5公分，側萼片長，大於3公分，側萼片下緣有白色緣毛。上萼片槽狀，卵形，上有紅色明顯脈紋，先端長尾狀，邊緣具絲狀緣毛。

相似種鑑別

長軸捲瓣蘭
（見56頁）

Data

· 屬　豆蘭屬
· 棲所　生於雲霧帶檜木林最高層之林冠樹枝上。

花期

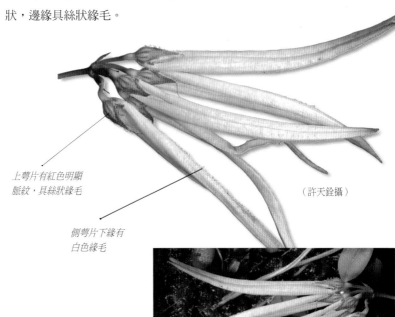

上萼片有紅色明顯
脈紋，具絲狀緣毛

（許天銓攝）

側萼片下緣有
白色緣毛

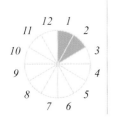

常附生在高大喬木的近林冠層樹幹上（許天銓攝）。

狹萼豆蘭
Bulbophyllum drymoglossum Maxim.

狹萼豆蘭是臺灣產無假球莖的豆蘭中，較易於親近的物種，在全島低海拔至近中海拔山區，中低位的樹幹上，若留心周遭或有機會見到本種。不同於其他種類，它的單一花梗上只著生一朵花，花朵不大，加之花期短，想觀察到盛開的姿態，需要一點運氣。這類型的物種都算是野外觀察難度較高的種類，除了不常見之外，外觀的障眼法更讓它們常常隱蔽在我們的視線之中。

辨識重點

附生。不具假球莖。葉橢圓形至卵形，長1至1.6公分，寬5至10公釐，葉片較小葉豆蘭大。花莖自葉基之根莖上長出，長約3.5至4公分，極細，一梗上著生單花，花淡黃色。

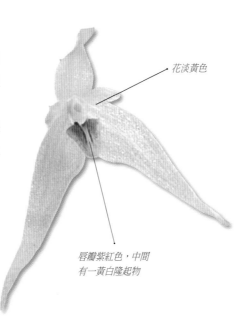

花淡黃色

唇瓣紫紅色，中間有一黃白隆起物

附生，不具假球莖，葉橢圓形至卵形。

—— Data

· 屬　豆蘭屬
· 棲所　生於海拔600至1,200公尺陰濕森林內之大樹中下部，其周圍常附著苔蘚，常附生於樟科或殼斗科的大樹上。

—— 花期

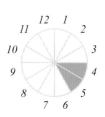

長軸捲瓣蘭 特有種

Bulbophyllum electrinum Seidenf. var. *suii* T. P. Lin & W. M. Lin

1989年，蘇鴻傑老師發表長軸捲瓣蘭為臺灣之新紀錄種，最初發現地點為屏東與臺東交界的的浸水營，而後，陸續在同樣濕度很高的棲所如明池、尖石及拉庫拉庫溪記錄到本種；而如今，臺灣產的長軸捲瓣蘭已於2009年的研究中被處理為一特有變種，其變種名「*suii*」即是為了紀念最初的發現者，蘇鴻傑老師。長軸捲瓣蘭的花為亮眼的黃綠到橘色，它有兩個主要的特徵：一、花序軸甚長，可達8至15公分；二、側萼片的下邊緣具緣毛。

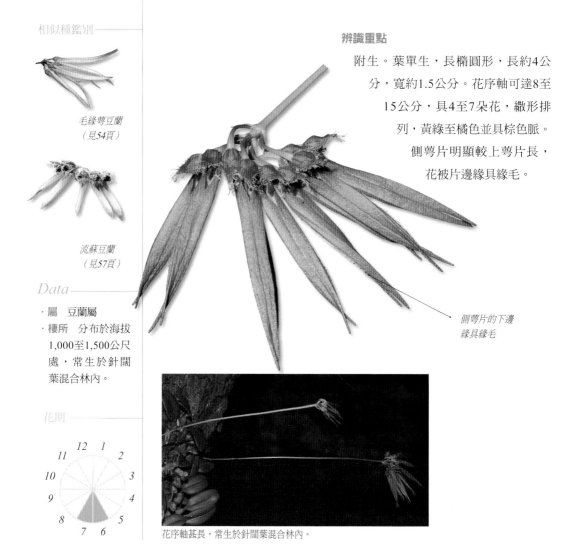

辨識重點

附生。葉單生，長橢圓形，長約4公分，寬約1.5公分。花序軸可達8至15公分，具4至7朵花，繖形排列，黃綠至橘色並具棕色脈。側萼片明顯較上萼片長，花被片邊緣具緣毛。

側萼片的下邊緣具緣毛

相似種鑑別

毛緣萼豆蘭
（見54頁）

流蘇豆蘭
（見57頁）

Data

· 屬　豆蘭屬
· 棲所　分布於海拔1,000至1,500公尺處，常生於針闊葉混合林內。

花期

12 1
11 　 2
10 　 3
9 　 4
8 　 5
7 6

花序軸甚長，常生於針闊葉混合林內。

流蘇豆蘭 特有種

Bulbophyllum fimbriperianthium W. M. Lin, Kuo Huang & T. P. Lin

這個局限分布的物種目前僅發現於浸水營的一小區域，大部分皆生長在大喬木的樹冠層枝條上，故想一睹其真面目甚為困難。本種花朵初開青綠，後轉為黃綠色，其上萼片、花瓣及側萼片邊緣皆具白色緣毛，故名為流蘇豆蘭。本種與長軸捲瓣蘭（見56頁）之親緣接近，區別在於本種的花為青綠色，緣毛為白色；而長軸捲瓣蘭花朵整體皆為黃綠至橘色。

辨識重點

花長2.4至3.3公分，上萼片及花瓣具縱向紅色粗紋，先端紅色，邊緣生白色緣毛，側萼片下緣及內面具緣毛，青綠色。

本種喜生於樹冠層大樹幹上。

相似種鑑別

長軸捲瓣蘭
（見56頁）

上萼片及花瓣具
縱向紅色粗紋

邊緣生白色緣毛

花青綠色

Data

· **屬** 豆蘭屬
· **棲所** 目前僅發現於大漢山區，該處位於中央山脈的南段稜脊，常年雲霧繚繞。本種喜生於樹冠層大樹幹上，半日照及半遮蔭。

花期

12 1
11 2
10 3
9 4
8 5
7 6

溪頭豆蘭

Bulbophyllum chitouense S. S. Ying

本種喜生於終年濕度頗高的森林內，在臺灣的南投溪頭、嘉義奮起湖及雲林草嶺都有發現的記錄，尤其在溪頭的森林內，它就長在濕潤的苔蘚旁。溪頭豆蘭的花為單生，但花頗大，且花被片密布討喜的大紅斑，自發表以來就是尋蘭及賞蘭者的主要探訪對象。筆者曾在雲南附近的深山中，見到與臺灣的溪頭豆蘭形態相似的種類：*B. griffithii*，經小心比證後，發現兩者沒有太大差異，支持將以往臺灣稱謂的*B. chitouense*併入*B. griffithii*。

辨識重點

花單生，不十分張開，
開放時直徑8至12公釐，
散生紫紅色斑點。假球
莖密集排列。有閉花授
粉之現象。

散生紫紅色斑點

Data

· 屬　豆蘭屬
· 別名　短齒石豆
　蘭。
· 棲所　溪頭之植株
　生於滿佈苔蘚的杜
　鵑花枝枒上，奮起
　湖地區則生於中高
　位柳杉側枝上。生
　育地皆為涼濕之森
　林內。

花期

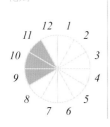

花單生，不十分張開，生育地皆為涼濕之森林內。

花蓮捲瓣蘭

Bulbophyllum hirundinis (Gagnep.) Seidenf.

本種最早發現於屏東浸水營及南投蓮華池，但在臺灣東海岸山脈、臺東大武山區及恆春半島壽卡地區的數量較多。本種目前使用的學名為*B. hirundinis*，但在比較越南產之*B. hirundinis*後可發現兩地的花差異甚大，臺灣的學名正確與否，仍待進一步研究。本分類群在臺灣有很大的變異，近年來有許多新種發表，差別在花部的色彩及尺寸。無毛捲瓣蘭（var. *calvum*）與本種的差別在側萼片較短（1至2公分），先端常明顯岔開。

辨識重點

花序軸纖細，黃綠色，繖形花序，4至9朵花，金黃至橘黃色。側萼片為甚長之披針形，長2.9公分，寬2公釐，基部朱紅色，往頂部漸轉橙色至黃色。

繖形花序，喜生於午後有雲霧繚繞的地方。

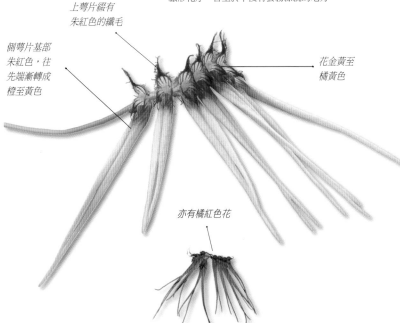

上萼片綴有朱紅色的纖毛

側萼片基部朱紅色，往先端漸轉成橙至黃色

花金黃至橘黃色

亦有橘紅色花

—— 相似種鑑別

無毛捲瓣蘭
Bulbophyllum hirundinis (Gagnep.) Seidenf. var. *calvum* (T. P. Lin & W. M. Lin) T. C. Hsu

Data

· 屬　豆蘭屬
· 別名　朱紅冠毛蘭、朱紅捲瓣蘭。
· 棲所　西部較少，僅蓮華池及北橫沿線有零星分布，然在東部海岸山脈從成廣澳、新港山、知本山、大武油杉保護區至太麻里規拿山，海拔約略800至1,100公尺的原始森林內，有許多的族群分布，大部分的發現地點都在有風的稜線，午後有雲霧繚繞。

—— 花期

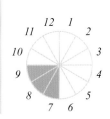

59

穗花捲瓣蘭 特有種

Bulbophyllum insulsoides Seidenf.

在本屬中，穗花捲瓣蘭是相當有特色的物種，它是臺灣產中唯一花序為穗狀的豆蘭，有別其它呈單花或繖形花者。其假球莖外表為黑褐色，故有「黑豆蘭」之暱稱。棲所分布於全島中高海拔雲霧盛行帶的森林內，但族群數量並不多，僅有零星的發現。在筆者有限的觀察紀錄中，曾在樹幹基部出現過一次，另外兩次則在與胸同高的樹幹下部見到，顯見它是中下位著生之附生蘭。

假球莖密集，葉與假球莖間具有關節。穗狀花序。

辨識重點

假球莖密集，角錐狀卵形，高約2.5公分。葉與假球莖間具有關節，葉長橢圓形，長10至15公分，寬1.5至2公分，上表面青綠色，背面淡黃色。花序軸長約15公分，具10至15朵花，排成穗狀花序；花黃綠色，散布有紫斑。

散布有紫斑

花黃綠色

Data

· 屬　豆蘭屬
· 別名　黑豆蘭。
· 棲所　西部杉林溪及巒大山一帶山區，南部奮起湖、北大武，東部清水山及海岸山脈新港山皆有觀察紀錄，海拔分布高度約為1,200至2,000公尺。生長於大樹幹的基部或中下部，其生育地為雲霧盛行帶。

花期

日本捲瓣蘭

Bulbophyllum japonicum (Makino) Makino

又名「瘤唇捲瓣蘭」，因唇瓣先端膨大成球狀而得名。本種未開花植株與紫紋捲瓣蘭（見64頁）及黃萼捲瓣蘭（見70頁）類似，但其假球莖間距不到1公分，上面有許多平行的縱紋，花莖短，約2至4公分，可茲鑑別。它通常長在樹幹上較低矮處，於陰濕的樹皮或岩壁上大片群生，在北部不難看見。

辨識重點

葉單生，革質，長橢圓形，長3至4公分，寬5至6.5公釐，銳頭。花3至6朵，花朵略整正，側萼片並不特別長；花形小，紅紫色，具脈，略成繖形花序。

假球莖間距不到1公分，上面有許多平行的縱紋。

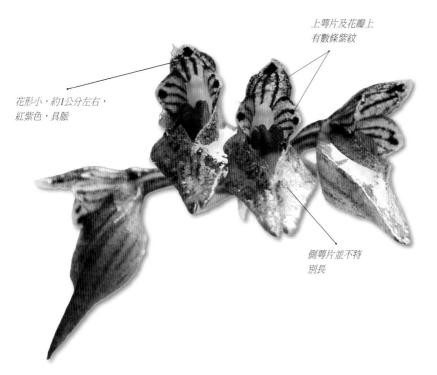

上萼片及花瓣上有數條紫紋

花形小，約1公分左右，紅紫色，具脈

側萼片並不特別長

—— 相似種鑑別

紫紋捲瓣蘭
（見64頁）

黃萼捲瓣蘭
（見70頁）

—— Data

· 屬　豆蘭屬
· 別名　瘤唇捲瓣蘭。
· 棲所　除了中部及恆春半島，臺灣各地皆有生長，但又以北部烏來及宜蘭福山地區尤多，喜生於海拔600公尺左右的密林內。

—— 花期

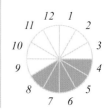

觀霧豆蘭 特有種

Bulbophyllum kwanwuense S. W. Chung & T. C. Hsu

觀霧豆蘭最早為許天銓先生於觀霧發現，而後，亦在杉林溪及大武山等地找到，都生長於高冷地山區，大多附生於鐵杉及紅檜上。

　本種花朵為橘紅色，形似白毛捲瓣蘭（見51頁），但其側萼片邊緣具緣毛，其亦與長軸捲瓣蘭（見56頁）相近。它的上萼片先端為長尾狀漸尖，與花瓣均具有甚長的扭曲之白色緣毛，與眾不同。

辨識重點

附生。葉單生，厚革質，長2.2至4公分，寬1至2公分。花序具3至8朵花，纖形，上萼片具五條紅脈，先端長尾狀漸尖，與花瓣均具有甚長且扭曲之白色緣毛。側萼片長1.3至1.5公分，先端鈍尖，邊緣疏具緣毛或近無毛。

相似種鑑別

白毛捲瓣蘭
（見51頁）

觀霧豆蘭大部份附生於鐵杉及紅檜上。

Data

· **屬**　豆蘭屬
· **棲所**　發現於西部中海拔地區2,000公尺左右的鐵杉及紅檜上，高位著生。

花期

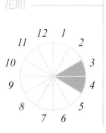

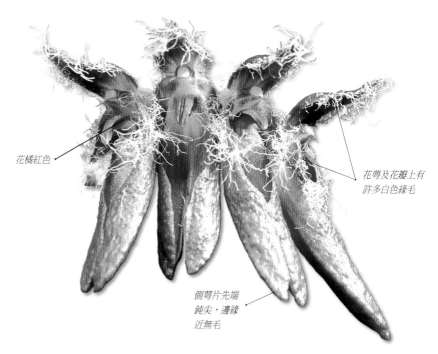

花橘紅色

花萼及花瓣上有許多白色緣毛

側萼片先端鈍尖，邊緣近無毛

烏來捲瓣蘭

Bulbophyllum macraei (Lindl.) Rchb. f.

本種的葉為本屬最大者，長可達10至18公分，寬3至6公分，葉面光亮，厚革質，通體帶著熱帶蘭花的氣質，即使還未開花，本身已經是山林的閃亮焦點。花朵淡黃並帶紫暈，澄淨素雅。臺灣全島1,000公尺以下之闊葉林內均可見，可能是臺灣產豆蘭屬中分布最廣的種類。

辨識重點

假球莖卵形，高約2公分，青綠色，表面光滑。葉長橢圓形，長10至18公分，寬3至6公分，先端圓鈍，基部狹窄。花莖纖細，彎曲或下垂，上著花3至5朵。花淡黃色而帶紫暈；萼片披針形，長1.5公分，側萼片狹長，長約3.5公分；花瓣較小，僅5公釐長；唇瓣5公釐長。

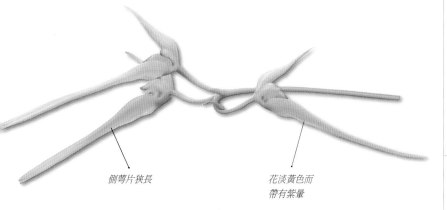

側萼片狹長　　　　　　花淡黃色而
　　　　　　　　　　　帶有紫暈

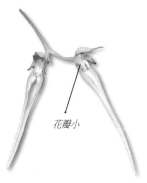

花瓣小

葉長橢圓形，先端圓鈍，基部狹窄。

—— Data

· 屬　豆蘭屬
· 別名　一枝瘤。
· 棲所　臺灣1,000公尺以下之闊葉林內均可見之。喜生於密林內，或河谷兩岸。

—— 花期

紫紋捲瓣蘭

Bulbophyllum melanoglossum Hayata

本種的花被片為白色底，因帶有平行的紫色細紋，故名之為「紫紋捲瓣蘭」。在臺灣分布普遍，與黃萼捲瓣蘭（見70頁）同為較易觀察到的豆蘭屬植物。紫紅色的花向來討喜，而紫紋捲瓣蘭的花數既多，而且條紋細緻，散發著野逸的氣質，細細觀來妙趣橫生。

辨識重點

根莖堅硬；假球莖疏落生長，卵形，外表有縱溝，高可達2公分。葉硬革質，5至6公分長，1至1.5公分寬。花軸細長，上部有將近10朵花排成繖形；花白底，具有紫紅色線紋；上萼片細長，側萼片披針形，長1.2公分；花瓣卵形，邊緣有毛，唇瓣極小，彎角形，上面紅色，底部黃色。

喜生於較涼濕的林子內。

Data

· **屬** 豆蘭屬
· **棲所** 臺灣普遍見於海拔約300至2,000公尺之常綠闊葉林。喜生於較涼濕的林子內。

花期

側萼片披針形

花白底，帶有平行的紫紅色細紋

毛藥捲瓣蘭

Bulbophyllum omerandrum Hayata

本種分布於中南部山區海拔約
1,000至2,000公尺處，惠蓀林場、
溪頭、梅峰、杉林溪、阿里山、關
山及大武山等山區皆有觀察記錄。
雖然分布廣泛，但甚少有人在野
外看到它的花，原因是它的開花
性並不佳，復加花序的著花數不
多，花常只一、二朵，花期短僅5
至7天，要看到它開花，可要有天
時及地利。花黃棕色，上綴有許多
紅斑，萼片邊緣綴上許多可愛的纖
毛，相當有特色。

辨識重點

總狀花序，著花數不多，約略1至
3朵，花黃棕色，萼片及花瓣黃底
間有紅脈及紅斑，邊緣有許多纖
毛。

萼片及花瓣先端
有許多纖毛

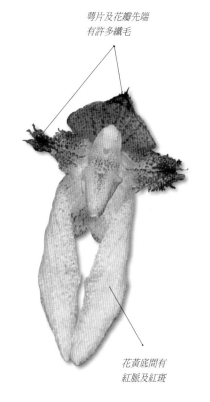

花黃底間有
紅脈及紅斑

相似種鑑別

傘花捲瓣蘭
（見75頁）

── *Data*

· **屬** 豆蘭屬
· **別名** 溪頭捲瓣
蘭、黃唇捲瓣蘭。
· **棲所** 長在終年濕
度甚高的森林內，
有時生於樹基部，
亦常於樹冠層的枝
椏生長。

── 花期

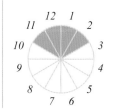

甚少有人在野外看到它的花，原因是它的開花性並不佳。

白花豆蘭

Bulbophyllum pauciflorum Ames

這個物種相當相當的稀有，筆者有幸在好友呂順泉先生的帶路下，在臺東山區見到它，完成了多年的盼望。白花豆蘭為高位生長，緊附在大喬木的樹幹上，體型小且不易掉落，這也是它為何甚少被人發現的原因。以往它僅在小阿玉山、坪林山區、萬榮林道三地被發現，從這分布來看，推測在東部山區應該還有許多族群。它沒有假球莖，葉子密集著生於甚短的根莖上，一花梗上通常生有二花，花淡黃色，半開狀，二日即謝。

辨識重點

無假球莖，根莖甚短，葉片2至4枚密集叢生，長約2至3.5公分，呈橢圓形或長橢圓形。

花黃色，半開狀

通常生二花，花開二日即謝

葉長橢圓形

Data

· **屬** 豆蘭屬
· **棲所** 中低海拔原始林內之大樹上，屬上位著生，午後常有雲霧。

花期

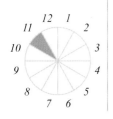

無假球莖，根莖甚短，緊附在大樹上的樹幹上。

黃花捲瓣蘭

Bulbophyllum pectenveneris (Gagnep.) Seidenf.

本種的花色相當純淨，花初開時全然的淡綠色，萼片上著生美麗如睫毛般的纖毛。花大，優美，花姿脫俗，為本島最美麗的蘭花之一，花後期會漸次轉為黃色。分布於桃園以南海拔大約1,000公尺的森林內，喜生於通風良好、陰濕的樹幹上。

辨識重點

花開時為淡綠色，然後漸漸轉為黃色，上萼片淡綠色，先端有纖毛，間有數條較深的綠脈，側萼片線狀披針形，其邊相互緊靠，有時則會稍微分離。

花開時為淡綠色，然後漸漸轉為黃色。

—— 相似種鑑別

觀冠蘭
（見72頁）

—— *Data*

- 屬 豆蘭屬
- 別名 翠華捲瓣蘭、金傘蘭。
- 棲所 生於桃園以南海拔大約1,000公尺的森林內，李棟山、思源、環山、水社大山、惠蓀林場、多納、大漢山及大武山都有其分布，大部份都附生於大樹中上部，生育地為多風且涼濕的環境。

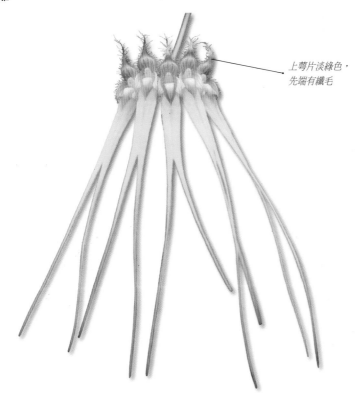

上萼片淡綠色，先端有纖毛

—— 花期

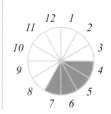

阿里山豆蘭

Bulbophyllum pectinatum Finet

筆者與豆蘭屬的緣份，可說由此開始，當年，第一次在野外見到的本屬植物，即為阿里山豆蘭，在明朗清涼的中海拔森林內，它那從暗色背景中浮現的形象，如今依然鮮明。阿里山豆蘭的花被片皆相當圓潤，形體端正，白綠底色上紋著數條淡綠色脈紋，花徑碩大，令人一見難忘。本種與溪頭豆蘭在分類上同屬Sect. *Sestochilos*（大花組），花單生，花瓣及花萼張開，近等長，花形圓整。

辨識重點

花單生，白綠色，花型整正，花徑約為4公分，具較深色之脈紋。

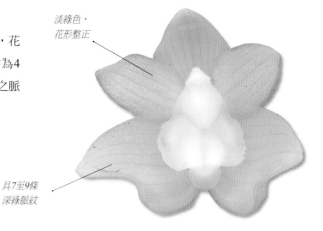

淡綠色，花形整正

具7至9條深綠脈紋

Data

· 屬　豆蘭屬
· 別名　百合豆蘭。
· 棲所　分布於海拔1,000至2,000公尺。最北可至阿玉西峰，在北插天山、尖石山區、南澳、谷關山區、溪頭、杉林溪、關山、及花蓮山區皆有記錄。大都為中上位著生，生育地為下午有雲霧籠罩的森林內。

花期

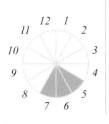

阿里山豆蘭花徑碩大，清新亮麗。

屏東捲瓣蘭 特有種

Bulbophyllum pingtungense S. S. Ying & S. C. Chen

在臺灣的豆蘭屬中不乏風姿綽約者，其中的屏東捲瓣蘭更是一絕。其花甚大，豔麗紅黃的花被上生有如睫毛般的長纖毛，且舌瓣碩大猩紅，很少人不被它的風華所吸引。

本種侷限分布於本島東南之山區，常大片生長在樹幹上部，午後雲霧陣陣。由於姿態美麗，常被覬覦採摘；加上山區開發時著生之大樹被砍除，對族群生存造成壓力。

辨識重點

附生。假球莖鬆散排列於根莖上。花莖腋生，有2至3朵花，除了側萼片黃綠色外，花為深紅色，上萼片與花瓣具紅色緣毛，具紅斑及脈紋。

常大片生長在樹幹上部。

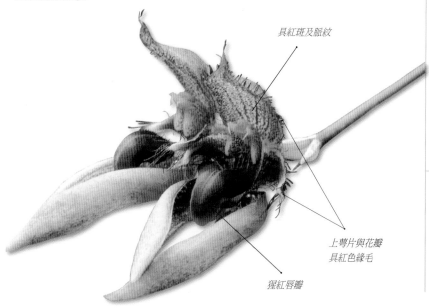

具紅斑及脈紋

上萼片與花瓣具紅色緣毛

猩紅唇瓣

———— *Data*

· 屬　豆蘭屬
· 別名　龍鬚蘭、大花豆蘭。
· 棲所　分布於臺東大武延伸至恆春半島東側（鹿寮溪、南仁山東側）海拔約200至600公尺的闊葉林帶。其生育地雖乾燥炎熱，然午後常有雲霧，常生於大樹主幹高處。

———— 花期

69

黃萼捲瓣蘭

Bulbophyllum retusiusculum Rchb. f.

普遍生長在臺灣各地山區，為豆蘭屬中少數較易親近的植物，它的花朵色彩極鮮艷，深紅色的上萼片及花瓣搭配鮮黃色的側萼片，十分亮麗，深受人們喜愛。黃萼捲瓣蘭的花，多朵排列成扇狀，排列整齊，就像一把小型的圓梳一樣，因此也被暱稱為「黃梳蘭」。

辨識重點

假球莖間距2至4公分，卵形，約1公分高，表面稍具凹溝。葉近無柄，線狀長橢圓形，4至6公分長，約1公分寬，先端鈍頭或微凹。花軸長6至8公分，繖形花序具6至8朵花；花被片多數深紅色，但側萼片鮮黃色，長約1.5公分；唇瓣極小，紅色。

Data

- **屬** 豆蘭屬
- **別名** 黃梳蘭。
- **棲所** 臺灣普遍見於海拔約500至1,500公尺之常綠闊葉林。喜生較涼濕的林子內。

花期

12 1
11　　2
10　　3
9　　4
8　　5
7 6

上萼片深紅色

側萼片黃色

花朵排列成扇狀，就像把小圓梳，因此被暱稱為「黃梳蘭」。

紅心豆蘭

Bulbophyllum rubrolabellum T. P. Lin

紅心豆蘭是僅有大約四個發現點的珍稀物種，只有少數熱衷的蘭花狂人，才能在野外親眼看過的罕見物種。因花朵唇瓣為紅色而被命名「紅心豆蘭」，葉長2.5至4.5公分，花徑不及1公分，是一小型的野生蘭。花6至8朵，成密集之繖形花序，萼片近等長，黃白色，花形在臺灣的本屬中相當的不同。其假球莖密集，卵狀，大約1公分，記住它的特徵，下次到中海拔森林，或可試試看能否有碰到它的好運。

辨識重點

花莖約1.5公分，花序梗自假球莖基部而出，花簇生成密集之繖形花序，萼片近等長，先端漸尖；花瓣小，唇瓣鮮紅色。

卵狀假球莖密集，生長於較低的樹幹上（許天銓攝）。

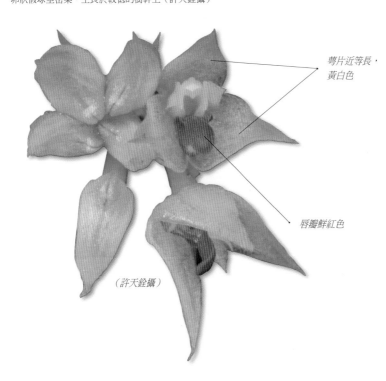

萼片近等長，黃白色

唇瓣鮮紅色

（許天銓攝）

―――――― *Data*

· **屬** 豆蘭屬
· **別名** 鳳凰山石豆蘭。
· **棲所** 生育地為通風涼濕之闊葉林，海拔約1,000至1,800公尺，生長於較低的樹幹上。

―――――― 花期

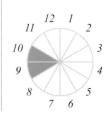

鵠冠蘭 特有種

Bulbophyllum setaceum T. P. Lin

本種與黃花捲瓣蘭（見67頁）相似，惟本種的唇瓣及花瓣為紅色，花亦不似黃花捲瓣蘭端整，側萼片先端微翹。葉子革質，圓厚，深綠色，葉較小，大約2至4公分。本種的植株型態，一如清代《植物名實圖考》所載的豆蘭外觀：「石豆，生山石間。硬莖，初生一蒂大如豆，上發一葉如瓜子微長，而圓厚分許。」

辨識重點

花黃綠棕色夾雜，花部外形特徵與黃花捲瓣蘭相似，惟本種的唇瓣及花瓣為紅色，花瓣先端不似黃花捲瓣蘭的銳尖，而為鈍形。

相似種鑑別

黃花捲瓣蘭
（見67頁）

Data

· **屬** 豆蘭屬
· **棲所** 主要分布在臺灣中部，以觀霧、鴛鴦湖、谷關、溪頭為分布中心點，再向外圍輻射分布。分布於海拔1,000至2,400公尺，喜附生於松樹樹幹上，常生於山稜水氣豐沛的松林及闊葉混交林區域。

花期

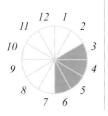

喜附生於松樹樹幹上，葉子革質，圓厚，較小。

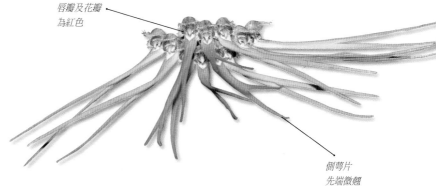

唇瓣及花瓣
為紅色

側萼片
先端微翹

臺灣捲瓣蘭 特有種

Bulbophyllum taiwanense (Fukuy.) Nakaj.

此種光彩奪目的野生蘭，葉片嬌小，長約2至3公分，但花多如火，橘紅的花朵豔光四射，非常吸睛，為愛好野生蘭蒐集的主要對象。而且有些生育地鄰近開墾區，有被破壞之虞。本種數量不多，又有生存壓力，對於此種臺灣特有的野生蘭，積極進行棲地的保育是非常迫切的。

辨識重點

花序生有5至8朵橘紅色小花。上萼片及花瓣具有緣毛；側萼片完全分離，長1.3至1.5公分，先端捲成管狀。

上萼片及花瓣具有緣毛

花橘紅色

側萼片先端捲成管狀

臺灣捲瓣蘭葉子較小，但花多如火。

Data

· **屬** 豆蘭屬
· **棲所** 僅分布於臺東大武延伸至恆春半島東側，海拔約200至600公尺的闊葉林帶。喜歡生長在通風但時有水氣的大樹上。

花期

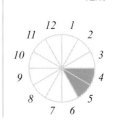

73

小葉豆蘭

Bulbophyllum tokioi Fukuy.

本種也是植物體外形類似伏石蕨的種類之一，在臺灣產無假球莖的種類中，是海拔分布最高的物種，可達2,000公尺，且通常生長在樹冠層中。這也代表了只有空氣濕度相對恆定的中海拔闊葉林能提供小葉豆蘭的生存需求，但也因位高位著生而難以得見，通常是在偶然掉落的枯枝或倒木上，才能與本種相遇。為了適應這種較極端的環境，它的葉片特別小且肉厚，花梗高挺，一梗約有1至2朵花，花色白裡透紅，具有優雅的紅色暈染。另有一新紀錄植物雙花豆蘭（*B. hymemanthum*），萼片長約5.5公釐；花瓣近基部強烈反折可為區別。

相似種鑑別

（許天銓攝）

雙花豆蘭

Bulbophyllum hymenanthum Hook. f.

特有種

Data

· **屬** 豆蘭屬
· **棲所** 自北部東側低海拔沿東臺灣向南至臺東達仁鄉，海拔500至1,500公尺，受東北季風直接影響的區域，有零星的記錄。常大片著生於原始森林接近樹冠層的枝幹，偶見於稜線岩壁上。

花期

辨識重點

花1至2朵，萼片約略等長，白色，長3.6公釐；花瓣甚小，唇瓣橙色，卵狀橢圓形，先端鈍圓。

花色白，
有紅色暈染
（許天銓攝）

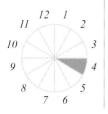

常大片著生於原始森林接近樹冠層的枝幹，偶見於稜線岩壁上（許天銓攝）。

傘花捲瓣蘭

Bulbophyllum umbellatum Lindl.

外型與毛藥捲瓣蘭（見65頁）很像，但花序著花較多，具2至6朵花。青綠色的假球莖，在臺灣產本屬中算是最大者，故又有大豆蘭之暱稱。主要分布在本島中南部山區，如馬拉邦山、北插天山、溪頭、東埔、六龜、新港山和花蓮山區。它的唇部經風吹或昆蟲碰觸後，會上下晃動，甚為可愛。

辨識重點
根莖直徑約3公釐。假球莖隔開2至4公分，卵形，長2至2.5公分，表面常凹縐，青綠色。葉線狀長橢圓形，厚革質，長8至12公分，寬約1.5至2公分，先端微凹。花軸細長，先端2至3朵花呈繖形排列；花黃綠色，具斑點，長約2公分。

側萼片內捲，先端
彼此平行而不貼近

花黃綠色，
具斑點

—— 相似種鑑別

毛藥捲瓣蘭
（見65頁）

—— *Data*

・**屬** 豆蘭屬
・**別名** 傘花石豆蘭、繖形捲瓣蘭、大豆蘭。
・**棲所** 海拔分布約為1,000至1,700公尺。生於高大樹木的樹冠層，半遮蔭。

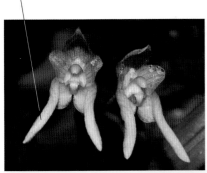

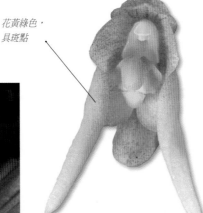

—— 花期

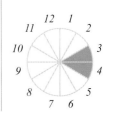

青綠色假球莖在臺產本屬中是最大者，故暱稱「大豆蘭」。

輻形根節蘭 特有種

Calanthe actinomorpha Fukuy.

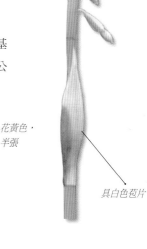

本種的花形似臺灣根節蘭（見90頁），且花苞亦為黃色，兩者在野外易混淆，然而臺灣根節蘭野外頗多，而本種在臺灣的紅皮書中被列為接近威脅的物種，可見它較為稀有。雖然貌不驚人，但它實是世界上僅產於本島的臺灣特有種，目前也只在臺北大屯山、烏來及臺東新港山等地有發現紀錄，我們推測本種尚有更多分布地點，如此少的紀錄肇因於它長的太像臺灣根節蘭。下次到野外，若看到唇瓣無距且不瓣裂、花朵半開狀的輻形根節蘭，可要把握機會為它留下倩影喔。

辨識重點

植株40至60公分高，根莖短，假球莖直立。葉基生，長橢圓披針形，直立而開展。花序高40至60公分，具3至4公分長的白色苞片，花黃色，半張。

相似種鑑別

連翹根節蘭
（見87頁）

台灣根節蘭
（見90頁）

Data

- 屬 根節蘭屬
- 棲所 局限分布於低海拔闊葉林中。

花期

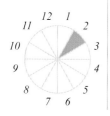

12 1
11 2
10 3
9 4
8 5
7 6

花黃色，半張

根莖短，葉基生，長橢圓披針形。

具白色苞片

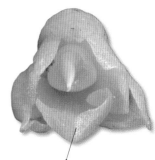

唇瓣無距且不裂瓣
（許天銓攝）

細點根節蘭

Calanthe alismaefolia Lindl.

本種於花被片背面和子房上具褐色細小斑點，故稱「細點根節蘭」，這是它在臺灣本屬中獨有的特徵。它在中國大陸還有澤瀉蝦脊蘭之稱謂，此名是取自其葉柄頗長，柄頂有一卵狀之葉身，頗似澤瀉這種植物之葉形，它的種小名「*alismaefolia*」即為此意。再細看它的單花，模樣是不是像極了戴著細點斗篷穿上蓬裙的洋娃娃？

辨識重點

植株35至40公分高，假球莖叢聚，葉橢圓。花序高約30公分，花色白，萼片及花瓣背面具細微斑點及短毛，唇瓣白，至基部泛紫，具三裂片，側裂片線形，中裂片卵圓形，深裂成兩瓣。

唇瓣白，
至基部泛紫

花被片背面
具褐色細點

唇瓣的
側裂片線形

中裂片卵圓形，
深裂成兩瓣

植株35至40公分高，假球莖叢聚，葉橢圓。

Data

· **屬** 根節蘭屬
· **別名** 澤瀉蝦脊蘭。
· **棲所** 臺灣北部及東北部低海拔原始闊葉林及人造柳杉林中地生。

花期

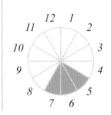

羽唇根節蘭

Calanthe alpina Hook. f. *ex* Lindl.

與矮根節蘭（見79頁）同為本屬中最稀少的種類，且採集地點也僅有寥寥數個。矮根節蘭雖然數量稀少，但它的生育地容易到達且名氣大，有心人不難尋找；而本種的生育地則不易到達，復加數量不多，少有人真正在野外目睹它的容姿。它的葉形像反捲根節蘭（見88頁），但花大大不同，其整個花序上的花大部份都只微微張開，若想一睹它的花之全貌，僅能在花軸先端，最新開的花上，或可看到半張的狀態。它的花甚美，唇瓣呈扇形，前部邊緣呈流蘇狀，黃色花瓣上有數條紫紅的條紋。

辨識重點

葉2至4枚，披針形，15至30公分長，3至5公分寬。花軸高30至40公分，上著花5至10朵；花紫色，不甚開展；唇瓣扇形，長1公分，寬約1.5公分，前緣羽狀細裂，表面有深紫紋，距長達2公分，向後伸直。

喜生於潮濕的森林內。

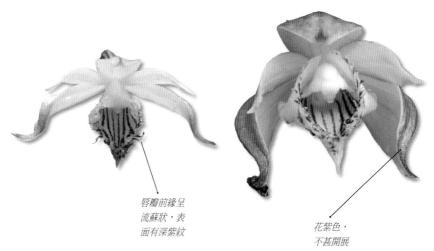

唇瓣前緣呈流蘇狀，表面有深紫紋

花紫色，不甚開展

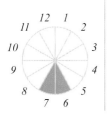

Data

· 屬　根節蘭屬
· 別名　流蘇根節蘭。
· 棲所　僅見於東部及中央山脈北段，生於檜木林或針葉樹混合林中，極為少見。生育地終年潮濕。

花期

12 1
11 2
10 3
9 4
8 5
7 6

78

矮根節蘭

Calanthe angustifolia (Blume) Lindl.

本種目前在臺灣僅有零星的少數紀錄，沒開花時形貌頗似莎草科的植物。它的植株相當嬌小，高度通常僅約30公分，是臺灣本屬中最矮的種類；其葉片亦甚為「苗條」，寬度約1至2公分，長也僅30公分左右。而它的花被片通體淨白，有別於其它種類的黃或紅色系。

辨識重點

植株高20至45公分，根莖粗達5公釐。假球莖相距2至5公分，長2至3公分。葉線形至線狀披針形。花莖15至25公分高，花白色。

花白色

唇瓣有粉
紅條紋

———— *Data*

· **屬** 根節蘭屬
· **別名** 白花根節蘭。
· **棲所** 海拔1,000至1,500公尺之潮濕、密布苔蘚的森林。

———— 花期

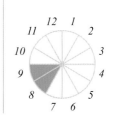

花密生於花梗頂端。植株甚小，是臺灣本屬中最矮的植物。

尾唇根節蘭

Calanthe arcuata Rolfe

本種的花朵唇瓣前端呈尾狀，因而名為「尾唇根節蘭」。它的海拔分布在本屬中算是較高的，例如在中央尖山、阿里山、畢祿溪、北大武等高山原始林或人工林皆有蹤跡。葉片呈帶狀，葉緣波浪狀起伏，不難區分。上萼片及花瓣為紅褐色，而唇瓣白色，對比強烈，相當有特色。

辨識重點

葉7至8片密生於基部，線形，修長，邊緣稍呈波狀。花軸高達40公分，中上部著花5至10朵；花綠底而帶紅褐色條紋；唇瓣白色，三裂，側裂片橢圓形，中裂片倒卵形，先端縮小為尾狀，邊緣波浪狀。

尾唇根節蘭的葉子呈帶狀，葉緣波浪狀。

Data

· **屬** 根節蘭屬
· **別名** 鋸葉根節蘭。
· **棲所** 一般生於2,000至2,800公尺之山區潮濕森林中，常長在腐木上或密被苔蘚之樹幹基部。

花期

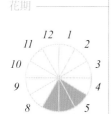

花綠色而帶紅褐色條紋

唇瓣白色，三裂，中裂片先端呈尾狀

阿里山根節蘭 特有種

Calanthe arisanensis Hayata

阿里山根節蘭是春冬常見的野生蘭花，它的花通常為白色，花瓣偶略帶淡紫紅色暈。由於它的族群相當大，所以花部大小、形狀及唇瓣裂片邊緣的形態都相當多變。它常與翹距根節蘭（見82頁）相混淆，區別在於本種的子房為近光滑，花不會下垂，且距為1.2至1.6公分。本種的花形像一隻展翅的飛鳥，在森林深處遠看如群雁翻飛，而有「白雁根節蘭」之美名。

辨識重點

葉2至3枚，長橢圓形，20至35公分長，4至5公分寬，基部狹窄延伸為長柄。花3至10朵，白色帶紫暈，直徑約3公分，唇瓣約略圓形，呈三裂片，中裂片邊緣波狀，基部之距長約1公分，稍向前彎。

葉2至3枚，長橢圓形，基部狹窄延伸為長柄。

相似種鑑別

翹距根節蘭
（見82頁）

Data

- **屬** 根節蘭屬
- **別名** 白雁根節蘭。
- **棲所** 除東北部外，普遍見於中海拔山區涼爽潮濕、遮蔭之闊葉林下。海拔在700至2,000公尺間。

花期

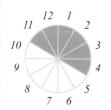

花白色，偶略帶淡紫紅色暈

唇瓣外形圓形，中裂片邊緣波狀

翹距根節蘭

Calanthe aristulifera Rchb. f.

本種的花較似阿里山根節蘭（見81頁），但它的葉柄相當細長，平均約20公分，而阿里山根節蘭的葉柄僅約10公分左右。且花不甚開展，花朵正面向下，長距則向上翹，很有特色。開花期，它總是以盛花之姿迎送走山中之人，這般野逸的景象，令人過目難忘。

辨識重點

葉長30至40公分，葉柄細長，可達15至20公分。花軸自幼芽內抽出，高可達40公分；花白色而泛紫暈；花瓣及萼片長1.2至1.5公分；唇瓣寬卵形，三裂，側裂片寬矩形，中裂片較小，先端尖突；距長達2公分，向上翹。

相似種鑑別

阿里山根節蘭
（見81頁）

Data

- **屬** 根節蘭屬
- **別名** 闊葉根節蘭、垂花根節蘭。
- **棲所** 臺灣可見於中北部之中高海拔森林。

花期

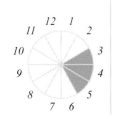

形態上略似阿里山根節蘭，但葉柄相當細長，花數較多。

花白色，外帶紫暈

具一長且彎曲的距

花正面大多朝下，很有特色

棒距根節蘭

Calanthe clavatum Lindl.

本種為蘇鴻傑教授於1990年發表的臺灣新記錄種。形態介於竹葉根節蘭
（見85頁）及矮根節蘭（見79頁）之間，生育地亦重合，推測為兩者之天
然雜交種。

辨識重點

葉片修長，線狀披針形，寬約3.5至6公分，花色淡黃，唇盤上表面具有一對
板狀突起。

唇盤上具
一對板狀突起

（許天銓攝）

———— *Data*

· 屬　根節蘭屬
· 棲所　中央山脈南
段霧林環境。

———— 花期

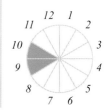

長葉根節蘭

Calanthe davidii Franch.

第一次看到這種根節蘭時，有點迷惑：「它是某一種蕙蘭嗎？」狹窄的葉子，不似大多根節蘭的寬長，而後，見到它的花時，其花也與本屬大多種類相當不同，花綠白色，萼片及花瓣均向後強烈反捲；另外，它的花軸相當長，可達一公尺。雖然它在野外的族群數量不多，但全島均有記錄，有心者不難見著。另有一相似種松田氏根節蘭（*C. matudae* Hayata），其苞片強烈反折，花近白色或淡綠色，距通常略長於柄。

辨識重點

葉6至8片叢生，線形，長40至70公分，寬1.5至2公分，薄紙質。花軸高可達1公尺，上部有密生之花，呈穗狀花序；花綠白色或乳黃色，直徑約1.2公分；萼片及花瓣向後反捲；距長約1公分。

葉子長線形，花軸可達1公尺，密生小花。

相似種鑑別

松田氏根節蘭
Calanthe matsudai
Hayata

Data

· **屬** 根節蘭屬
· **別名** 劍葉根節蘭
· **棲所** 產於中低海拔之闊葉林或針闊葉混合林中，海拔1,000至2,500公尺，陰涼通風之林下。

花期

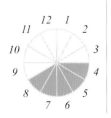

12 1
11   2
10   3
9   4
8   5
7 6

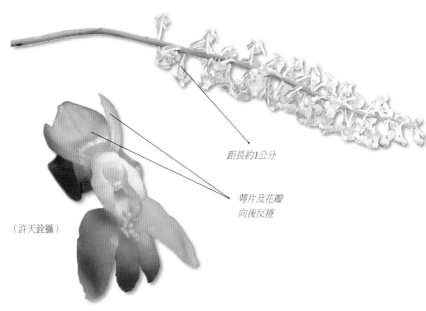

距長約1公分

萼片及花瓣
向後反捲

（許天銓攝）

竹葉根節蘭

Calanthe densiflora Lindl.

竹葉根節蘭的根莖非常發達，常延伸形成大面積的群落。筆者曾在姑子崙山及日湯真山看到數百叢的莖葉，綿延近百公尺，不禁想像，它們都是由最初始的一株繁衍而來嗎？另外，它也是有名的爬樹高手，在較濕的森林內，它偶爾能著生到樹石之上。本種的花雖為總狀花序，但都密生在花軸頂上，乍看之下頗似頭狀花序，此特徵是它的區別重點。

辨識重點

根莖長而明顯，植物體由根莖發出，相隔約略8公分。葉線狀長橢圓形，20至40公分長，3至5公分寬。花莖由根莖抽出，高約20公分，上部數十朵花排成密集之總狀花序；花黃色，不甚開展，花萼及花瓣長約13至15公釐，唇瓣三裂。

花密生在花軸頂上，看起來像頭狀花序。

花黃色，
不甚開展

唇瓣中段具
一對凸起物

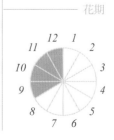

Data

· 屬　根節蘭屬
· 別名　密花根節
　蘭。
· 棲所　臺灣產於全
　島1,500公尺以下
　之山區，東北部
　及東南部尤多。

花期

12　1
11　　　2
10　　　　3
9　　　　4
8　　　5
7　6

細花根節蘭

Calanthe graciliflora Hayata

初次看到細花根節蘭，就對它秀麗的花朵留下深刻印象，它算是臺灣產根節蘭中筆者最激賞的種類了。黃白相配的淡雅花色，雖不豔美，但它那簡潔明朗的線條及澄淨的色彩，實是引人入勝。本種分布局限，目前僅在北部的某些山區有記錄，數量也不多，是需要被保育的野生蘭。它的花形態變異很大，唇瓣有時有突尖有時鈍凹，萼片及花瓣大抵會向後反捲，但反捲的程度有相當的個體差異。

辨識重點

植株40至50公分高，假球莖呈圓錐狀球體，葉長橢圓形，長20至30公分，寬可達7公分，具長柄，柄長可達20公分。花莖自幼芽中抽出，長40至50公分，被毛，花淡黃、黃綠或黃褐色，約2公分寬，散生於花莖頂部約30公分區域。

花萼、花瓣
淡黃色

唇瓣白色

唇瓣先端
有時突尖，
有時鈍凹

Data

· **屬** 根節蘭屬
· **別名** 纖花根節蘭。
· **棲所** 於中低海拔之原始闊葉林內，地生。

花期

```
        12  1
   11          2
 10              3
 9                4
   8          5
      7  6
```

僅分布在臺灣北部某些山區。

連翹根節蘭

Calanthe lyroglossa Rchb. f.

本種又稱黃苞根節蘭，外形與臺灣根節蘭（見90頁）相似，但本種之花為半張或微開，唇瓣側裂片甚小，中裂片開裂成二圓形裂片（臺灣根節蘭中裂片為長方形）。在冬季百花凋零之時，恰好是本種的盛花期，碩大如撢子狀的花序，串串的點亮了冬日山野。

辨識重點

假球莖棍棒形，多節。葉3至6片，倒披針形，長40至60公分，寬4至7公分。花黃色；萼片及花瓣較小，長約8公釐左右；唇瓣細小，基部之距很短，長不超過4公釐，向後彎曲。

花黃色，
花為半張
或微開

冬季是本種的盛花期。

唇瓣中裂片
先端有二圓
形裂片

相似種鑑別

輻形根節蘭
（見76頁）

臺灣根節蘭
（見90頁）

Data

· **屬** 根節蘭屬
· **別名** 黃苞根節蘭、黃穗根節蘭。
· **棲所** 臺灣多見於海拔1,000公尺以下之山區闊葉林。

花期

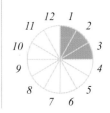

反捲根節蘭

Calanthe reflexa Maxim.

花萼後仰

花淺紫色

反捲根節蘭植株較小，在根節蘭屬中屬於「細漢」的；葉片數亦較少，大約一株僅3至5片。本種植株尺寸雖小，但相對而言它的花朵比例頗大，顏色為白底且染上深淺不一的的紅紫色系，花瓣反捲，宛若振羽的紫色飛鳥，頗為耐看。它的唇瓣先端三裂，形狀恰似洋娃娃的小胖手，加上人頭狀的蕊柱，整支花序看來像極了一群準備乘風翱翔的小娃娃。

辨識重點

植株20至50公分高，假球莖卵球形叢生。葉倒披針形至線形，長7至30公分，寬2至5公分；葉柄約4公分。花莖高可達40公分，花淺紫色或紫色，直徑約2公分，花萼後仰。

Data

· **屬** 根節蘭屬
· **別名** 紫根節蘭。
· **棲所** 生長於陰涼的原始林、混合林或人工針葉林中，地生，於倒木上生長，或附生於傾斜的樹幹上。

花期

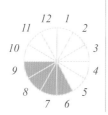

假球莖叢生，葉倒披針形至線形。

黃根節蘭

Calanthe sieboldii Decne.

在臺灣的根節蘭中，黃根節蘭的花朵最大，且花色鮮黃亮麗，具有檸檬般的清香，是臺灣最具觀賞價值的原生蘭之一。不過要在山林中欣賞到它的嬌顏也不甚容易，因為它只生長在北臺灣海拔700至1,200公尺的山區，零星分布於拉拉山、李棟山、插天山及南庄等地，加上近年來棲地遭受破壞及人為大量採集，野生族群已大幅減少。它的唇瓣具五條波浪狀的龍骨，特別顯眼。另有一黃花種新竹根節蘭（*C. × hinchensis*），為本種與阿里山根節蘭（見81頁）之天然雜交種。

辨識重點

植株40至60公分高，假球莖近球形，叢生。葉長橢圓形，長20至30公分，寬可達15公分，具約20公分的長柄。花莖自幼芽或新生假球莖抽出，花金黃色，直徑3至4公分，長於花莖頂端10公分內。

花金黃色

唇瓣具有明顯
的龍骨凸起

花莖自幼芽或新生假球莖抽出。

—— 相似種鑑別

新竹根節蘭
Calanthe × hsinchuensis
Y. I Lee

特有種

—— *Data*

· 屬　根節蘭屬
· 別名　川上氏根節蘭。
· 棲所　生長於涼爽潮濕的闊葉林、針葉林或竹林內。

—— 花期

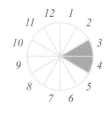

89

臺灣根節蘭

Calanthe speciosa (Blume) Lindl.

大約年底時，如果在山野林徑上看到葉片類似於粽葉的根節蘭冒出大大的花序，你可以大膽的猜它是臺灣根節蘭。雖然它的植株及花軸很像輻形根節蘭（見76頁）和連翹根節蘭（見87頁），但這個時期會開花就只餘本種了。它的花莖高約40公分，上部之總狀花序初具多枚白色苞片，開花時苞片會一一脫落。

相似種鑑別

輻形根節蘭
（見76頁）

連翹根節蘭
（見87頁）

Data

· **屬** 根節蘭屬
· **別名** 粽葉根節蘭。
· **棲所** 分布於臺灣北部及南部，海拔1,500公尺以下山區。常大量叢聚於闊葉林、人工針葉林、混合林及竹林中，地生，或附生於樹基。

花期

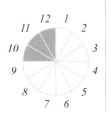

辨識重點

植株高約50至70公分，根莖肉質，假球莖長卵形，4至5公分長。葉倒披針形，長可達60公分，寬7至8公分，約五脈。花莖30至40公分長，具線形或披針形白色苞片，花黃色。

唇瓣略為矩形

花黃色

葉倒披針形，長可達60公分。

長距根節蘭

Calanthe sylvatica (Thouars) Lindl.

長距根節蘭最引人注意的特徵，在於它花朵後方有一條叫「距」的長尾巴，這個特殊構造是花瓣特殊演化成藏花蜜的地方，通常會吸引特定的蛾或蝶類來吸食「距」中的花蜜，並藉此完成授粉機制；不同植物的「距」長短不一，對應著不同昆蟲的食用需求。臺灣的這種長距根節蘭，吸引的到底是誰呢？多年來在白天都未看到任何昆蟲來沾惹它，也許它的訪花者只在夜晚時來臨吧？

辨識重點

植株40至70公分高，假球莖叢生。葉橢圓至倒披針形，長20至40公分，寬5至12公分，葉柄長8至12公分。花莖自葉腋伸出，高30至50公分，花聚集於花序頂端，花開時初為粉紫色，後轉為淡橘色。

植株假球莖叢生，葉橢圓至倒披針形。

有長距而得名

花開時初為紫色，後轉為淡橘色

Data

· 屬　根節蘭屬
· 棲所　產於全島海拔1,000至2,000公尺的闊葉林、混合林、針葉林或竹林中，地生或長於倒腐木上。

花期

11 12 1 2
10　　　3
9　　　4
8　　　5
7 6

三板根節蘭

Calanthe tricarinata Lindl.

三板根節蘭是一種很有「個人風格」的野生蘭，它的唇瓣中裂片圓形，具有複雜的褶曲，搭配其色彩如猩猩的臉部，而有「猩猩根節蘭」之別名；此外「繡邊根節蘭」也是許多人耳熟能詳的名號，乃根據它的唇瓣中裂片有鑲黃邊而名之。而「三板」根節蘭則是形容它唇瓣中裂片有三條雞冠狀突起。本種雖然美麗，但須有相當的低溫期刺激，花芽才會分化，故而在高溫的平地難以開花，所以這種貴氣的野生蘭，是高山限定欣賞的種類。

辨識重點

花軸自幼葉中抽出，高30至40公分；花多數；萼片及花瓣開展，黃綠色；唇瓣橙紅色而帶黃邊，三裂，側裂片小，方形，中裂片近圓形，邊緣呈波形皺褶，上表面具有約三條雞冠狀突起，基部不具有距。

Data

· 屬　根節蘭屬
· 別名　猩猩根節蘭、繡邊根節蘭。
· 棲所　分布於喜馬拉雅山，中國西部及日本。臺灣產地不多，僅偶見於中央山脈之中北段及南橫一帶，發現於中高海拔1,700至2,500公尺之森林中。

花期

萼片及花瓣開展，黃綠色

上表面具有3條雞冠狀突起

唇瓣橙紅色而帶黃邊

側裂片小，方形

中裂片邊緣呈波形皺褶

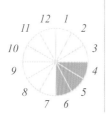

花軸自幼葉中抽出，高30至40公分。分布於中高海拔的針闊葉林內。

白鶴蘭

Calanthe triplicata (Willem.) Ames

對於賞蘭初學者而言，本種應該是最容易看到並記得的野生蘭之一，因為它的族群量超多，且廣泛分布在臺灣各地山野中。開花性極佳，在臺灣森林中很容易就可以看到它美麗的倩影。另有一類似種名為「長距白鶴蘭」（*Calanthe × dominii*），推測為白鶴蘭和長距根節蘭（見91頁）的天然雜交種。

辨識重點

葉長橢圓形，長25至35公分，柄長8至14公分。花莖高達40至60公分，總狀花序在其頂端排成繖房狀，苞片大形而宿存。花白色；萼片1.2公分；花瓣較小；唇瓣長約2公分，三裂，中裂片前方再二裂；距長12至16公釐。

開花性極佳，廣泛分布在臺灣各地山野中。

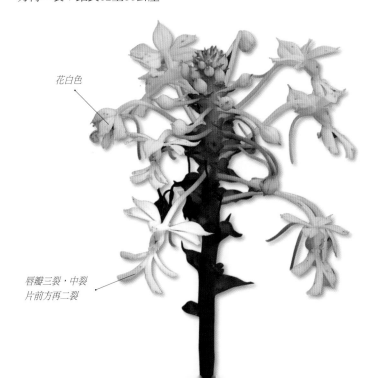

花白色

唇瓣三裂，中裂片前方再二裂

— 相似種鑑別

長距白鶴蘭

Calanthe × dominii
Lindl.

— *Data*

· **屬** 根節蘭屬
· **別名** 鶴蘭。
· **棲所** 臺灣及蘭嶼普遍見於1,000公尺以下森林，生態幅度相當大，榕楠林帶及楠櫧林帶之常綠林、半落葉林及竹林均有發現。

— 花期

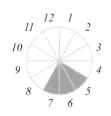

高山頭蕊蘭 特有種

Cephalanthera alpicola Fukuy.

花白色，不全開
（許天銓攝）

在臺灣的高海拔開闊地、公路邊坡或松林下，常可看到一種像百合科植物的高山蘭，到了五六月時開花期，你有可能因為它的「賣相不佳」而忽略它？或一直想要找最盛開的那一朵，才願意拿起相機好好地為它留下倩影，但往往遍尋不著心目中最完美的狀態？原來它相當的害羞，猶抱琵琶半遮面的，幾乎不打開花瓣。在高山一大片青綠的植被中，高山頭蕊蘭的確不太醒目，適逢花期時，可要睜大眼睛找找它喔。

辨識重點

植物體高30至50公分；葉5至8片，橢圓狀披針形，5至9公分長，2至3公分寬，淡綠色，紙質。花白色，萼片及花瓣狹橢圓形，約1.5公分長；唇瓣側裂片三角形，中裂片卵形。

淡綠色，
紙質

葉橢圓狀
披針形

Data

· 屬　頭蕊蘭屬
· 別名　高山金蘭、
　立花蘭。
· 棲所　分布於北部
　及中部海拔2,000至
　3,000公尺山區。生
　長於地被稀疏之林
　下或林緣。

花期

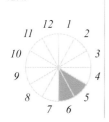

植物體高30至50公分。

細葉肖頭蕊蘭

Cephalantheropsis halconensis (Ames) S. S. Ying

植株形態與白花肖頭蕊蘭（見96頁）十分相似，故常與之混淆，兩者最大之差異在於，白花肖頭蕊蘭開花時，萼片及花瓣均會開展，但細葉肖頭蕊蘭則為半閉鎖花，萼片及花瓣均不甚開展。臺灣產地在東南部低海拔山區林下，數量甚少。

辨識重點

植物體高約30至40公分，莖直立，高可達40公分。葉狹長橢圓形，葉長12至24公分。花序長20至35公分，花軸長6至14公分；花疏生6至10朵，花垂下、不開展，花白色至淡黃色，後轉為淡橘色；唇瓣白色到淡黃，中間有隆起物。

花白色至淡黃色，後轉為橘色

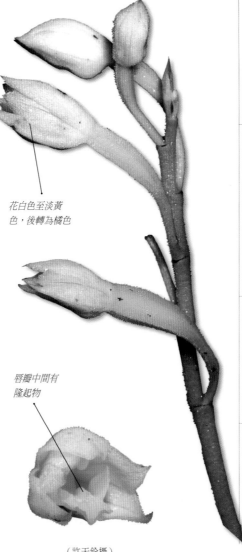

相似種鑑別

白花肖頭蕊蘭
（見96頁）

Data

· 屬　肖頭蕊蘭屬
· 棲所　臺東海岸山脈，海拔高約1,000公尺，生於密林內，午後有雲霧。

花期

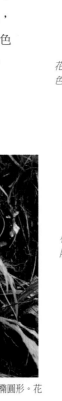

唇瓣中間有隆起物

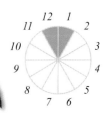

莖直立，高可達40公分，葉狹長橢圓形。花垂下，不甚開展。

（許天銓攝）

白花肖頭蕊蘭

Cephalantheropsis longipes (Hook. f.) Ormerod

相似種鑑別

細葉肖頭蕊蘭
（見95頁）

Data

- **屬** 肖頭蕊蘭屬
- **別名** 長軸肖頭蕊蘭
- **棲所** 臺灣分布以南北兩端居多，北部產於烏來、桃園、新竹山區，南部產於屏東與臺東山區，蘭嶼亦產。海拔分布可從低海拔至中海拔。生長於原始林底層及人為干擾較輕之處，亦可生長於陽光充分照耀之山坡稜線處。

花期

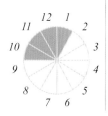

第一次看到本種時，由於對常見的綠花肖頭蕊蘭（見97頁）已非常熟悉，忽然看到這般「莖超高的根節蘭」似的物種，竟開出印象以外的白色小花，感到有點傻眼，難道它就是較稀少的白花肖頭蕊蘭？仔細端詳，它與綠花肖頭蕊蘭的花朵明顯不同，植株較矮小纖細，花序上著生的花數也比較少，大約十朵左右。

辨識重點

纖細。葉片較柔軟、薄。花序抽自莖節上，柔弱、著花較少，約10朵左右。花白色，半張。

著花較少

葉片較柔軟、薄。花序抽自莖節上，柔弱。

花白色，半張（許天銓攝）。

綠花肖頭蕊蘭

Cephalantheropsis obcordata (Lindl.) Ormerod

肖頭蕊蘭和根節蘭、鶴頂蘭是近緣，到目前為止，仍有許多學者將肖頭蕊蘭屬歸入鶴頂蘭屬，在形態上的確也是如此，它們都有像竹葉般，薄軟且具平行脈的碩大葉片，花形也有點雷同，但植株形態上，相對於根節蘭假球莖的矮短，本屬則呈拉長狀，屬於高個子。本種在臺灣的野外很容易見到，常出現在山徑的兩旁，花開時獨有的橘香味散漫林間。它的唇瓣初開為白色，二三日後徐徐轉黃。

辨識重點

莖高70公分以上。葉長橢圓形，長10至30公分，寬5至7公分。花莖長達50公分，著花20朵左右；花黃綠色；萼片及花瓣約1.2公分長；唇瓣白色，中裂片邊緣波浪形褶曲，微凹頭。

花黃綠色

唇瓣白色

綠花肖頭蕊蘭有像竹葉般的平行脈大葉子。

唇瓣初開時為白色，後轉為黃色

中裂片邊緣波浪形褶曲，微凹頭

—— *Data*

· **屬** 肖頭蕊蘭屬
· **別名** 綠花根節蘭、黃花肖頭蕊蘭。
· **棲所** 琉球、中國南部及馬來亞均有產。臺灣海拔1,500公尺以下之闊葉林均可發現。喜生於陰濕半透光的林下。

—— 花期

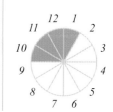

97

中國指柱蘭 特有種

Cheirostylis chinensis Rolfe

相似種鑑別

斑葉指柱蘭
（見99頁）

雉尾指柱蘭
（見100頁）

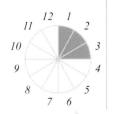

和社指柱蘭
（見106頁）

Data

· **屬** 指柱蘭屬
· **棲所** 常生長於乾燥、略有遮蔭的土坡、稜線，或季節性濕潤的竹林底層。

花期

中國指柱蘭僅在中南部生長，北部似乎還沒有人發現過。它都出現在較乾燥的地方，而著生的土壤也不是大部分地生蘭喜愛的森林腐植質，是一般平地的砂質壤土。為了在這種土壤較貧瘠的地方立足，大多數指柱蘭屬的根狀莖都較為粗大，肥大的組織可儲存較多的水分及養分，有了這樣的根莖，就可以適應許多野生蘭都難以進駐的中南部低海拔生育地了。

辨識重點

花朵唇瓣為白色，中央處具兩淺綠色斑點，唇瓣中央深裂，左右二裂片邊緣皆呈淺撕裂狀。

出現在較乾燥的地方。

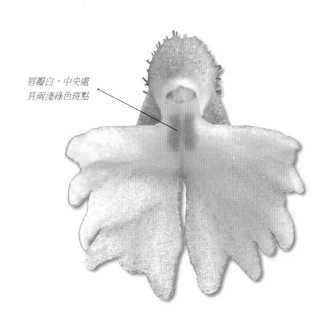

唇瓣白，中央處具兩淺綠色斑點

98

斑葉指柱蘭

Cheirostylis cibborndyeri S. Y. Hu & Barretto

本種在葉形上極類似中國指柱蘭
（見98頁），生育地亦有混生現
象，容易混淆。但本種植物體與葉
片較大，根狀莖亦較為膨大，唇瓣
邊緣全緣，根據此特徵即可與中國
指柱蘭區分。另外，它的花與全唇
指柱蘭（見105頁）也容易混淆，
差別在於本種的子房及花外表無
毛，而全唇指柱蘭則被毛。

辨識重點

根莖蓮藕狀，灰綠色；直立莖約2
至3公分高；葉2至3片，卵形或心
形，暗綠色，沿中肋附近有淺綠
紋，長1至2.5公分，寬0.8至1.5公
分。花莖細長，高可達15公分，
被有長毛；花5至10朵，長5至6公
釐，外表光滑無毛；唇瓣白色，匙
形，全緣。

葉暗綠色，沿中肋附近有淺綠紋（許天銓攝）。

相似種鑑別

中國指柱蘭
（見98頁）

德基指柱蘭
（見101頁）

全唇指柱蘭
（見105頁）

Data

· **屬** 指柱蘭屬
· **棲所** 本種之生育
環境多元，原始
林、人工林及竹林
或開闊稜線皆可生
長，但對環境中的
濕度極為要求。根
狀莖常覆蓋在潮濕
的落葉堆之中。

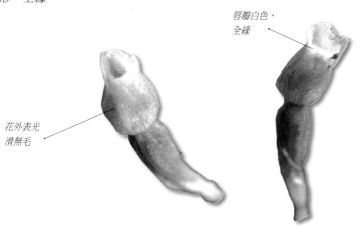

唇瓣白色，
全緣

花外表光
滑無毛

花期

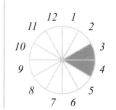

雉尾指柱蘭

Cheirostylis cochinchinensis Blume

中國指柱蘭
（見98頁）

和社指柱蘭
（見106頁）

相似種鑑別

雉尾指柱蘭數量零星且分布局限，是一種罕見的野生蘭。它的主要分類特徵在於唇瓣裂片邊緣有7至9條深裂的小裂片，由於飄逸的型態頗似雉尾的羽毛，便將它取名為雉尾指柱蘭。本種葉片小型而不醒目，當花期來臨時，在一方乾燥的坡地上，亭亭抽出纖長的花莖，白花點點，造形如星芒閃爍，那種驚豔的視覺效果令人難忘。

花莖細長，葉片中肋處具白暈。

辨識重點

花序細長，具7至11朵花，唇瓣為白色，中央深裂，左右二裂片各有7至9深裂，是其主要的辨識特徵。葉片中肋處具白暈。

Data

- **屬** 指柱蘭屬
- **棲所** 分布於中部大甲溪沿岸、臺南曾文水庫、南部橫貫公路玉穗溫泉一帶。在略乾燥或季節性潮濕的人工林或林緣皆可生長。

花期

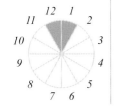

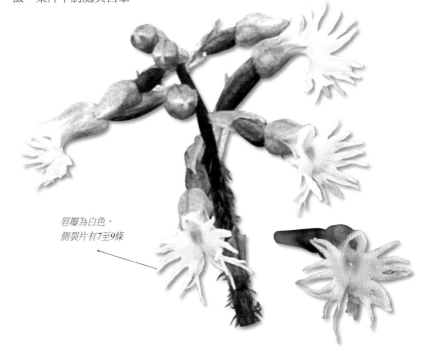

唇瓣為白色，
側裂片有7至9條

德基指柱蘭 特有種

Cheirostylis derchiensis S. S. Ying

本種的葉片形似琉球指柱蘭（見102頁），背面有短粗毛。花莖長可達10至15公分，花形與斑葉指柱蘭（見99頁）相似，萼片合生成筒狀，先端帶粉紅色，光滑；唇瓣長圓形，白色，不伸出於萼筒外。

辨識重點

植株高13至17公分。葉片卵形，先端急尖，基部心形，全緣，背面有短粗毛。花莖頂生，長10至15公分，粉紅色，具柔毛；花白色，帶粉紅色，不十分展開，開放時直徑1至2公釐；萼片合生成筒狀，長4至4.5公釐，先端三裂，裂片三角形，先端鈍，無毛，帶粉紅色。

相似種鑑別

斑葉指柱蘭
（見99頁）

·琉球指柱蘭
（見102頁）

Data

· **屬** 指柱蘭屬
· **棲所** 生於中部及東部海拔1,300至1,500公尺的山地林下。

花期

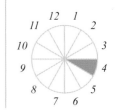

萼片合生成筒狀

（許天銓攝）

花白帶粉紅色，
不十分展開

葉片卵形、全緣，背面有短粗毛（許天銓攝）。

琉球指柱蘭

Cheirostylis liukiuensis Masam.

指柱蘭屬的植物在未開花的時候，確實很不容易區分。然而琉球指柱蘭的葉色卻與眾不同，它的葉片外觀就如它的別名「墨綠指柱蘭」般，葉不具斑紋，墨綠色的葉面泛以紅暈，不開花時可以很容易地辨識出來。除了生長在一般的林地上，有時在較潮濕的林子內，也可以在大石頭上發現它。它的花朵，在唇瓣先端有二裂，也是區別重點。

辨識重點

直立莖5至6公分高。葉卵形，長1至2公分，寬6至13公釐，表面灰綠色，背面常帶紫紅色。花莖5至10公分高，有短毛；花朝向一側而開，近白色而略帶紅褐暈，5公釐長；唇瓣基部淺囊狀，內具有柱狀突起，中部收縮，先端二裂。

相似種鑑別

德基指柱蘭
（見101頁）

全唇指柱蘭
（見105頁）

Data

· **屬** 指柱蘭屬
· **別名** 墨綠指柱蘭。
· **棲所** 分布於臺灣與蘭嶼。多見於原始林下，常成群出現。

花期

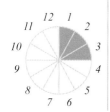

葉卵形，不具斑紋，墨綠色的葉身上布有紅暈（許天銓攝）。

花朝向一側而開

葉表面灰綠色（許天銓攝）。

唇瓣先端二裂

花近白色而略帶紅褐暈

羽唇指柱蘭

Cheirostylis octodactyla Ames

本種在生態及形態上與同屬的其他物種稍有差異，它總是生在較高海拔雲霧帶的森林內，花莖甚短，當花朵開放時僅略高於葉面。記得在森林中第一次看到它的花，白色的花筒前有許多羽狀裂片，其狀如小章魚的腳，令我印象非常深刻。

辨識重點

植物體較為直立，淺綠色，植株較類似小型線柱蘭屬植物，根狀莖較不呈毛蟲狀。葉片不具斑紋。花序具1至2朵白花，光滑無毛，唇瓣先端具極明顯之深裂，呈羽裂狀。

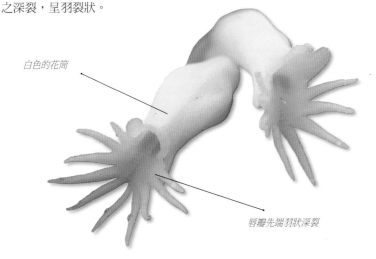

白色的花筒

唇瓣先端羽狀深裂

花序具1至2朵不具毛之白花，長得好像小章魚。開花時花莖不會抽高。葉片不具斑紋。

—— Data

· 屬　指柱蘭屬
· 棲所　多生長於中海拔林下落葉腐質層。

—— 花期

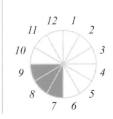

103

紅衣指柱蘭 特有種

Cheirostylis rubrifolia T. P. Lin & W. M. Lin

臺灣產的指柱蘭屬植物中，紅衣指柱蘭是外觀相當特異的物種。植株矮小，多枚長卵形的葉片聚生在莖頂，葉色全棕紅，並帶有強烈的絲絨質感，簇擁著極短的總狀花序上密生的花朵，即使花小而不顯眼，但不需正逢花期也能明顯看出本種的特色。紅衣指柱蘭為近年首先發現於屏東山區的新種，遺憾的是原棲地已毀於風災，但之後再次發現新生育地，說明這個葉色特殊的物種可能比原先所推測的，有更廣的分布範圍。

辨識重點

根莖、葉及花莖紅棕色，葉3至6公分，狹卵形。總狀花序，約4至7朵花，子房被棕紅色毛；花萼基部合生成筒狀，合生的長度超過花萼二分之一以上，長約5公釐，花瓣白色，約5公釐長。

植株矮小，極短的總狀花序上密生花朵。

Data

・屬　指柱蘭屬
・棲所　屏東三地門青山村，海拔700至800公尺附近山區。

花期

11 12 1
10   2
9   3
8   4
  7 6 5

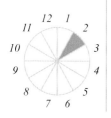

葉狹卵形，葉色棕紅，帶有絨布質地

全唇指柱蘭

Cheirostylis takeoi (Hayata) Schltr.

植株形態略似琉球指柱蘭（見102頁），但葉面具有白暈斑，葉略呈心形，花序上著花較少，唇瓣全緣。親緣關係應與斑葉指柱蘭（見99頁）較近，它們的花非常相似，唇瓣皆為白色，全緣，不會有裂瓣或分裂，然而本種的萼筒外被短毛（斑葉指柱蘭的萼筒則是光滑的）。

辨識重點

根莖肉質，肥厚。葉2至3片，淡綠色至墨綠色，長2至3.5公分，寬1.5至2.3公分。花軸長達15至20公分，有毛；花2至5朵；花之萼筒5至6公釐長，外被短毛；唇瓣長舌形，白色，全緣，7公釐長。

相似種鑑別

斑葉指柱蘭
（見99頁）

琉球指柱蘭
（見102頁）

Data

・**屬** 指柱蘭屬
・**別名** 阿里山指柱蘭。
・**棲所** 臺灣中低海拔山區偶爾可見。原始林底層與竹林底層生長較多，有時在地被草本間隙壤土中亦可發現。

花期

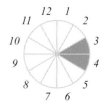

唇瓣長舌形，不裂

花之萼筒外被短毛

葉片具有白暈斑，略呈心形

（許天銓攝）

花序上著花較少。

和社指柱蘭 特有種

Cheirostylis tortilacinia C. S. Leou

本種為柳重勝博士於南投和社近年發表的新種，外形極類似中國指柱蘭（見98頁），但它的花序較粗短，不會抽出細長的花莖，唇瓣之裂片撕裂程度較深。本種野外族群數量稀少，分布局限，名列臺灣紅皮書之稀有物種。

辨識重點

花序粗短，唇瓣之裂片撕裂程度介於雉尾指柱蘭（見100頁）與中國指柱蘭之間。

相似種鑑別

中國指柱蘭
（見98頁）

雉尾指柱蘭
（見100頁）

Data

· **屬** 指柱蘭屬
· **棲所** 僅分布於南投縣和社、神木一帶。生長於竹林內，落葉腐質堆中，通風良好或斜坡處。

花期

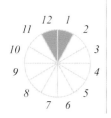

唇瓣裂片撕裂程度小於雉尾指柱蘭

（許天銓攝）

花序較粗短。數量稀少，名列臺灣紅皮書之稀有物種（許天銓攝）。

大蜘蛛蘭 特有種

Chiloschista segawai (Masam.) Masam. & Fukuy.

本種為臺灣特有種，數量不多，因外形逗趣可愛，商業採集壓力頗大，故應給予保護。平常未開花時，僅能看到它像蜘蛛般的淡綠根系攀附在樹木枝幹上，通常不會聯想到它也是蘭科植物。當花期伊始，賞蘭者們定然被它精巧細緻的花型深深吸引，它的花萼及花瓣圓整光澤，配上荷蘭小木鞋似的囊狀唇瓣，可愛極了。另有一相近種名為寬囊大蜘蛛蘭（*Chiloschista parishii*），差異在於其唇瓣囊袋底部略寬；此外，花被通常帶有褐斑。

辨識重點

無葉、根扁平，平貼於樹幹上。花序自根部抽出，下垂，具黃色花朵，花形與花色皆豔麗，唇瓣呈囊狀。

常群生於樹幹較細的枝條上，未開花時不易發現。

── 相似種鑑別

（許天銓攝）

寬囊大蜘蛛蘭
Chiloschista parishii
Seidenf

Data

· **屬**　大蜘蛛蘭屬
· **棲所**　大甲溪以南，溪頭至高屏溪流域之間。多生長於開闊溪谷沿岸，或接近稜線之通風處。常群生於樹幹較細的枝條上，未開花時僅具根部，不易發現。

花黃色

唇瓣呈囊狀

── 花期

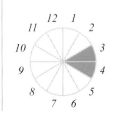

黃唇蘭

Chrysoglossum ornatum Blume

本種株型與長葉杜鵑蘭（見393頁）及一葉鍾馗蘭（見32頁）相似，都有長長的直立角錐形假球莖，長達5公分左右。但相對於其它種類，本種的假球莖為綠色，光滑，可茲區別。它的花朵表面臘質、淺黃色具斑紋，花萼與花瓣上，都有等距的縱向棕色條紋，黃色唇瓣的邊緣內側，也點綴著不少紫色斑點，具有相當觀賞價值。

辨識重點

假球莖長卵形或角錐形，高可達5公分。葉長橢圓形，長20至35公分。花軸高約35公分，著花8至15朵；花黃色，帶有間斷的棕色條紋，直徑約3公分；花瓣及萼片均為披針形；唇瓣黃白色，側裂片小，中裂片卵圓形。

假球莖長卵形或角錐形，葉長橢圓形。

Data

· **屬** 黃唇蘭屬
· **棲所** 臺灣全島山區海拔500至1,500公尺之森林中。

花期

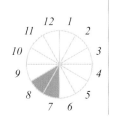

花萼與花瓣上有等距的縱向棕色條紋

花臘質

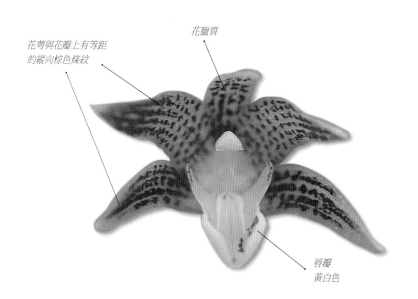

唇瓣
黃白色

虎紋蘭

Cleisostoma paniculatum (Ker Gawl.) Garay

虎紋蘭的分布僅在東北季風氣候區的北部及宜蘭山區，它的數量不少，在北部的山友應該多少都曾遇見過，只是不知其名而已。它有排成二列的整齊帶狀葉，狀似花市中陳列的園藝種萬代蘭，雖花徑迷你，僅大約1公分，但花序頗長且分枝繁多，故著花不少。細看單花，花被片上生著棕色條紋，貌似虎斑，散發著野性的氣息。

辨識重點

葉排成整齊的二列，長10至20公分，寬約1.5公分，先端不對稱二裂。花排成圓錐花序，黃色，帶有棕色條紋，直徑約1公分；萼片橢圓形；唇瓣扁囊狀，開口處有箭頭形之裂片。

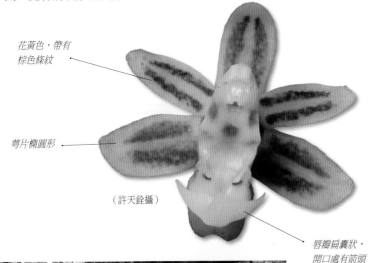

花黃色，帶有棕色條紋

萼片橢圓形

（許天銓攝）

唇瓣扁囊狀，開口處有箭頭形裂片

Data

· 屬　閉口蘭屬
· 別名　虎紋隔距蘭。
· 棲所　著生於大樹樹幹上，常為森林中、高層優勢物種，喜愛陽光充足、不甚乾亦不甚濕的中、低海拔森林。

花期

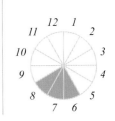

有二列排列整齊的帶狀葉，著生於大樹樹幹上。

烏來閉口蘭

Cleisostoma uraiense (Hayata) Garay & H. R. Sweet

這是一種「不」產在烏來的閉口蘭，在日治時代，其標本被誤認為採自烏來，因而被冠上「烏來」之名，事實上，本種僅生長在蘭嶼的熱帶森林內。隔距蘭屬的植物其名之由來，是因為它的唇瓣為囊狀，內部有肥厚附屬物阻塞在開口處，囊中並有薄隔板，因而被稱為隔距蘭。本種的生育地在海拔大約250公尺以上的密林內或池澤旁，環境較濕潤，根部附近常生有苔蘚、蕨類，並伴生其它的野生蘭。

辨識重點

中型著生蘭。莖甚長，直立或下垂。葉二列排列，長帶狀。花軸自莖中部抽出；花序下垂、分支，具許多綠白色小花，唇瓣呈肉質囊狀。

花綠白色

唇瓣肉質，呈囊狀

Data

· 屬 閉口蘭屬
· 別名 綠花隔距蘭。
· 棲所 廣泛分布於蘭嶼。中、高位著生居多，在某些原始森林的樹冠頂層，屬於具有數量優勢的蘭科植物，常與紅花石斛、黃穗蘭、豹紋蘭混生。

花期

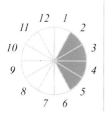

廣泛分布於蘭嶼。

花序下垂。

柯麗白蘭

Collabium chinense (Rolfe) Tang & F. T. Wang

柯麗白蘭是一種數量很少的野生蘭，在臺灣僅局限長在烏來山區，是亟待保育的物種。它的葉片為卵形，底色淺綠並帶有深綠的暈斑，很有鑑別度。花萼及花瓣為翠綠色，清新可人；唇瓣則為白底綴以紫紅斑，全體具有頗高的觀賞價值。它的唇瓣不整正，是臺灣這一屬的特徵之一，並不是它的花長壞了喔。

辨識重點

葉片卵形，帶有深綠暈斑。花序直立，具有8至10朵花；花綠色，唇瓣與蕊柱白色，距綠色帶紅斑，唇瓣側裂片帶有紫紅色暈，相當美麗。本種的花被大致不歪斜，僅蕊柱與唇瓣相比稍微歪斜。

（許天銓攝）

花綠色

側裂片帶有
紫紅色暈

唇瓣與蕊
柱白色

葉卵形，帶有深綠暈斑。數量很少，僅見於烏來山區，需要善加保育。

Data

· **屬** 柯麗白蘭屬
· **別名** 烏來假吻蘭
· **棲所** 分布於北部雪山山脈低海拔山徑旁。生育地終年高濕度。

花期

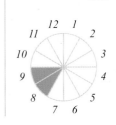

臺灣柯麗白蘭

Collabium formosanum Hayata

本種葉片卵形，表面具有摺扇式縱紋，綠色底布滿墨綠色塊斑，邊緣有細波狀皺褶，它的根莖匍匐在地面生長，每隔一小段長出一枚葉片，經常延伸成佔據一小區域的族群。臺灣柯麗白蘭的唇片極度扭曲，且萼瓣邊緣有顯著的紅褐色斑紋，遠觀之，好像花朵不太新鮮，即將枯萎，事實上，這就是它正常的樣貌。

辨識重點

葉片卵形，可長至15公分以上，具有深綠暈斑。花序細長、纖細，帶5至7朵花；花萼與花瓣細長，淺綠色但尖端深紅色；唇瓣白色具紅色條紋及斑點；距為紅色透明狀。本種花被歪斜、扭曲，易於與柯麗白蘭（見111頁）區分。

Data

· 屬 柯麗白蘭屬
· 別名 臺灣假吻蘭。
· 棲所 全臺零星分布，北至烏來山區，南至里龍山區，東至海岸山脈皆有分布。多生長於濕度高之苔蘚林內，走莖或埋於潮濕落葉堆中，或從地上攀附於長滿苔蘚之樹幹上。

花期

花被片先端具有紅斑

唇瓣歪斜扭曲

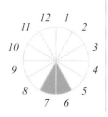

卵形葉片表面有縱紋，並布滿墨綠色塊斑。

高山絨蘭

Conchidium japonicum (Maxim.) S. C. Chen & J. J. Wood

由整體觀之，本種在每一假球莖頂部生有二葉，到了一定時日，葉片脫落後，無葉的假球莖一個接著一個緊密連結，因此又被稱為「連珠絨蘭」；假球莖外形酷似花生，愛蘭人士將本種暱稱為「土豆」。它的花色白淨，唇瓣鵝黃，頗為素雅，是一種美麗的野生蘭。在生育地，高山絨蘭通常中高位著生，雖然數量不少，但由於生長高度的關係，想看到它需要相當的觀察力。

辨識重點

小型著生蘭。假球莖形如花生，數枚排成一列，長1至2公分。頂部生有二葉，葉披針形，長5至8公分，寬1公分。花軸自假球莖頂端抽出，著花1至3朵；花白色，直徑約2公分；萼片及花瓣披針形，唇瓣黃色，提琴形。

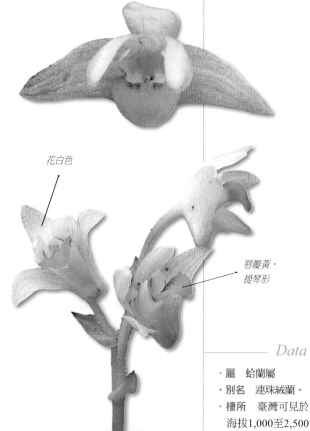

花白色

唇瓣黃，
提琴形

Data

· 屬　蛤蘭屬
· 別名　連珠絨蘭。
· 棲所　臺灣可見於海拔1,000至2,500公尺山區之森林，生長在通風良好的山坡樹幹上，需半透光。

花期

假球莖頂部生有二葉，花白淨，唇瓣鵝黃色，頗為素雅。

艷紫盔蘭 特有種

Corybas puniceus T. P. Lin & W. M. Lin

本種的生育地相當特殊，生長於桂竹林內。它的花梗相當長，花朵通體深紅，與臺灣的另外三種盔蘭完全不同，它的上萼片特長，大約為唇瓣的二倍。

辨識重點

具一大的圓形塊莖。葉片卵形，單葉，生於莖頂端。花梗甚長，有別於本屬其他近無花梗之種類；全花及花梗為深紅色，唇瓣不全張開，呈管狀。

全花及花梗為深紅色。

Data

· **屬** 盔蘭屬
· **別名** 紫茉莉盔蘭。
· **棲所** 生於雲林石壁及草嶺之竹林內。

花期

葉片卵形。

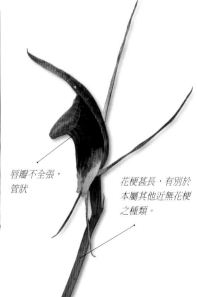

唇瓣不全張，管狀

花梗甚長，有別於本屬其他近無花梗之種類。

杉林溪盔蘭

Corybas shanlinshiensis W. M. Lin, T. C. Hsu & T. P. Lin

為新近發現的種類，全株造型精巧，獨自隱身在南投山中，一直到最近才被正式發表。它的葉長1公分左右，花與葉約略等長，這樣的搭配也顯得花朵相對碩大。與臺灣的同屬植物相比較，不同於其它種類為深紅色，它的顏色是優雅的粉紫紅色，且唇瓣喉部有圓舌般的凸出物。

辨識重點
特色為唇瓣幾近全緣，唇瓣外緣為白色，上有許多粉紫紅條紋，中央具有圓舌般的凸出物。

花色粉紫紅

唇瓣喉部有一圓凸出物

—————— *Data*

· 屬　盔蘭屬
· 棲所　臺灣僅知產於南投中海拔山區。生長於苔蘚層土坡，上午日光斜射處。

—————— 花期

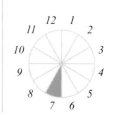

僅知產於南投中海拔山區。

辛氏盔蘭

Corybas sinii Tang & F. T. Wang

盔蘭之名是因本屬的上萼片呈頭盔狀。本種通常生長在潮濕的森林邊緣，岩壁腐植質堆積處，或有厚實苔蘚地衣的土坡上，小小的葉子僅有一片，不起眼的平貼在介質上，到了花期才會抽出單枚花苞。除了大型的，紅白相間的唇瓣令人注目外，你也可能會注意到它具有二長二短的長條狀物，那是它的側萼片（外側較大者）與花瓣。

辨識重點

葉片心形，具白色網紋。花形奇特、小巧，上萼片匙形，先端尖尾狀，側萼片離生；唇瓣白底紅紋，邊緣紅色，具有鋸齒狀流蘇；距紅色，呈羊角狀開叉。

相似種鑑別

紅盔蘭
（見117頁）

Data

・**屬** 盔蘭屬
・**別名** 螃蟹蘭。
・**棲所** 分布於臺灣中部（臺中、南投），中海拔處。常生長於土坡之苔蘚層上，上午日光斜射處。

花期

側萼片與花瓣
呈條狀

葉子僅有一片

常生於厚實苔蘚的土坡上。

紅盔蘭 特有種

Corybas taiwanesis T. P. Lin & S. Y. Leu

臺灣的盔蘭屬植物都分布局限、數量稀少，本種目前僅在二個地點發現，依據近期的調查，總株數不超過50株。它與辛氏盔蘭（見116頁）相似，區別在於本種的盔瓣（上萼片）無尖銳突出物，而唇瓣最邊緣為白色（辛氏盔蘭為紅色），唇瓣內部有斷斷續續的紅斑。

辨識重點

葉片心形，具白色暈紋。側萼片與花瓣於基部略合生。唇瓣白底紅斑，邊緣白色且具有鋸齒狀流蘇；距紅色，呈羊角狀開叉。

唇瓣有斷斷續續的紅斑

唇瓣最邊緣白色

距紅色，呈羊角狀開叉

相似種鑑別

辛氏盔蘭
（見116頁）

Data

· 屬　盔蘭屬
· 棲所　零星分布於桃園與新竹山區。常生長於苔蘚層土坡，上午日光斜射處。

花期

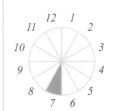

葉片心形，具白色暈紋；唇瓣白底紅斑，邊緣有鋸齒狀流蘇。

管花蘭

Corymborkis veratrifolia (Reinw.) Blume

在蘭嶼，管花蘭出現於季風風衝林與白榕樹下，生長良好，與菲律賓線柱蘭（見424頁）、長橢圓葉伴蘭（見249頁）、小鬼蘭（見161頁）等新近發現的物種混生。它的外形近似摺唇蘭屬，但花序和花完全不同，且莖軸較長，葉散生莖上。在蘭嶼的植株較為小型，最大株高度不超過1公尺，與筆者在菲律賓看到的較類似。涼山的管花蘭則高達2.5公尺，與越南的族群外觀接近。它的花瓣及花萼披針形，花半開似管狀，而被稱為「管花蘭」。

零星分布於屏東涼山及蘭嶼。

辨識重點

臺灣屏東植株可高達約2公尺，蘭嶼植株較小，高度通常約60公分，植株及花部尺寸皆較小。本屬植物類似摺唇蘭屬（*Tropidia*），但本屬花序分支，腋生，易與花序不分支、頂生之摺唇蘭區分。管花蘭花色潔白，萼片與花瓣狹長。

Data

· 屬　管花蘭屬
· 棲所　臺灣零星分布於屏東涼山與蘭嶼北端。

花期

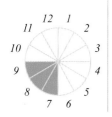

花管狀

馬鞭蘭

Cremastra appendiculata (D. Don) Makino

本種花半張,懸垂,整個花序形似中國戲曲中的道具馬鞭,而被稱為「馬鞭蘭」。在日本,則被稱為「采配蘭」,「采配」是日本戰國時代武將指揮作戰的用具,是一種指揮棒,木質長柄,柄頭密綴紙條或布條,看過馬鞭及采配的人,都會說本種真的比較像「采配」呢。下次在臺灣的中高海拔看這植物時,別忘了跟朋友介紹它的樣子與名稱喔。

辨識重點

假球莖直徑約2公分,略扁壓狀。葉長橢圓形,長20至40公分,寬3至5公分,表面常帶黃斑。花莖高20至40公分;花懸垂,半張,淡紫色;萼片及花瓣長約3.5公分;唇瓣長3.5公分,帶有紫斑,先端矛形三裂,表面中央具有一白色肉瘤。

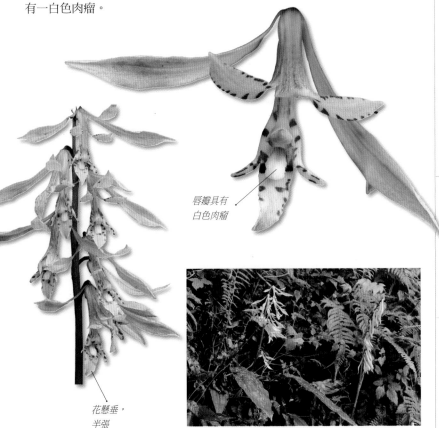

唇瓣具有
白色肉瘤

花懸垂,
半張

中高海拔潮濕林內路邊邊坡皆可見。

—— *Data*

· 屬　馬鞭蘭屬
· 別名　采配蘭。
· 棲所　潮濕林內、次生林、竹林或路邊邊坡皆可生長,中海拔分布較多。

—— 花期

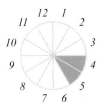

裂唇軟葉蘭

Crepidium bancanoides (Ames) Szlach.

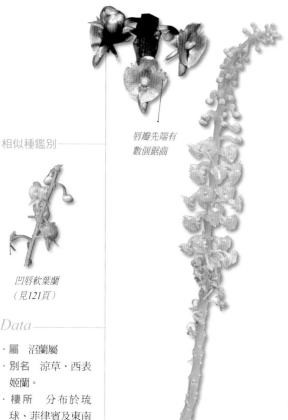

唇瓣先端有
數個鋸齒

相似種鑑別

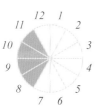

凹唇軟葉蘭
（見121頁）

Data

· **屬** 沼蘭屬
· **別名** 涼草、西表姬蘭。
· **棲所** 分布於琉球、菲律賓及東南亞各地，並延伸至澳洲。臺灣產於太魯閣、恆春半島及蘭嶼。喜生於濕潤的闊葉林或竹林內。

花期

筆者相當喜歡它的別名「涼草」，因為每次遇見它，都是在頗清涼的地方，感覺的確很舒爽啊！在日本西表島也有這種植物，它有一個很酷的日本名「西表姬蘭」，「姬」在日文中有「小」或「公主」之意，不禁令人聯想到，「西表姬」也可解釋為「西表公主」，或許正如本種纖長的花序，在林下柔美款擺的氣質吧！生在臺灣恆春半島的族群，其葉、莖及花為紫色系，而蘭嶼則為黃綠色系，這二型的花並沒有很大的差異，目前被視為同一種。

辨識重點

莖纖細，長5至15公分，基部伏地。葉橢圓形，長4至7公分，背面綠色或常帶紫色，葉柄長3至4公分。花軸長達15公分；花密生，小形，黃綠色或橙紅色，萼片及花瓣長約3公釐；唇瓣先端有數個鋸齒。

花黃綠色或橙紅色。

喜生於濕潤的闊葉林或竹林內。

凹唇軟葉蘭

Crepidium matsudae (Yamam.) Szlach.

凹唇軟葉蘭的植株外形與裂唇軟葉蘭（見120頁）相似，尤其在蘭嶼，兩種植物共域生長，未開花時混淆難辨。兩者最大的區分就是花的樣貌，裂唇軟葉蘭較強硬，唇瓣先端有數個鋸齒，而本種氣質較柔順，唇瓣先端微凹，小花的樣子像極了卡通裡的米老鼠。

辨識重點

地生蘭，莖肉質，高7至11公分。葉4至5片、歪長卵形，長4至10公分，寬2至3.5公分，表面黃綠色，邊緣常帶紫暈。萼片長約2.5公釐，向後曲；唇瓣箭頭形，基部耳型而包圍蕊柱，先端微凹。

唇瓣先端微凹

（許天銓攝）

小花的樣子像極了卡通裡的米老鼠

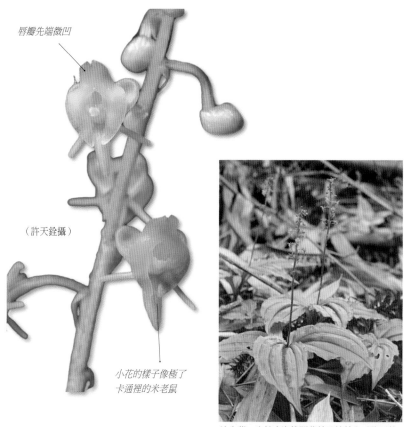

地生蘭，生於中海拔闊葉林及竹林內（許天銓攝）。

相似種鑑別

裂唇軟葉蘭（見120頁）

紫花軟葉蘭（見122頁）

Data

- 屬　沼蘭屬
- 別名　凹唇小柱蘭。
- 棲所　臺灣分布於中南部1,000至1,600公尺之山區闊葉林及竹林內。蘭嶼亦產之。

花期

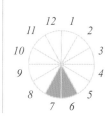

紫花軟葉蘭

Crepidium purpurea (Lindl.) Szlach.

本種在臺灣的花色有二型，在南投、雲林、嘉義的山區發現的都是紫紅色，而屏東、臺南龍崎及楠西一帶則為黃綠色，花的形態也有點小差異，或許彼此間的關係尚待更多的分類研究。它又被稱為「亮葉沼蘭」，顧名思義，葉表具油亮的光澤。第一次看到它是在竹山的一公路旁，它就長在許多芒草及陽性植物下方，生長環境與其它同屬的植物不太相同。它的花與凹唇軟葉蘭（見121頁）相似，差別在於本種的唇瓣先端深裂。

相似種鑑別

凹唇軟葉蘭
（見121頁）

Data

· 屬　沼蘭屬
· 別名　亮葉沼蘭。
· 棲所　散生於臺灣中南部低海拔闊葉林的林緣地帶，偶見於荒廢的果園邊坡，海拔約200至800公尺之間。已知生育地的族群數量大都很少，且與人類活動區域接近，極易受到破壞。

花期

（許天銓攝）

辨識重點

地生蘭，植物體高約4公分，莖肉質，由葉鞘所包被。葉子約3至4片，密集，綠色，葉片歪橢圓形，表面光亮有縱褶。花徑約1公分，花疏鬆排於花軸上，紫紅色或黃綠色；上萼片卵形至漸尖；側萼片寬卵形至橢圓形；花瓣線形，長約5.5公釐，寬約1.3公釐；唇瓣先端深裂；蕊柱1.5公釐長。蒴果長約1.5公分，果柄5公釐長。

花紫紅色或黃綠色

唇瓣先端深裂

葉片歪橢圓形，表面光亮有縱褶。

圓唇軟葉蘭

Crepidium ramosii (Ames) Szlach.

通常未開放的蘭花，它的唇瓣是在上方的。大多數的蘭花開放時，子房或花梗會旋轉180度，使唇瓣在下，這就是蘭花的「轉位現象」。但圓唇軟葉蘭是一種不轉位的野生蘭，看起來是不是有點像倒立的蘭花？再仔細看看它的花朵，有沒有看到在橙黃色的唇瓣中心，有點染一明顯的的黑色區塊，這也是在野外辨識它的關鍵之一。

辨識重點

植物體高約3至5公分。葉通常2片，歪斜橢圓狀卵形，長可達8公分，寬可達4.5公分。花不轉位，橘色，每次開2至3朵；上萼片卵狀；側萼片近乎半圓形；花瓣倒卵形；唇瓣心形，全緣，長與寬等長，約3公釐，鈍頭；花粉塊4個，蠟質，黃色；藥帽卵形，橘色。

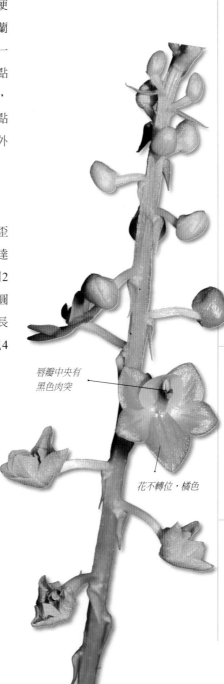

唇瓣中央有
黑色肉突

花不轉位，橘色

僅生於蘭嶼的熱帶雨林內。

Data

· 屬　沼蘭屬
· 棲所　分布菲律賓。臺灣僅見於蘭嶼山區。生於海拔約300至400公尺之間，環境為熱帶雨林，土壤富腐植質。

花期

12 1
11   2
10   3
9   4
8   5
7 6

美唇隱柱蘭

Cryptostylis arachnites (Blume) Hassk.

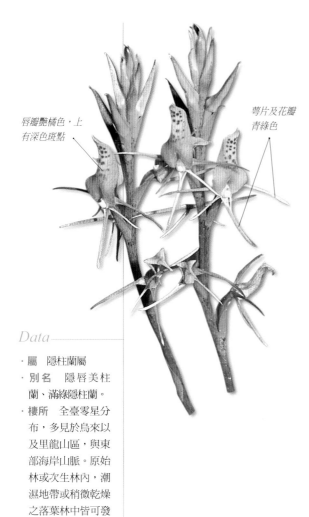

唇瓣艷橘色，上
有深色斑點

萼片及花瓣
青綠色

Data

· 屬　隱柱蘭屬
· 別名　隱唇美柱
　蘭、滿綠隱柱蘭。
· 棲所　全臺零星分
　布，多見於烏來以
　及里龍山區，與東
　部海岸山脈。原始
　林或次生林內，潮
　濕地帶或稍微乾燥
　之落葉林中皆可發
　現。

花期

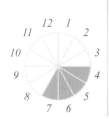

通常不轉位的花都會令人驚喜，本種亦是
如此。碩大的艷橘色唇瓣張揚的開在上
方，表面散布濃紅的斑點，鮮明華麗，很
有視覺感，是一種會讓人一看就難以忘記
的野生蘭。想看到本種，不一定要到深山
老林內，在臺北的烏來、內湖及陽明山都
曾有記錄，只是數量較少而已。其花梗自
葉基抽出，直立，長達30至45公分，其
上著花10至5朵，依序開放，花長約3公
分。

辨識重點

葉兩片，卵狀橢圓形，長6至15公分，
表面常具有褐色塊斑，葉柄長10至20公
分，肉質，布滿細點。花莖高20至40公
分；花不轉位（唇瓣在上方）；萼片及花
瓣青綠色；唇瓣艷橘色而帶有深色斑點。

花不轉位，橘色唇瓣在花朵上方，非常搶眼。

蓬萊隱柱蘭
Cryptostylis taiwaniana Masam.

隱柱蘭屬橘黃色帶斑紋的唇瓣色彩，是擬態雌蜂的體色，作用為誘雄蜂前來，被欺騙的雄蜂會抱住唇瓣進行交尾動作，此時尾部就容易黏到蕊柱上的花粉塊。待飛到另一朵花重複相同動作時，就有機會將花粉塊黏到柱頭上完成授粉。1916年，法國人Pouyanne在觀察卵葉隱柱蘭（*Cryptostylis ovata*）時，即發現這種神奇的授粉過程，一直到近年，國外的研究者仍有發表它與胡蜂（*Lissopimpla* spp.）之間授粉關係的報告。臺灣這一類隱柱蘭的訪花授粉者，則是諸如細腰蜂（*Ammophila* spp.）之類的蜂種，日本對此曾有專門研究。在臺灣，尚無人拍過蜂類訪花的過程，下次不妨試試，在它的花旁等待機會吧。

辨識重點

植物體較小，葉片淡綠色帶有深綠色斑點。花不轉位，唇瓣在上，花萼與花瓣皆為線狀，唇瓣橘色，帶有較多明顯細小斑點；花序具有棕色斑點。

花不轉位，唇瓣在上方

唇瓣擬態雌蜂的體色，為橘黃色帶斑紋

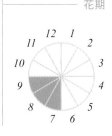

葉片綠色，帶有深綠色斑點。

Data

· 屬　隱柱蘭屬
· 棲所　在臺灣南北兩端呈不連續分布，多產於屏東里龍山區，但臺北烏來山區亦有。產於原始林內，但在烏來山區可產於人工林內，多以通風良好、雨量豐沛之森林底層為理想生育環境。

花期

12 1 2 3 4 5 6 7 8 9 10 11

香莎草蘭

Cymbidium cochleare Lindl.

臺灣有三種類似「國蘭」的蘭花著生在大樹上，分別是鳳蘭（見127頁）、金稜邊蘭（見130頁）以及香莎草蘭。其中以香莎草蘭最為稀有，它通常在大樹上，偶生於岩石上，葉片邊緣略反捲。它的花在蕙蘭屬中獨樹一幟，花序如穗狀下垂，花為深褐色，萼片與花瓣不展開；唇瓣茶褐色，中央綠色。它未開花時植株與鳳蘭相似，難以區別。

辨識重點

不具假球莖。葉線形，邊緣略反捲，葉基部約4公分處有一關節。花序懸垂，花為深褐色，萼片與花瓣不展開；唇瓣茶褐色，中央綠色。

萼片與花瓣不展開

Data

· 屬　蕙蘭屬
· 棲所　海拔分布在300至1,000公尺之間。多生長在陰暗潮濕之森林，附生於樹幹上。

花期

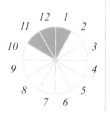

葉線形，花序如穗狀下垂。

唇瓣茶褐色，中央綠色

鳳蘭
Cymbidium dayanum Rchb. f.

分布在海拔200至900公尺之森林內，常著生於闊葉樹或針葉樹上，不選擇樹種，岩石上亦可生長。喜好強光照及腐爛之孤立木樹幹分枝處。它的花序下垂，白色的瓣片上綴有紅色的條紋，色彩鮮明，其花形如鳳凰，因而被稱為「鳳蘭」。它的族群還不少，臺灣的山林常見。由於適應性強，曾經在尋常果樹、水泥擋土牆及市區公園的樹上，見到它繁茂生長

辨識重點

大型附生蘭。葉長可超過50公分，寬約1公分，先端漸尖，邊緣光滑。花序下垂，具許多排列疏鬆之花朵；花被白色，中肋具紅褐色帶，沒有香味。蒴果卵球形，外部具有明顯的稜脊。

著生於大樹上。

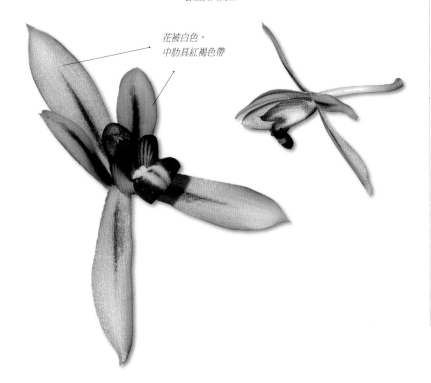

花被白色，
中肋具紅褐色帶

—— *Data*

· 屬 蕙蘭屬
· 棲所 廣泛分布於臺灣全島，從烏來至南仁山皆有分布。

—— 花期

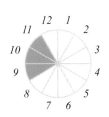

建蘭

Cymbidium ensifolium (Lindl.) Sw.

本種自古以來就是騷人墨客所喜愛的蕙蘭，種蘭畫蘭為古代文人的閒暇雅事。蕙蘭屬的蘭花具有脫俗的清香，開花時滿室芬芳，復加其葉姿高貴飄逸，似君子之風，受到國人普遍喜愛，蕙蘭屬也因此被稱為「國蘭」。本種的生育地有其獨特性，通常在中部及太魯閣為多，環境為向陽面的乾燥山坡，但午後常有雲雨出現。其實它的族群量不少，但通常只是局部集生，在中部山區某一未受人採集的原生地上，筆者曾記錄到一百株以上的大族群，最是壯觀。

辨識重點

地生蘭，植物體通常40至50公分高。葉具極纖細之齒緣。花莖通常有3至5朵疏鬆排列的花朵。花頗香，黃綠色；花被具紅色條紋。

Data

· **屬** 蕙蘭屬
· **別名** 焦尾蘭、四季蘭。
· **棲所** 原始森林及人造松林內均有發現，多成群集生於稍乾燥之林蔭下。

花期

11 12 1
10　　　2
9　　　　3
8　　　　4
7 6 5

花具馥香，唇瓣具紅色斑紋

葉子像一般的禾草。

九華蘭

Cymbidium faberi Rolfe

臺灣主要分布於大甲溪上游沿岸，以宜蘭、霧社支線最多，如佳陽、環山、梨山、武陵、南山村、翠峰、霧社、信義等地可發現，分布於海拔1,500至2,500公尺之間。本種為古時所稱之蕙蘭，它的葉子頗長，最長可達一公尺，狀似尋常禾草。花綠黃色，一莖上生有8至11朵花，是臺灣地生蕙蘭屬中，單一花梗上著花最多者。本種由於原生地海拔較高，難以在平地良好成長。

辨識重點

植物體類似禾草類之地生蘭，常大群出現。葉邊緣有明顯鋸齒，葉背中肋及側脈突起。花淡綠、淡黃或淡紫紅色，有清香。唇瓣長橢圓形，前端呈不規則撕裂狀，後半部直立，乳黃色而帶有紅紫色斑點。

花淡綠、淡黃或淡紫紅色

唇瓣長橢圓形，前端呈不規則撕裂狀

葉子頗長，狀似尋常禾草。

Data

· 屬　蕙蘭屬
· 別名　一莖九華。
· 棲所　喜生於河岸峭壁，深山崎嶇不平之斜坡，常與芒屬植物混生，生態亦相同，喜陽光充足之開闊地。

花期

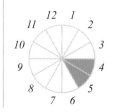

金稜邊

Cymbidium floribundum Lindl.

據研究，金稜邊的花會分泌近似大黃蜂的費洛蒙氣味，而大黃蜂是日本蜜蜂的天敵，日本蜜蜂受到蘭花氣味吸引後，群集到花上，攻擊假想中的大黃蜂，也因此沾染到花粉塊，為本種完成授粉。由於日本蜜蜂採取的是攻擊行為，所以金稜邊的花，通常都在群蜂的攻擊下殘破不堪。在中國及日本，都有蜂農以本種的花，引蜂來築巢。下次在野外，可要好好看看，臺灣的金稜邊是不是也如此神奇。

辨識重點

植物體較鳳蘭為小。葉窄長，先端銳頭且有明顯扭轉。花瓣及萼片暗紅褐色，邊緣為黃色，扭曲狀；唇瓣淡紅，具有紅褐色斑點；唇盤上有二條紅黃色龍骨。

花會分泌近似大黃蜂的費洛蒙氣味。

Data

· **屬** 蕙蘭屬
· **棲所** 可生於樹稍枝條或腐木、岩壁上，喜好充足陽光，但需有雲霧之滋潤。分布在海拔1,000至2,300公尺之間。

花期

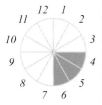

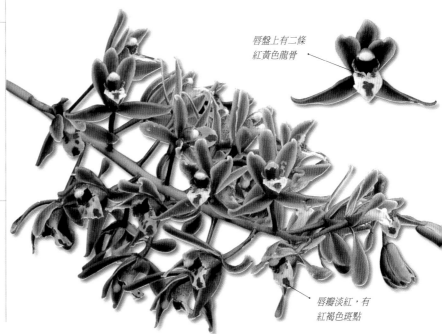

唇盤上有二條紅黃色龍骨

唇瓣淡紅，有紅褐色斑點

春蘭

Cymbidium goeringii (Rchb. f.) Rchb. f. var. *goeringii*

筆者大學時期有一陣子在谷關及青山一帶採了許多春蘭，通常第一年它都會開花，一株着花一兩朵，好似全部的氣力集中在這僅存的花上。花的氣息甜美而濃郁，令人難忘，記憶所及，大概少有其它蘭花的香氣可與之比擬，一如它的別名「朵朵香」！蕙蘭屬的花多變，本種亦如是，有乳白、淺綠及淡紅等色，花式亦多變。

辨識重點

葉線形，長60至80公分，寬7至12公釐，葉緣具有細鋸齒，基部捲起，呈U形溝狀。花通常開1朵或2朵，甚香；花乳白色或淺綠色，有紅色線紋：唇瓣長卵形，捲曲，有三裂，中央具二龍骨。

花色花式多變，
香味高雅、濃郁

唇瓣長卵形，
捲曲

葉線形，長60至80公分。花通常開1或2朵。

—— 相似種鑑別

細葉春蘭
（見132頁）

—— *Data*

- **屬** 蕙蘭屬
- **別名** 朵朵香
- **棲所** 長於常綠闊葉林中，喜生於東向或東南向峭壁，或密林內乾燥斜坡上。也可以生長於潮濕之疏林中，或冬季偶有薄霜之地。

—— 花期

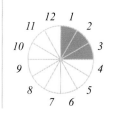

細葉春蘭 特有種

Cymbidium goeringii (Rchb. f.) Rchb. f. var. *serratum* (Schltr.)
Y. S. Wu & S. C. Chen

在臺灣，野生的春蘭有二個變種，其中葉較細者，僅2至5公釐寬，細如韭菜，是民間俗稱「韭菜蘭」的細葉春蘭；葉寬者則為春蘭（見131頁）基本種。另一說，葉中部橫切面V形者為春蘭，橫切面U形者為細葉春蘭，然除非熟稔此種者，要區分仍有些困難。春蘭類雖在平地可以苟活，但要它開花，則需長期的冬日低溫或連續的寒流，才能刺激其花芽分化。

辨識重點

葉4至5片，窄線形，長40至50公分，寬2至5公釐，先端尖，基部捲起呈U形溝狀，葉緣具有細鋸齒。花與基本種非常相似。

相似種鑑別

春蘭
（見131頁）

Data

· **屬** 蕙蘭屬
· **別名** 韭菜蘭。
· **棲所** 生長於常綠闊葉林中，喜生於東向或東南向峭壁或密林內之乾燥斜坡上，也可以生長於潮濕之疏林中，或冬季偶有薄霜之地。海拔分布800至2,500公尺。

花期

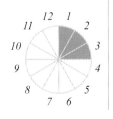

唇瓣長卵形，
捲曲

喜生於峭壁或乾燥斜坡上。

132

寒蘭

Cymbidium kanran Makino

在臺灣園藝栽培的蕙蘭中，是報歲蘭（見137頁）為主流，在日本則以寒蘭為尊。在日本，常舉行寒蘭的展示會，同臺灣的報歲蘭一般，有各式各樣的品系，許多都是價高的名品。由於它的葉子較長，在國人的審美觀中不夠飄逸靈動，且在平地適應性不如報歲蘭，生長不佳而少有臺灣蘭友青睞。它是臺灣原產的十來種國蘭中，葉片最長的，可長達60至100公分，萼片及花瓣為長長的披針形，是它的特色。早期它也是採蘭的目標之一，跟大多蕙蘭屬物種的命運一樣，在野外要見它一面是很難的。

萼片及花瓣
為長披針形

辨識重點

高大地生蘭。假球莖肥大。葉長，線形，邊緣稍有細鋸齒，葉背中肋及側脈突出。花綠色或紅紫色，直徑約6至8公分；唇瓣卵狀披針形，黃白色而帶有紅斑。

葉子為蕙蘭屬最長者。

—— *Data*

· 屬　蕙蘭屬
· 棲所　分布幅度較窄，冷涼而通風，或者也可生長於溪谷闊葉樹林底層，和陰性植物混生，一般而言喜歡在光線微弱而潮濕之處。生長於低至中海拔約500至1,700公尺左右之山區。

—— 花期

11 12 1 2 3 4 5 6 7 8 9 10

竹柏蘭

Cymbidium lancifolium Hook. f. var. *lancifolium*

相似種鑑別

（金效華攝）

大根蘭
Cymbidium macrorhizon
Lindl.

花形近似竹柏蘭，但花中肋通常具紅色塊斑且無葉，為蕙蘭屬中唯一的異營蘭花。

大竹柏蘭
（見135頁）

綠花竹柏蘭
（見136頁）

Data

· **屬** 蕙蘭屬
· **別名** 竹葉蘭、兔耳蘭。
· **棲所** 常見於原始森林環境，光線微弱，地面無太多地被植物及灌木，並且有豐厚腐植土之棲地。海拔分布範圍約為500至1,500公尺左右。

花期

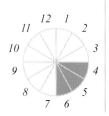

竹柏蘭分布甚廣，臺灣全島皆有，為本屬中數量最多者。因本種之葉形似竹柏或竹類，故名「竹柏蘭」。雖然植株外形不似一般人對於蕙蘭屬的印象，但花朵則是很典型的本屬外觀。它跟親兄弟綠花竹柏蘭的差異在於，本種的葉先端邊緣具鋸齒，花白色。它的兩個花瓣直立如兔耳朵，在中國大陸有「兔耳蘭」之可愛名稱。

辨識重點

地生蘭。假球莖棍棒狀。葉倒披針形，先端尖銳，葉緣先端有鋸齒。花白色；花瓣長橢圓形，中肋處有紫紅色條紋；唇瓣佈有紫紅色斑點，唇盤上具一對龍骨。

地生蘭。葉倒披針形。

花白色，花瓣直立如兔耳朵

大竹柏蘭 特有種

Cymbidium lancifolium Hook. f. var. *aspidistrifolium* (Fukuy.) S. S. Ying

在臺灣產竹柏蘭的三個變種中,本種數量最少,僅在花蓮地區有較多的族群。本種與基本種竹柏蘭(見134頁)非常相似,最大的區別特徵在於花及植株較之大上一號,在還沒開花時,則需要有豐富經驗者才能分別。

辨識重點

本種與原種竹柏蘭非常相似,最大的區別特徵在於花萼長3.5至4公分,花瓣長3公分,花為綠色,唇瓣有尾狀附屬物。

植株為竹柏蘭中最大者。

相似種鑑別

竹柏蘭
(見134頁)

綠花竹柏蘭
(見136頁)

Data

· 屬　蕙蘭屬
· 棲所　喜生於原始森林環境,光線微弱,地面無太多地被植物及灌木,並且有豐厚之腐植土之棲地。主產地在花蓮及臺東山區。

花期

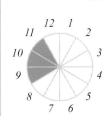

花綠色

綠花竹柏蘭

Cymbidium lancifolium Hook. f. var. *syunitianum* (Fukuy.) S. S. Ying

與其它二變種相比，本種的葉上半部邊緣全緣，且花朵質地較為厚潤，嫩綠的花色在秋日的山野中顯得非常柔媚。

辨識重點

本種與竹柏蘭最大的區別，在於葉子上半部不具齒緣。花為嫩綠色；花萼為拉長之橢圓形，較厚而硬。

葉子上半部不具齒緣。

花萼長橢圓形

花為嫩綠色

相似種鑑別

大竹柏蘭
（見135頁）

竹柏蘭
（見134頁）

Data

· **屬** 蕙蘭屬
· **棲所** 臺灣較明確的分布地點在臺北烏來、宜蘭南澳、南投信義及臺東海岸山脈。海拔分布在800至2,000公尺之間。

花期

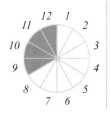

報歲蘭

Cymbidium sinense (Jackson *ex* Andr.) Willd.

本種因怡人清香而為國人喜愛，是一種受到普遍栽培的蘭花。有些奇花奇葉者，在風潮正盛時，抬價可至百萬元。其惡風影響所及，使野生的報歲蘭被採摘一空，在臺灣的山地，有幸看過者寥寥無幾。在太魯閣山區、桃園復興、烏來，筆者都曾看過商業採集後，當地殘存的少數植株。據聞以往南仁山區萬里德山頗多，但目前也僅能記錄到近十株；另四林格山附近山區仍有為數不少的族群，希望這些漸少的野生蘭，能由此再拓展其族群。

葉子為寬線形。

辨識重點

大形地生蘭。葉寬線形，葉緣有細小之鋸齒。花青綠色，密布紫紋或斑點，或呈濃紫色。唇瓣卵狀披針形，淡黃色，散生紅斑；唇盤上有一對龍骨。

唇瓣淡黃色，散生紅斑

唇盤上有一對龍骨

—— *Data*

· **屬** 蕙蘭屬
· **別名** 墨蘭。
· **棲所** 喜好棲地環境為東向或東南向之乾燥山坡地，特別是多腐植質的土壤。

—— 花期

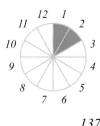

菅草蘭

Cymbidium tortisepalum Fukuy.

在臺灣的國蘭界中喚這植物為「卑亞蘭」，主要分布於埔里、梨山、南山一帶的臺灣中央地帶。它的葉子質地粗糙如芒草，葉片帶狀，中部彎垂，葉長可達85公分。它的花大都為黃綠色，有馥郁清香，相當受到許多人的喜愛。

辨識重點

大型地生蘭。植物體似菅草。花為綠白色或乳白色，有清香；萼片長橢圓形，先端縮小而稍扭曲；花瓣橢圓形，基部有紅點；唇瓣捲曲，三裂，具有不規則之紅斑紋。

花瓣橢圓形

唇瓣捲曲，
三裂，
有不規則紅斑紋

Data

· **屬** 蕙蘭屬

· **別名** 卑亞蘭、埤南春蘭、蓮瓣蘭、豬耳朵。

· **棲所** 分布在海拔800至2,000公尺左右之山地。喜生於陽光充足乾燥區域，如芒屬植物為優勢之植物社會，亦喜生於岩石地區。

花期

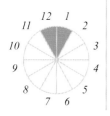

葉片帶狀，質地粗糙如芒草。

138

小喜普鞋蘭
Cypripedium debile Rchb. f.

小喜普鞋蘭的花及植株都很迷你，且開花時花正面垂下，在臺灣的喜普鞋蘭中，是較不亮眼的。但若細看它的花朵，為嫩綠帶有深紅彩斑，唇瓣一如本屬特徵，鼓脹成圓形的囊袋狀，也非常逗趣。筆者第一次見到本種，正逢果期，花後的花梗會直直的抽高挺立，加上二片不算大的葉子，乍看之下讓人誤以為它是雙葉蘭呢！

辨識重點

小型地生蘭。莖高約10公分；葉二枚，對生，卵形，2至4公分寬。花淡綠色，直徑約2公分；花瓣基部有紅色塊斑；唇瓣白色，稍具綠紋，約1公分長。

唇瓣呈囊袋狀

——— *Data*

· **屬** 喜普鞋蘭屬
· **別名** 小老虎七。
· **棲所** 臺灣僅發現於中央山脈北段，生於冷杉林、鐵杉及雲杉林等陰濕林下，海拔在2,500公尺以上。

——— 花期

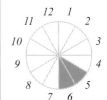

喜生於中高海拔陰濕林下。

臺灣喜普鞋蘭 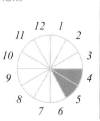 特有種

Cypripedium formosanum Hayata

兩片青翠的嫩葉，支撐著一朵具有大而粉嫩唇瓣的花，看到如此精巧絕倫的形色，心中只有讚嘆。美麗是一體兩面的，在民國七十年代左右，有心人以每株約莫50元的高價收購本種及奇萊喜普鞋蘭（同時，臺灣一葉蘭的價錢僅約5元），在花蓮太魯閣等地，驅使原住民至山中，掠取成千上萬的假球莖，再轉賣至日本，以牟取暴利。曾經參與此段歷史的原住民耆老曾如此告訴筆者：「本來清水山山頂的二種喜普鞋蘭，是隨著大岩石一直紅紅的綿延到山的另一頭……」

辨識重點

莖高約15至20公分；葉對生，無柄，圓卵形，10至13公分長，8至12公分寬，具多數縱褶，表面有細毛，邊數全緣或有缺刻。花大型而豔麗，直徑達6至7公分，粉紅色而帶有紅色條紋或斑點；唇瓣之囊袋卵形，5至7公分長，內有白毛。

葉子圓卵形，具多條縱褶。生於2,000公尺森林下。

Data

· 屬　喜普鞋蘭屬
· 別名　一點紅。
· 棲所　見於中央山脈中北段2,000公尺以上之森林。鐵杉、雲杉林以及針闊葉混合林。

花期

唇瓣之囊袋卵形，內有白毛

葉對生，無柄

奇萊喜普鞋蘭

Cypripedium macranthum Sw.

可於臺灣中央山區高海拔山頂附近發現，然以太魯閣國家公園較多見，如南湖大山、中央尖山及奇萊北峰附近均有採集紀錄。奇萊喜普鞋蘭生長在高山岩屑地上，因為花大而艷麗，幾乎是人見人愛，而被喻為臺灣喜普鞋蘭之最美者。

辨識重點

莖15至30公分高。葉3至5片互生，橢圓形至卵狀披針形，5至10公分長，3至4公分寬，邊有緣毛，基部縮小為鞘，抱莖。花大形，5至7公分直徑，淡粉紅色至紅紫色，帶深紫色線紋；唇瓣囊狀，徑約3至4公分，開口處有波褶。

花淡粉紅色，形大而艷麗

葉子3至5片互生，基部縮小為鞘

喜生於岩屑地之環境。

Data

· **屬** 喜普鞋蘭屬
· **棲所** 常生於海拔3,400公尺以上之高山岩屑地、裸岩，在清水山頂2,400公尺處亦成群生於石灰岩礫堆積之處。

花期

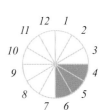

141

寶島喜普鞋蘭 特有種

Cypripedium segawae Masam.

早期日本植物學者在臺灣採集與調查時，並未發現本種，遲至1930年，日本採集者瀨川孝吉才在奇萊主山附近採到。1933年，經正宗嚴敬發表<南日本植物雜記>一文之後，本種方正式見諸於植物學界，此後數十年，未曾再被植物分類學者發現。直到十多年前，才再度有記錄，並確認其身分與產地。寶島喜普鞋蘭是臺灣的喜普鞋蘭中最稀有的一種，已知的生育地極少，產地的族群數量也不多，未見有大片群生之現象，其生機岌岌可危。

辨識重點

葉3至5枚，互生。葉疏生，葉基不重疊。花黃色，
有斑點。

僅分布於太魯閣山區。

花黃色

Data

· 屬　喜普鞋蘭屬
· 棲所　東部中海拔
　石灰岩坡地，雲霧
　盛行帶。

花期

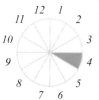

肉果蘭

Cyrtosia javanica Blume

此為一相當稀有的物種，早年，自柳重勝博士首先發現於溪頭竹林後，一度
消失無蹤，一直到近年才又被好友江柏毅老師發現於當地的一座竹林內。本
種的種小名「*javanica*」，為「爪哇」之意，可見本種雖稀有但廣布；筆者
前年至印尼，果然在雨林內看見它。它的外型頗具特色，花莖極短，出土不
多，宛若花貼近地面開放，且外表呈黃棕色，質地毛茸，不全開，肉質，成
熟果實像遺落在竹林的紅香腸，半熟者則似黃色的香蕉。

辨識重點

真菌異營植物，肉質，具短根莖。植物體高10公分。莖數支，常淡褐色，
節上具鱗片。頂生總狀花序，花序軸被毛，花5至8朵。萼片與花瓣相似；
唇瓣下凹，不裂，無距，基部略包蕊柱。

花不會全開

花表面具
毛茸物

果實肉質。

Data

· 屬　肉果蘭屬
· 棲所　中低海拔竹
　林內。

花期

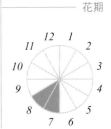

綠花凹舌蘭

Dactylorhiza viridis (L.) R. M. Bateman, Pridgeon & M. W. Chase

這種高山蘭花是一個單種屬,即是一屬一種,分布很廣泛,從亞洲到北美延伸至整個歐洲大陸。無論在臺灣或全世界,它都喜歡長在潮濕、土壤肥沃的針葉林內。「凹舌蘭」之名是因為它如舌的唇瓣基部有凹下去的距。臺灣的本種,不知是否因為生長在高山岩屑地之故,在強烈的紫外線照射下,不像其名「綠花」,而是以偏紅色者居多。

辨識重點

擬塊莖呈掌狀分叉,頗粗壯。葉長3至5公分,寬5至17公釐;穗狀花序長約5至10公分;花綠色,通常帶有紅暈,直徑約1.2公分;唇瓣長7公釐,先端二淺裂,中間有一短突。

唇瓣先端
二淺裂

花序穗狀,
密生許多花

Data

· **屬** 掌裂蘭屬
· **別名** 窩舌蘭、青蛙蘭、長苞綠蘭、Frog Orchid。
· **棲所** 高山針葉林之林緣、高山草原岩石邊,以及岩屑地皆可生長。

花期

生於高山山區。

黃花石斛

Dendrobium catenatum Lindl.

在臺灣產於宜蘭烏石鼻、太平山、花蓮太魯閣峽谷、天祥、臺東新港山及屏東里龍山，海拔300至1,200公尺左右。它與中國名貴的中藥材「霍山石斛」相當近緣，也被認為具有生津、明目、抗衰老、免疫調節等藥理作用。除此之外，它的花序自莖上部之節抽出，長2至4公分，著花4至8朵，花乳黃色或黃綠色，直徑約2公分，唇部有一黃紅之深斑，花朵美麗，常遭到人為採集。

辨識重點

莖叢生，直立，很少懸垂，黃褐色或綠色；節間圓柱形。葉長橢圓形。花為淺綠色漸轉黃綠色、乳黃色；側萼片斜三角形；花瓣橢圓形；唇瓣略為菱形，幾乎不成裂片。

花黃色，
花心紅色

側萼片
斜三角形

莖叢生。喜生於樹幹或岩壁上。

Data

· **屬**　石斛屬
· **棲所**　喜生於樹幹
　　或岩壁上。

--- 花期

12　1
11　　　2
10　　　　3
9　　　　4
8　　　5
7　6

145

長距石斛

Dendrobium chameleon Ames

長距石斛是一種很有特色的蘭花，它的距頗長，約與花瓣相等，因而有「長距石斛」之名。且因其花瓣及花萼也約略等長，且先端向前，狀如鷹爪攫取獵物般，也被稱之為「鷹爪石斛」。本種另有一特色，即是它的莖多分枝，會由節間長出，上面有明顯的縱溝，當花期來臨，葉片落盡後才抽花。

辨識重點

莖多分枝，由角錐形之節間相接而成，每一分枝15至20公分長，上面有縱溝。葉卵形或披針形，長2至4公分，寬1至1.5公分。花軸腋生，著1至4朵花；花近白色，常具有淡綠色或淡紅色之線紋。

莖多分枝，上有明顯的縱溝。

Data

· **屬** 石斛屬
· **別名** 彎大石斛、鷹爪石斛。
· **棲所** 常見於臺灣全島海拔1,500公尺以下之闊葉林，可著生於樹幹或岩石上。

花期

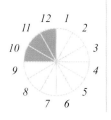

花近白色，常具有綠色或紅色線紋

距長，約與花瓣相等

金草

Dendrobium chryseum Rolfe

筆者曾於日治時期古老的玻璃底片上，看見鄒族部落的集會所及居家的屋頂栽植，方知金草是鄒族的圖騰植物，在重要的祭典時，會上山採金草配戴於頭飾上，並植於會場。這種植物是臺灣石斛蘭屬中的大個子，有時莖可以長達1公尺，花亦為最大型，澄黃亮眼，是名符其實的「金草」。

辨識重點

大型著生蘭，莖高可達70至80公分。葉長橢圓形，長9至10公分，寬1.5公分。花軸自落葉之莖上抽出，僅開2至3朵花；花金黃色或略帶橙色，稍具芳香，直徑約4公分；唇瓣近圓形，邊緣有細鋸齒，表面生有密毛。

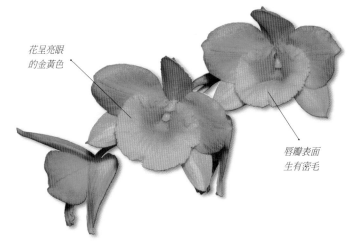

花呈亮眼
的金黃色

唇瓣表面
生有密毛

為大型的著生蘭。

———— *Data*

· 屬　石斛屬
· 棲所　臺灣普遍見
　於全島海拔1,500至
　2,800公尺之森林
　中，喜生於陽光充
　足之樹稍枝條上。

———— 花期

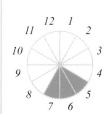

鴿石斛

Dendrobium crumentum Sw.

一如其名,本種花的側面看似飛翔中的白鴿,因而在東南亞被暱稱為「鴿石斛(Pigeon Orchid)」。它屬於熱帶廣泛分布的物種,曾經去過東南亞的蘭友都知道,在城市、校園的椰子樹及尋常的水泥屋頂上,經常可見這種蘭花恣意生長。也許因為那裡太多美艷的蘭屬了,又或者也因它的花開一兩日即謝,以至於當地人都寧願選擇市場販售的園藝種石斛,也沒人會以鴿石斛當做家庭植栽。而在臺灣,因人為土地開發及濫採,野生植株日少,森林內已少有植株,目前僅能見於臨海的陡峭山壁。

辨識重點

莖叢生,基部膨大成假球莖。葉二列,卵狀長橢圓形,剛硬。花白色,有強烈香味。唇瓣倒卵狀長橢圓形,前緣有波狀鋸齒,表面有黃色波狀龍骨。

唇瓣表面
有黃色波
狀龍骨

唇瓣倒卵狀
長橢圓形

Data

· **屬** 石斛屬
· **別名** 木斛、
  Pigeon Orchid。
· **棲所** 鴿石斛僅見
  於綠島。因人為開
  發,目前野生植株
  日少,僅見於人力
  難以企及之陡峭山
  壁。

花期

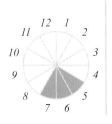

野生植株日少,僅見於陡峭山壁。

葉二列,卵狀長橢圓形。

燕石斛

Dendrobium equitans Kranzl.

燕石斛主要分布於菲律賓巴丹群島，蘭嶼的燕石斛推測應源自該區域。在蘭嶼島上，它最常發現於海拔250公尺的熱帶雨林中，喜生於半日照，通風的大喬木樹冠層，然它亦可發現於終日海風吹拂的全日照礁岩上。初次見到燕石斛的人，往往會覺得植株型態很特別，肉質扁棍棒狀的莖上，兩列著生著扁平而多肉的葉，跟在花市裡的石斛截然不同。

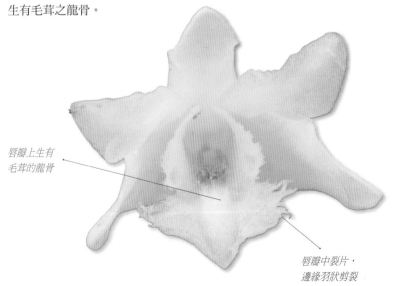

葉形獨特，為扁平肉質狀。

辨識重點

葉2列，刀形，肉質，稍近於圓柱狀。花白色，徑約2公分。唇瓣卵形，三裂。側裂片三角形，中裂片近於圓形，邊緣羽狀剪裂。唇瓣上生有毛茸之龍骨。

唇瓣上生有
毛茸的龍骨

唇瓣中裂片，
邊緣羽狀剪裂

—— Data

· 屬　石斛屬
· 棲所　臺灣見於蘭嶼。常著生於榕屬植物上，此外亦可見於海岸邊高位岩石之峭壁上。

—— 花期

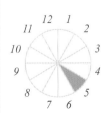

新竹石斛

Dendrobium falconeri Hook.

本種花豔麗，有香味，是臺灣最美麗之一。它生長在潮濕的密林樹上，植株下垂懸掛，看似平凡無奇，但它一旦開花，紅鸝般翻飛的花朵在林中搖曳，看過的人無不讚譽它的絕美。新竹石斛是一美麗而難以栽培的物種，肇因於它性喜潮濕冷涼的環境，因此若想欣賞它的風姿，須在花期時抓緊時機上山。

喜著生於樹幹及樹枝上（許天銓攝）。

辨識重點

植物體懸空下垂，常分枝，不連續肥大而形成多數相連之紡錘形假球莖。葉狹線形。萼片及花瓣粉紫紅色。唇瓣三裂，側裂片小，黃色。中裂片白色，先端為粉紫紅色，中央有一黑紅色之大斑點。

Data

· **屬** 石斛屬
· **別名** 紅鸝石斛、念珠石斛。
· **棲所** 臺灣主要分布於苗栗至嘉義一帶，海拔800至1,500公尺之間。喜著生於樹幹及樹枝上。

花期

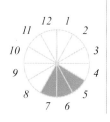

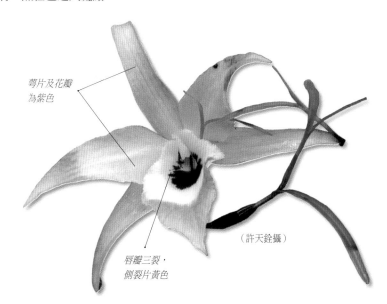

萼片及花瓣為紫色

（許天銓攝）

唇瓣三裂，側裂片黃色

雙花石斛 特有種

Dendrobium furcatopedicellatum Hayata

本種為臺灣野生蘭最罕見的物種之一，以往的紀錄僅有約三筆。筆者在太魯閣山區看過一較大的族群，且伴生有尖葉暫花蘭（見185頁）與小雙花石斛（見158頁），該生育地實是蘭花的寶庫。本種的莖略微木質，纖細，可達1公尺餘；葉細長排成二列；花徑甚大，可達5公分餘，然它的花壽僅能維持一天，一次開2朵。筆者曾在印尼見過花形態與臺灣產雙花石斛相似的物種，所以它的正確分類地位為何，仍須再考證。

辨識重點

莖細長，可達1公尺或以上，叢生。葉細長，二列互生。花莖甚短，上生2朵花，花徑可達5公分以上。花被片黃色具紅色斑點，披針形。

花被片黃色，
具紅色斑點

花徑可達
5公分以上

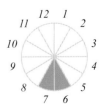

莖質地如細竹，長可達1公尺。

— *Data*

· 屬　石斛屬
· 棲所　長在低海拔闊葉林內，林內通風乾燥，午後有雲霧。

— 花期

12　1
11　　　2
10　　　　3
9　　　　4
8　　　5
7　6

紅花石斛

Dendrobium goldschmidtianum Kraenzl.

局限分布於臺灣的蘭嶼及附近的北菲律賓巴丹群島一帶。在石斛蘭中，紅花石斛的花雖然較小，但它艷紫紅的花色相當討喜，深受許多人喜愛，曾在2007年的東京巨蛋世界蘭花展中獲得冠軍。在如此盛大的展覽中能獲得年度大賞，或可推知它深濃、有層次的花色，令身經百戰的蘭展評審也青睞吧。紅花石斛的假莖要生長到第二年，待葉片落盡後才會開始抽蕾，由此而始，一直到枝條老化枯萎前，它都會不定期的開花。

僅生於蘭嶼的原始森林內高濕度的熱帶常綠闊葉林樹幹上。

辨識重點

莖密集叢生，直立或懸垂，基部較纖細。節間肥短。葉線狀長橢圓形。花密集，紫紅色，具深色脈紋；花萼卵形；花瓣為歪斜橢圓形；唇瓣匙形，先端尖。

花密集。

Data
- 屬　石斛屬
- 棲所　熱帶常綠闊葉樹林中，空氣中溼度極高，著生於樹幹基部至上部。

花期

花紫紅色，具深色脈紋

細莖石斛 特有種

Dendrobium leptoclandum Hayata

石斛屬是全世界蘭科植物中最大的一個屬，大部份都附生在大樹上，而本種是極少數的岩生型石斛，且是臺灣獨有的特有種。然而本種許多族群都生長在低海拔已遭受開發或極易被破壞的生育地，亟需監測及保育它的族群數量。它的葉片線形，如禾草，長在高高的岩壁上，未開花時很難認出，在野外，某些植株花量少且不香，但也有些族群在花期最盛時，可開出多達60餘朵的白花，並帶有好聞的清香，極具觀賞價值。

辨識重點

附生或少數地生。莖叢生，纖細，下垂，常分枝。葉線形。花1或2朵，著生在莖部較下面的節上，不從著葉處發出；花雪白，半張；唇瓣菱形，先端及唇盤上布滿捲毛。

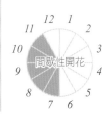

花雪白，半開張

莖非常細。

大部分的植株長在水氣充沛的岩壁上。

— *Data*

· 屬　石斛屬
· 別名　禾草石斛。
· 棲所　臺灣中南部之低海拔為多，少部份可分布至800公尺。喜生於溪旁岩壁上。

— 花期

12 1 2 3 4 5 6 7 8 9 10 11

間歇性開花

櫻石斛

Dendrobium linawianum Rchb. f.

本種在臺灣的採集記錄不超過5筆，以往僅發現於新北市烏來地區，除此之外，在其他縣市並沒有發現。由於數量稀少，十年前還有人採集到烏來街上高價兜售，現今已極難見其芳蹤。

辨識重點

中型附生蘭。莖肉質，肥厚，直立。葉長橢圓形。花形大而美，直徑約5公分，中心近於白色，周圍漸為紫紅色；唇瓣基部有2深紫色斑點。

數量稀少，長在高大的樹稍上。

Data

· **屬** 石斛屬
· **棲所** 臺灣僅局限分布於烏來福山，海拔約400至1,000公尺，長在高大的樹梢上。

花期

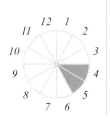

唇瓣基部有二紫色斑點

呂宋石斛

Dendrobium luzonense Lindl.

這個稀有的物種，目前已知只有一個族群，著生在臺東一大河旁的茄苳大樹幹上，因為非常的高，多次前往都無法貼近觀察其形態，一直引以為憾。幸運的是，宜蘭宋先生在從事林務局森林生態調查工作時，恰好也看到了此樹上的野生石斛，並努力的採了一叢栽植於員山，筆者才有機會拍到它美麗的花朵。本種與雙花石斛一樣，一梗雙花同開，花開約2至3天即謝。

唇瓣紫色

辨識重點

葉似禾草，葉長10公分左右。莖細長，可達1公尺。花雙朵開於葉腋，花徑約為2公分，花為淡黃色，唇瓣紫色，中央有一黃帶。

花淡黃色

一梗雙花同開

葉似禾草；莖細長，可達1公尺。

花徑約2公分。

——— Data

· 屬　石斛屬
· 棲所　生於臺東市郊，河邊大茄苳樹之樹冠層上。

——— 花期

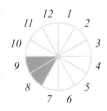

白石斛

Dendrobium moniliforme (L.) Sw.

本種族群數量頗豐,為臺灣最普遍的石斛蘭。歷代古籍醫書記載,石斛對於心、肝、脾、肺、腎五臟之病,皆有其療效,現代藥理及臨床上也確定其效果顯著。以往大陸都以鐵皮石斛,或金釵石斛為主藥,然近年來價高且來源已少,目前藥局使用的品項其實就是本種。白石斛的花在臺灣以顏色多樣而著稱,有白色、淡黃色及白中帶紅暈等不同色彩表現型。

辨識重點

中型氣生蘭,植物體多數叢生。節間圓柱形。葉披針形。花通常白色,有時帶紅暈,或為淡黃色;萼片及花瓣相似,卵狀橢圓形、披針形或線狀披針形;唇瓣卵菱形。

花從白色、淡黃色到帶紅暈者皆有

唇瓣卵菱形

Data

· 屬　石斛屬
· 別名　細莖石斛
　（中國）。
· 棲所　臺灣普遍發
　現於海拔1,000至
　2,000公尺山區森
　林。喜著生於稍有
　遮陰之枝條上。

花期

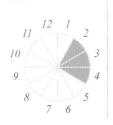

普遍見於海拔1,000至2,000公尺山區。

沖繩石斛

Dendrobium okinawense Hatusima

原本僅產於日本琉球。臺灣只在臺東太麻里及周邊區域，海拔約900到
1,150公尺的山區發現過它的存在。本種花有濃郁的杏仁香味，在沖繩，它
已在2002年被指定為珍稀植物，禁止採集及販售。本種植株甚大，莖長40
至70公分，下垂，葉6至10公分長，花萼及花瓣較大，長可達3至4公分。

辨識重點

本種在花的構造上雖與白石斛相類
似，但可以藉花部的尺寸大小、花
瓣和唇瓣的形狀、花色等特徵，明
顯區別開來。

花萼及花瓣較大，
長可達3至4公分

著生於原始闊葉林中，布滿苔蘚之枝幹上。

Data

· **屬** 石斛屬
· **別名** 琉球石斛。
· **棲所** 發現於稜線
　上的原始闊葉樹林
　中，空氣濕度高，
　附生於布滿苔蘚類
　之枝幹上。

花期

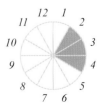

小雙花石斛 特有種

Dendrobium somae Hayata

本種有時低位著生於大樹的基部或岩石上，但也有些長在很高的樹幹上，從臺北烏來沿著東部一直到南仁山區皆有零星分布，然數量甚少。植株與雙花石斛（見151頁）極為相似，其差別為雙花石斛莖色澤較黑，小雙花石斛之莖則為黃褐色。單花之花壽僅有半天。

辨識重點

莖叢生，黃褐色，直立。葉二列互生，線形。花自莖上部長出，二朵花相對而生，花為黃綠色，不轉位。萼片線狀披針形。唇瓣黃色，三裂。

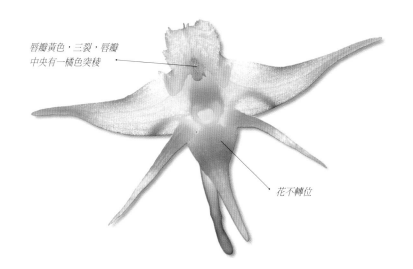

唇瓣黃色，三裂，唇瓣中央有一橘色突稜

花不轉位

Data

· 屬 石斛屬

· 棲所 喜附生於大樹高處，多沿溪岸而生。

花期

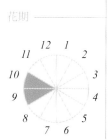

花自莖上部長出，二朵花相對而生。　　　　莖叢生；葉線形，二列互生；喜附生於大樹高處。

黃穗蘭

Dendrochilum uncatum Rchb. f.

花黃色

穗花一葉蘭屬的植物是世界上著名的趣味觀賞蘭之一，雖不是經濟蘭花的主力，但因整體造型極有韻味，屢屢在蘭花展中出類拔萃。穗花一葉蘭屬為熱帶分布的蘭花，臺灣的黃穗蘭是本屬分布的最北限，在臺灣，主要生育地為蘭嶼，高度約為海拔400公尺至500公尺；另屏東縣楓港溪南岸之里龍山及女仍山有少數族群，生長高度約在海拔700至800公尺之間。

辨識重點

成株長近30公分，每棵植株具一假球莖及一葉片，葉長橢圓形，具葉柄；假球莖長卵形，簇集成叢，著生於樹幹上。花為總狀花序，小花黃色，排成二列，花數約30朵左右。

———— *Data*

· 屬　穗花一葉蘭屬
· 棲所　著生於山坡上通風良好之樹幹，性喜半遮蔭或略遮蔭之環境，已知產地冬季皆有強勁東北季風之吹襲。

———— 花期

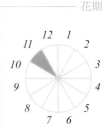

每棵植株具一假球莖及一葉片。

總狀花序下垂，花排成二列。

錨柱蘭

Didymoplexiella siamensis (Rolfe *ex* Doenie) Seidenf.

分布於臺灣南端的南仁山及北部
的三峽及烏來山區，海拔高度約
100至500公尺。它的蕊柱前端
有向前伸出之鉤狀突出物，因狀
似錨柱，而名之為「錨柱蘭」。
本種不太容易被發現，除了因為
數量少之外，它纖細的植株及花
色常與環境相融，要看到它，大
部份得靠運氣。其花色白中帶淡
紫，通常一天開一朵，單花壽命
一至二天左右。

辨識重點

無葉綠素蘭，總狀花序，花序長
度約十餘公分，開花時次第開
放；單朵花之壽命約為一天，通
常只能見到一朵花開放，以及大
小不一之花苞。

Data

· 屬　錨柱蘭屬
· 棲所　生長於低海
拔地區之林下稍透
光且潮濕之環境。

花期

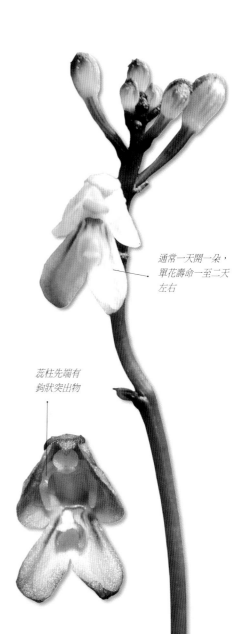

通常一天開一朵，
單花壽命一至二天
左右

蕊柱先端有
鉤狀突出物

花漸次開放，通常見到一朵花開，及大小不一之花苞。

小鬼蘭

Didymoplexis micradenia (Rchb. f.) Hemsl.

第一次去蘭嶼的時候，在奧本嶺的稜線林內休息，第一次見到小鬼蘭，由於當時對本屬不甚熟悉，於是一直擱著，很長一段時間沒有再關注它。其後，經過查證才知道它與吊鐘鬼蘭（見162頁）並不相同，本種的特徵一如它的種小名「*micradenia*」，即說明它的唇瓣先端具有小鋸齒緣，為筆者與許天銓等人發表的臺灣新記錄種。很容易即可與臺灣的另一種鬼蘭相區別。在本島鹿谷及滿州，都曾有過記錄，亦常與吊鐘鬼蘭混生。

辨識重點

本種近似吊鐘鬼蘭，但由於唇瓣較窄且先端具細齒緣，且蕊柱足部不顯著，可藉此清楚分辨。

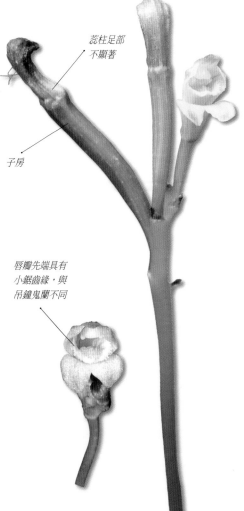

蕊柱足部
不顯著

子房

唇瓣先端具有
小鋸齒緣，與
吊鐘鬼蘭不同

真菌異營草本；花莖淡褐色。

相似種鑑別

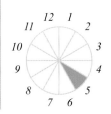

吊鐘鬼蘭
（見162頁）

Data

· **屬** 鬼蘭屬
· **棲所** 在蘭嶼生於山徑兩旁，或熱帶森林內，海拔約150至300公尺；南投鹿谷及屏東滿州皆生於竹林內，南投之族群並與吊鐘鬼蘭混生。

花期

161

吊鐘鬼蘭

Didymoplexis pallens Griff.

鬼蘭，在許多國家地區都用來形容小型、白色的真菌異營類蘭花，因為這類型蘭花好生於幽黑的竹林或暗林中。平常林內闃靜，但當它們開花時，經常都是一大群突然從地下冒出，彷彿如飄浮於空中的鬼靈，故有鬼蘭之稱呼。本種的花為總狀花序，頂生，數朵花密生，但通常一花序一天僅開一朵，花謝後次第再開。

辨識重點

無葉綠素植物。開花成株約10至20公分，花約2至3朵，單朵漸次開放，花白色；上萼片與花瓣基部合生，側萼片合生且先端淺裂，唇瓣有黃色凸起物。

唇瓣有黃色
凸起物

側萼片合生
且先端淺裂

相似種鑑別

小鬼蘭
（見161頁）

Data

· 屬　鬼蘭屬
· 棲所　臺灣生於中南部，有明顯乾濕季的低海拔竹林或樹林內。

花期

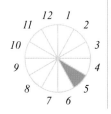

真菌異營草本；總狀花序，花2-3朵，漸次開放。

廣葉軟葉蘭

Dienia ophrydis (J.Koenig) Ormerod & Seidenf.

廣泛分布於中國南部、東南亞各地及澳洲。臺灣普遍出現在海拔1,500公尺以下之山區闊葉林或竹林內。在臺灣，它特別喜歡長在竹林，是竹林中最常見的蘭花。本種一花序上著花數繁多，排列緊密，形如一柱子，而有「花柱蘭」之暱稱。花初開青綠色，末期轉為橙紅至紫紅。

辨識重點

莖長柱形，肥大肉質，葉集莖頂，長橢圓形，長10至20公分，寬4至7公分，具有多數縱摺及細脈。花莖高約30公分，由無數小花排列成圓柱形之花序；花青綠色而漸次轉紅；萼片及花瓣長約3公釐；唇瓣三裂。

唇瓣三裂

小花排列成
圓柱形花序

葉集莖頂，長橢圓形，具有縱摺及細脈。

——— *Data*

· **屬** 無耳沼蘭屬
· **別名** 花柱蘭。
· **棲所** 生於海拔1,500公尺以下之山區闊葉林內。

——— 花期

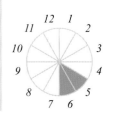

163

黃吊蘭

Diploprora championii (Lindl.) Hook. f.

生長在全臺灣低海拔山區濕度較大之森林，從烏來至恆春半島皆有生長，海拔高度約400至1,000公尺，不算少見，其中烏來是最大的產區，在這片區域的每座山多少都能發現，屬於易親近的野生蘭。本種最大的特色在於唇瓣有像蛇舌頭的二叉狀構造，是一種很有特色的野生蘭。

辨識重點

成株長約30公分，莖下垂；葉肉質，葉緣常成波浪狀，沿莖左右兩側成二列互生；總狀花序側生，長約十餘公分，花黃色，一花序上約6至8朵漸次開放，較特殊的是唇瓣中裂片向前延伸成二叉狀，有如毒蛇吐信之二叉狀舌尖。

Data

- **屬** 倒吊蘭屬
- **別名** 蛇舌蘭。
- **棲所** 著生於涼爽、透光稍差且濕度較大之林下，依附之樹種不拘，通常著生高度在2公尺之內，有時甚至植物體會接觸到地面。

花期

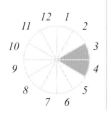

花黃色

唇瓣中裂片二叉如蛇舌

總狀花序側生。

雙袋蘭

Disperis neilgherrensis Wight

雙袋蘭是屬於非洲大陸的物種，大約產26種，而亞洲僅有一種，中國大陸沒有分布，然香港有產之。以前臺灣稱本種為蘭嶼草蘭，學名為 *Disperis siamensis*，但經過研究，整個亞洲的族群都屬於同種，學名為*D. neilgherrensis*。在非洲，它的授粉者是特定的蜜蜂，這些蜜蜂主要是採取雙袋蘭花部的油脂；然臺灣的雙袋蘭是誰在幫它授粉？有心人或可觀察看看。臺灣的已知產地是屏東滿州老佛山、旭海及臺東蘭嶼及東南山區，蘭嶼產地海拔約200至300公尺。

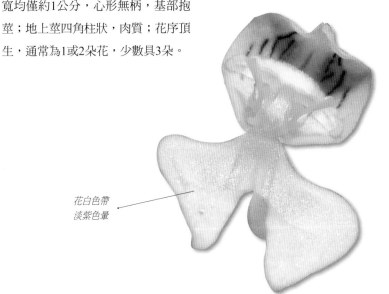

植株非常細小，通常為1或2朵花，大多生長於南部原始林之密林內。

辨識重點

成株高約10公分，葉僅2或3片，長寬均僅約1公分，心形無柄，基部抱莖；地上莖四角柱狀，肉質；花序頂生，通常為1或2朵花，少數具3朵。

花白色帶淡紫色暈

———— *Data*

· **屬** 雙袋蘭屬
· **別名** 蘭嶼草蘭。
· **棲所** 於平坦或坡度平緩之原始林下。

———— 花期

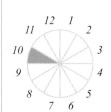

著頰蘭

Epigeneium fargesii (Finet) Gagnep.

著頰蘭是非常有特色的匍匐性迷你附生蘭，假球莖一個接著一個密接成排，密集連生呈墊狀，附生在樹幹表皮，外觀可愛。著頰蘭過去也有人叫它「三星石斛」，這是因為在臺灣最早係於日據時代1916年首先在宜蘭縣三星鄉發現的。過去之所以認為是石斛的一種，主要是因為它的花型確實有幾分像某些種類的石斛。本種雖然漂亮，但開花性不佳，僅適應中海拔霧林帶的涼爽潮濕氣候，平地栽培不易，想要看到它的花姿，得至野外探訪。

辨識重點

單一植株總長約4公分，具一假球莖及一革質葉片，假球莖及葉片間具有關節。假球莖外表皺摺，靠根一端匍匐生長，靠葉一端直立生長，通常是數十株或數百株密集緊靠在一起生長。花單生，淡紫紅色。

假球莖綠褐至咖啡色，通常數十株或數百株緊靠在一起生長（許天銓攝）。

花單生（許天銓攝）。

花白底泛紫暈

（許天銓攝）

相似種鑑別——

臘著頰蘭
（見167頁）

Data

· **屬** 著頰蘭屬
· **別名** 三星石斛、小攀龍。
· **棲所** 性喜濕潤空氣，著生於雲霧帶內原始森林之巨大樹木上，著生樹種以針葉樹為主，尤以紅檜及鐵杉為最。海拔900至2,500公尺。

花期

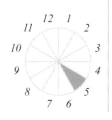

臘著頦蘭 特有種

Epigeneium nakaharae (Schltr.) Summerh.

臘著頦蘭與姊妹種著頦蘭（見166頁），從植物體的外觀及生長性上來看都頗為類似。本種除了植株較大之外，細看仍然有些差異：著頦蘭的假球莖呈綠褐至咖啡色，而臘著頦蘭的假球莖則呈黃綠至茶褐色。雖然植株極似，花朵卻是很容易區分，一旦開花就能清楚辨別。著頦蘭的花白底泛粉紅紫暈，而臘著頦蘭的花為臘質，呈半透明的黃褐色或淡綠色，唇瓣褐色。本種的唇瓣泛著油亮的光澤，如打臘般，因而有「臘石斛」之美稱。

辨識重點

植株外形及大小與著頦蘭極為相似，具一皺褶之假球莖及革質葉片，假球莖甚及葉片間具關節，假球莖靠根一端匍匐生長，靠葉一端直立生長；花單生，黃褐色。

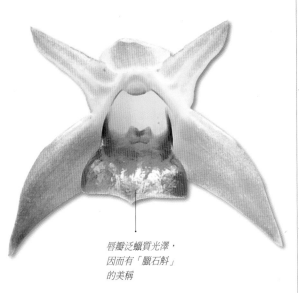

唇瓣泛蠟質光澤，因而有「臘石斛」的美稱

相似種鑑別

著頦蘭
（見166頁）

Data

· **屬** 著頦蘭屬
· **別名** 臘石斛。
· **棲所** 主要產地在臺灣東部及南部中海拔地區，尤以臺東縣的海岸山脈及中央山脈數量最多。

花期

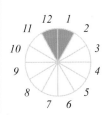

假球莖黃綠至茶褐色。

花單生。

臺灣鈴蘭 特有種

Epipactis helleborine (L.) Crantz subsp. *ohwii* (Fukuy.) H. J. Su

臺灣鈴蘭原種是一個分布很廣的物種，從整個歐洲、東喜馬拉雅、蘇聯一直到中國都有它的蹤跡，也由於分布廣泛，變異程度各異，在各地都有不同的變種或亞種名，而臺灣的種類經蘇鴻傑老師研究後，將它處理為亞種。它是一溫帶的植物，所以在臺灣只能在2,000至3,000公尺的高海拔才能見到它，通常生長在路旁，且數量稀少，花及植株通綠故不易被發現。

辨識重點

植株高約50公分，葉約6片左右，紙質，疏生於莖上；總狀花序於莖末端抽出，花綠色，10餘朵，半開。

葉紙質，
基部抱莖

Data

· **屬**　鈴蘭屬
· **棲所**　生於二葉松林下之雜草叢中。

花期

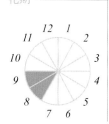

生於二葉松林下之雜草叢中。

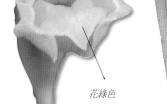

花綠色

無葉上鬚蘭

Epipogium aphyllum (F. W. Schmidt) Sw.

西元2000年，筆者首次在合歡山的箭竹林看到了這種植物，它在國外有Ghost Orchid之稱。因為它是一種相對神秘的蘭花，大部份的時間，植物體都蟄伏在地底下，然又倏忽出現於地表，而有鬼蘭之稱。它完全沒有葉綠素，莖半透明，微帶紫暈及紅條紋，葉子退化成小的鱗片緊貼在莖上，花1至4朵，塊莖呈珊瑚狀。

辨識重點

本種與其他兩種上鬚蘭之間最大差別是：花不轉位。唇瓣與管狀的距都位於花之上側，且唇瓣具有三裂片，表面有三排短鬚狀的突起。全株高約20公分，花軸白色而微帶淡褐暈，直徑3至4公釐。

花不轉位

莖半透明，葉子退化成小的鱗片緊貼在莖上。

Data

· 屬　上鬚蘭屬
· 棲所　合歡山區海拔2,900至3,000公尺。生於箭竹林下。

花期

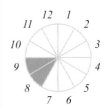

169

日本上鬚蘭

Epipogium japonicum Makino

無葉綠素蘭。由於沒有葉子，僅於花期時由腐植質中的地下莖抽出花莖，開花時間極短，故很少被人發現，人工栽培也不容易。對蘭花迷或野生蘭採集者而言，這是比較陌生的一群蘭科植物。偶爾在野地驚鴻一瞥，常令植物愛好者難以忘懷，尤其日本上鬚蘭更是謎一般的物種。在臺灣目前已知產地僅在梅峰、羊頭山及南橫附近。

辨識重點

高度約20公分，總狀花序約5至10朵花。花呈下垂姿態，淡黃色，偶帶有淡紅暈或小斑點；距較唇瓣為短，向後伸，唇瓣位於花之下側，不具裂片。

花呈
下垂姿態

唇瓣不具
裂片

Data

· 屬　上鬚蘭屬
· 棲所　分布於高海拔之針闊葉混合林下，或與雜草伴生，或生於登山步道旁。

花期

開花時，才會自腐植質中的地下莖抽出花軸。

高士佛上鬚蘭

Epipogium roseum (D. Don) Lindl.

本種廣泛的分布在東亞，由於分布極廣，形態變異也很大，所以有許多的異名。在臺灣也是如此，可以看到花色純白者，也能觀察到有許多紫紅斑點的個體，唇瓣的變化亦有許多歧異。在臺灣，從陽明山公路旁，到墾丁珊瑚礁上都有它的分布，是少數族群數量較多的無葉綠素蘭。本種球狀的地下莖常年隱藏於腐植質中，開花時花序伸出土表，花白色下垂，壽命甚長，種子成熟時尚未枯萎，待果實成熟、種子散布後，地上物才乾枯腐朽。

辨識重點

花序長10公分以上，具10朵以上之花；花呈下垂姿態，白色，略半透明，偶帶有淡紅暈或小斑點；花萼及花瓣不太展開，狹長披針形，長約1公分；唇瓣卵狀三角形。

花序常生10朵以上的花

分布極廣，形態變異也很大。

花萼及花瓣不太展開

Data

· **屬** 上鬚蘭屬
· **別名** 泛亞上鬚蘭。
· **棲所** 原始林、人造林、次生林、竹林等均有分布，乾濕季不明顯及乾濕季明顯之不同地區也均曾發現其存在。

花期

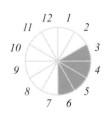

黃絨蘭

Eria corneri Rchb. f.

黃絨蘭最常著生於岩石上，偶爾長在地下及樹上。本種很有特色，在臺灣，應該只有它的假球莖呈現頗大的三角錐狀，其上生有2片革質的大葉片，花開時花莖自假球莖頂部抽出，總狀花序，花瓣、花萼皆淡黃色，唇瓣前半有紫色斑塊，花朵具淡淡清香。喜生於光線較不佳、空氣濕潤的林子內。

辨識重點

假球莖三角柱圓錐狀，密集叢生，每一假球莖具2片葉子，花莖自假球莖頂部抽出，花數多時可達50朵左右，顏色淡黃，唇瓣前半部為紫色。

花淡黃色

唇瓣前半
部為紫色

Data

· 屬　絨蘭屬
· 棲所　性喜陰暗，
　長在透光不佳的闊
　葉林下，原始林、
　再生林、人造林，
　竹林下亦有分布。

花期

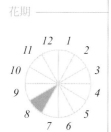

喜生於光線較不佳、空氣濕潤的林子內（許天銓攝）。

香港絨蘭

Eria gagnepainii A. D. Hawkes & A. H. Heller

它是最近於知本附近的山區被發現的新記錄種，目前在臺灣僅有一個族群。外型看起來像黃絨蘭（見172頁），但它有一個長長的細圓筒狀假球莖，不膨大，長約10至20公分，花色為淡黃色，萼片外側綴有紅斑，側萼片寬鐮刀形。

辨識重點

假球莖相距約2至3公分，不膨大，細圓筒形，長10至20公分，直立，頂端著生2枚葉。花黃色；上萼片長圓狀橢圓形，長約1.6公分；側萼片鐮狀披針形，約等長於上萼片，唇瓣具波浪狀的褶片。

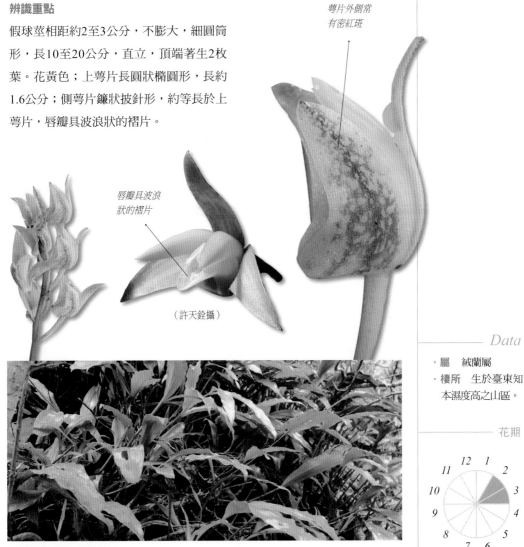

萼片外側常
有密紅斑

唇瓣具波浪
狀的褶片

（許天銓攝）

假球莖為細圓狀，不膨大。

Data

- 屬　絨蘭屬
- 棲所　生於臺東知本濕度高之山區。

花期

173

大葉絨蘭

Eria javanica (Sw.) Blume

除了附生在樹上外,大葉絨蘭有時也會長在岩石上,花有濃香。雖然它在東南亞是很普遍的植物,但在臺灣,目前只在南投竹山及臺東的山區有紀錄,是很稀有的野生蘭。本種是絨蘭屬的模式種,在臺灣本屬中為花徑最大者,可達4公分左右。它的花軸及花被外有絨毛,這也就是為什麼本屬叫做「絨蘭」或「毛蘭」的原因。

辨識重點

形態類似黃絨蘭(見172頁),不同之處為假球莖圓柱狀,且兩假球莖之間有間距。葉形較大,花序較長,花較疏生,花味有濃香;花序軸、子房及萼片背面被短鏽色毛。

本種為臺灣本屬中花徑最大者

花萼及花瓣為披針形

Data

· **屬** 絨蘭屬
· **別名** 香花毛蘭。
· **棲所** 原生育地為低海拔之丘陵地溪谷,適合農作物之生長,因此已被勤奮的農民開墾殆盡,如今想在野外看到原生族群已十分困難。

花期

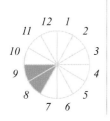

原生育地為低海拔之丘陵溪谷,如今已難在野外看到(柳重勝攝)。

(柳重勝攝)

闊葉細筆蘭

Erythrodes blumei (Lindl.) Schltr. var. *blumei*

花被及子房密
生白色毛狀物

唇瓣白色

闊葉細筆蘭是一種很容易在臺灣低海拔看到的蘭科植物，但它的植株不太起眼。花莖細長，有時可達40公分；花很小，約僅1公分，花色為紅褐色系，唇瓣白色，花被及子房密生白色毛狀物。另有一類花序較密集之族群，被命名為變種「密花小唇蘭」。

辨識重點

莖細長，部份匍匐地表，上半部直立，因此未開花時植株不高，不容易察覺其蹤跡。開花時花莖自頂部抽出，花莖細長，可達40公分，花細小多朵，約1公分。

喜生於半遮陰的環境，因此步道旁較易見到（許天銓攝）。

Data

· 屬　細筆蘭屬
· 別名　小唇蘭。
· 棲所　較常見於次生林或人造林，位於步道兩旁及森林中稍透光處。因其較喜半遮陰之環境，陰暗的森林深處反而不易生長，因此步道旁較易見到。

花期

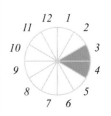

三藥細筆蘭 特有種

Erythrodes triantherae C. L. Yeh & C. S. Leou

為新發現於蘭嶼的新種植物（許天銓攝）。

它具有相當特殊的花藥數目，擁有一到三個可孕花藥。根據觀察，同時具備三個花藥的花朵才能成功的授粉，只有一個或兩個花藥的則通常不稔。除此之外，它的唇囊形狀與闊葉細筆蘭（見175頁）不太一樣，本種的唇囊較短，形狀呈上寬下窄，與闊葉細筆蘭筆直的唇囊有所不同。

辨識重點

為新發現於蘭嶼的新種植物。葉片相比於闊葉細筆蘭較為臘質、光亮，色澤呈現亮綠，尺寸也較小。花序細長，具花多數，每朵花具有1至3組花藥，具1組花藥者唇瓣之距約略突出於側萼片，成短囊狀；具2或3組花藥者，唇瓣之距不露出。

Data

· 屬　細筆蘭屬
· 棲所　目前僅發現於蘭嶼島上之森林內或林緣土坡。

花期

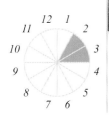

唇囊呈上寬下窄

（許天銓攝）

蔓莖山珊瑚

Erythrorchis altissima (Blume) Blume

烏來、太魯閣、蘭潭、苗栗及南仁山皆有記錄，生於低海拔闊葉林或竹林內，海拔約500公尺以下。開花的植株常爬繞大樹或枯樹上，生育地環境乾燥。為無葉綠素蘭，蔓性藤本，多分枝，植株長可達數米，攀緣於樹上或岩石上，花多數，可達數百朵，花半開。果紅棕色，長筆形。

辨識重點

莖甚長並蔓生，多分枝。莖光滑，黃色至紅棕色。花甚多，漸次開放，黃白色，唇瓣不明顯三裂，先端微波浪緣，中央有稜脊突起。

唇瓣不明顯三裂，
先端微波浪緣

唇瓣中央有
稜脊突起

———— *Data*

·屬　蔓莖山珊瑚屬
·別名　倒吊蘭。
·棲所　全臺灣低海拔零星分布，海拔高度約為500公尺以下。苗栗、花蓮、嘉義、恆春半島均有發現記錄。

———— 花期

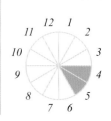

莖長可達數米，攀緣於樹上或岩石上。

莖蔓生，多分枝。

紫芋蘭

Eulophia dentata Ames

本種目前被發現的記錄非常零星，筆者僅在南澳及卓蘭有發現小族群，宜蘭南澳的族群，生長在近河床的空曠地，在卓蘭的族群則散布在溪床的砂土上。它會在開花前先長出葉片，俟花開時葉大都會枯萎，其生活史相當與眾不同。該生育地有線柱蘭（見427頁）及綬草（見384頁）伴生。

辨識重點

假球莖卵形，上生2至5葉，葉禾草狀，線形。花開時大多無葉，花梗上具數個紫色的鞘狀苞；花紫色，半張，垂頭狀；唇瓣基部具距，唇瓣有三平行的隆起物，中裂片具毛狀附屬物。

花開時葉子已經枯萎見不著。

唇瓣基部有距

唇瓣具毛狀物

花被片紫色

Data

· 屬　芋蘭屬
· 棲所　開闊草原荒地及溪床，全日照，砂質壤土。

花期

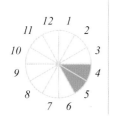

178

禾草芋蘭
Eulophia graminea Lindl.

在臺北生活的第一年，住在淡水捷運站附近，有一天看到了這種蘭花盛開在鐵軌兩旁，非常驚訝，它竟能如此安然的存活在都市環境中。後來慢慢發現，在臺北的公園、校園及安全島上也偶有它的存在。原來，它跟綬草（見384頁）及線柱蘭（見427頁）都可以在臺北市區裡活的相當好，我就戲稱它們三個為「都市三寶」。禾草芋蘭的假球莖粗壯，有時甚至碩大如洋蔥，因此在土壤貧瘠處或海邊，憑藉著肥厚的假球莖，它依然可以長得很好，並且按時開花結果。

辨識重點
葉線形，長20至60公分，寬5至6公釐，薄膜質，有縱向褶曲。花莖高20至50公分，直立，纖細，常分枝。花青綠色而帶紅暈；萼片及花瓣長約1.2公分；唇瓣三裂，中裂片有齒狀龍骨。

具有肥厚的假球莖，使其在土壤貧瘠處或海邊，依然可以長得很好。

唇瓣三裂，中裂片
有齒狀龍骨

Data

· 屬　芋蘭屬
· 別名　美冠蘭。
· 棲所　臺灣可見於全島低海拔，海邊、草原。

花期

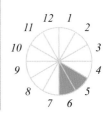

179

輻射大芋蘭

Eulophia pelorica D. L. Jones & M. A. Clem.

本種為蘭花達人呂順泉前輩第一次發現於屏東九棚村埤亦山。雖然它的植株與南洋芋蘭（見181頁）非常相近，但開花時可見它的唇瓣形似花瓣，花成整齊花，與南洋芋蘭唇瓣前端三裂有所區別。在澳洲昆士蘭地區2004年曾發表*Eulophia pelorica*一新種，經仔細比較文獻後，筆者認為與臺灣的此種為同一種。輻射大芋蘭的花數甚多，一花序常可達30朵左右。

花瓣

唇瓣，形似花瓣

萼片

花成整齊花，上有許多紅色條紋

辨識重點

植株形似南洋芋蘭，惟唇瓣形似花瓣，全緣，上有許多紅色條紋，先端銳尖。

Data

· 屬　芋蘭屬
· 棲所　生於恆春半島西側海岸附近林內。

花期

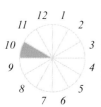

假球莖聚生，直立，卵狀圓柱形；葉2-3枚，窄橢圓形。

南洋芋蘭

Eulophia pulchra (Thouars) Lindl. var. *pulchra*

南洋芋蘭在臺灣屬於稀有野生蘭，僅發現在蘭嶼及恆春半島的原始林下，但它其實在南亞廣泛分布，遠至東非坦桑尼亞，南至澳洲昆士蘭。它有一個很長的橢圓形假球莖，平常僅有2至3葉長在其上，一到開花時，花莖抽得甚高，最高可達75公分。花不甚開展，花朵頗為零落，一枝花莖上，新鮮的花大約二三朵，漸次開放，算是一種頗有特色的野生蘭，不難認別。

辨識重點

假球莖橢圓形。花莖高達75公分；花不甚開張展，淡黃色，內部帶有少許紅紋，徑約2.5公分；唇瓣基部具有短距，前端三裂，中裂片寬大，略向外捲。

假球莖橢圓形，在臺灣僅生於恆春半島與蘭嶼。

花不甚開展，淡黃色，帶少許紅紋

唇瓣前端三裂，中裂片寬大，略向外捲

— *Data*

· 屬　芋蘭屬
· 別名　大芋蘭。
· 棲所　生於恆春半島及蘭嶼之乾燥的季風林下。

— 花期

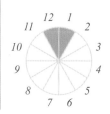

山芋蘭

Eulophia zollingeri (Rchb. f.) J. J. Sm.

能遇到它，是一個非常偶然的狀況，那天在陽明山國家公園的林子裡開逛，看到一枚肥大、無葉的塊莖，大似地瓜，一看便感覺是非比尋常的蘭科植物，原來是「山芋蘭」。在芋蘭屬中它是較為獨特的，大部分的時候，植物體都埋藏在地底下，等到開花時才會有花梗從土中鑽出，其花莖在土壤肥沃處有時可以高達70公分左右。除了陽明山外，亦曾在臺北奇岩附近的山坡看過本種，且數量將近十株，在繁華的都會中，能見到到這種奇特的植物令人印象特別深。它的花呈紅褐色，尺寸在野生蘭中不算小，且數量稀少，是許多賞蘭人欲一睹芳容的蘭花之一。

辨識重點

異營性的無葉地生蘭，塊莖露出地表之處與花軸皆呈綠色。地下塊莖粗大，根系發達。總狀花序相當粗壯，高達30至70公分；花多數，暗紅褐色；唇瓣側裂片包圍蕊柱，中裂片伸張，銳頭。

花暗紅褐色

唇瓣具毛

Data

· 屬　芋蘭屬
· 別名　無葉美冠蘭。
· 棲所　零星分布臺灣各地如三芝、南橫、恆春、山地門、埔里、蘭嶼及浸水營等地，可生於草地或密林內。

花期

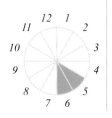

為無葉的異營性地生蘭。

鬚唇暫花蘭

Flickingeria comata (Blume) A. D. Hawkes

鬚唇暫花蘭是一種熱帶的野生蘭，在臺灣僅分布於恆春半島及臺灣東南一帶，常成群叢生於樹梢枝枒上，喜生於陽光較充足處。它的唇瓣黃色，前方呈鬚狀，故稱為鬚唇暫花蘭。本種植物莖粗壯，表面有明顯縱溝，葉單一，生於各假球莖之頂，氣質似園藝栽培的洋蘭，早期常被原住民採集出售。且本種為一種中藥材，藥商常大量搜購，今在野外數量已日漸減少。

常大叢生長在樹梢。

辨識重點

莖叢生，常分枝，分枝之基部節間細，末端之節間膨大成假球莖。假球莖紡錘形，扁平，上有縱溝。葉單生；花約2朵，白色，唇瓣暈黃，花開半日旋即凋謝。

唇瓣先端撕裂成鬚狀

葉單一生於假球莖上

Data

· 屬　暫花蘭屬
· 別名　木槲。
· 棲所　生於恆春半島溼熱季風林內或溪谷兩側的大樹上。

花期

12 1
11　　2
10　　　3
9　　　4
8　　5
7 6

士富暫花蘭

Flickingeria parietiformis (J. J. Sm.) A. D. Hawkes

士富暫花蘭在台灣，目前僅只有一個採集點，是一種非常稀有的蘭花，當時是黃世富先生於山地門，經由伐木而來的樹幹上看見的。其莖呈革質圓柱狀，葉端稍鈍，未開花時植株外型與暫花蘭屬的其他植物還算相似，但花的大小、外型、花色則截然不同。

辨識重點

莖細長，節間棒狀或長圓柱狀，末端節間膨大形成假球莖，假球莖上著生一枚長橢圓形的革質葉。花莖短，自假球莖上的葉側抽出，著花一朵。

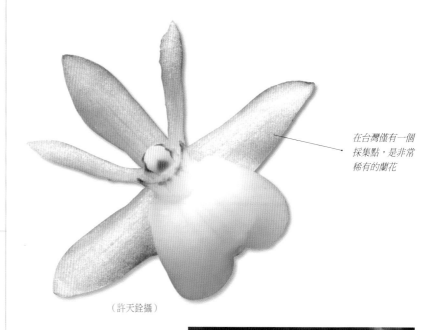

在台灣僅有一個採集點，是非常稀有的蘭花

（許天銓攝）

Data

- **屬** 暫花蘭屬
- **別名** 世富暫花蘭。
- **棲所** 僅有一地及一次的發現，產於霧台。

花期

不定期

花莖短，自假球莖頂的葉側抽出，著花一朵（許天銓攝）。

尖葉暫花蘭

Flickingeria tairukounia (S. S. Ying) T. P. Lin

本種過去曾零星發現於東部低海拔山區，如太魯閣、海岸山脈，大武附近及南仁山之鹿寮溪沿岸，喜群生於樹幹中下部稍有遮陰處。很少見其開花，花朵不具蕊柱足部及頦；唇瓣卵形，不裂，略大於花瓣。

辨識重點

假球莖綠色，扁卵形，外表光滑；葉硬革質，披針形，先端較尖，長5至8公分，寬2至3公分；花單一，半開，近白色，半天即凋謝；萼片卵形，4公釐長；花瓣較狹；唇瓣長卵形，不具任何裂片或附屬物，形似萼片與花瓣。

果實

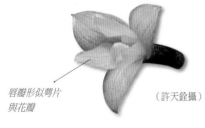

唇瓣形似萼片
與花瓣

（許天銓攝）

在臺灣屬於稀有不常見的野生蘭。

假球莖
扁卵形

———— *Data*

· 屬　暫花蘭屬
· 棲所　零星分布於東部太魯閣、海岸山脈及南仁山等地，生長於100至1,000公尺闊葉林內樹中下部或稜線附近的岩石上。

———— 花期

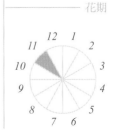

小囊山珊瑚

Galeola falconeri Hook. f.

小囊山珊瑚與山珊瑚（見187頁）的外表幾乎完全一樣，很多人無法辨識，文獻上僅以唇瓣基部有無小囊加以分別，但小囊究竟是何物？你或可將它的唇瓣翻到背面，再觀察其基部是否有一像距的小突起物，若有，即是小囊山珊瑚。另外，從唇瓣正面看進去，唇瓣內側靠基部不具肉凸的是小囊山珊瑚，而具肉凸的則是山珊瑚。

辨識重點

花莖直立，高可達1公尺以上；花序軸有密毛；花黃色，直徑約4.5公分；萼片橢圓形，外有絨毛；唇瓣近圓形，表面有短毛，前緣並有細小流蘇，基部突縮為一小囊；蒴果圓柱狀，密被長毛。

Data

山珊瑚
（見187頁）

Data

· **屬** 山珊瑚屬
· **別名** 直立山珊瑚。
· **棲所** 全島中海拔山區1,000至2,500公尺之林緣、路旁或伐木地，喜陽光充分且腐植質豐富之場所。

花期

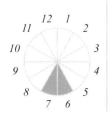

唇瓣表面
有短毛

喜生於陽光充分且腐植質豐富的場所。

唇瓣基部突
縮為一小囊

山珊瑚

Galeola lindleyana (Hook. f. & Thoms.) Rchb. f.

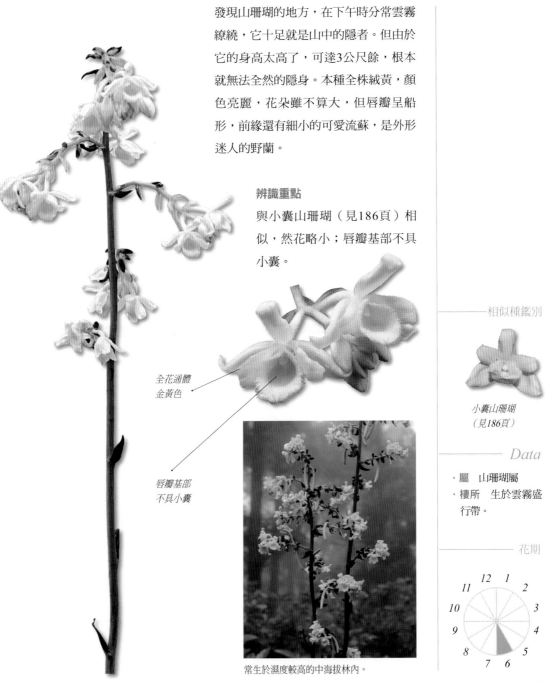

發現山珊瑚的地方，在下午時分常雲霧繚繞，它十足就是山中的隱者。但由於它的身高太高了，可達3公尺餘，根本就無法全然的隱身。本種全株絨黃，顏色亮麗，花朵雖不算大，但唇瓣呈船形，前緣還有細小的可愛流蘇，是外形迷人的野蘭。

辨識重點

與小囊山珊瑚（見186頁）相似，然花略小；唇瓣基部不具小囊。

全花通體
金黃色

唇瓣基部
不具小囊

常生於濕度較高的中海拔林內。

相似種鑑別

小囊山珊瑚
（見186頁）

Data

· 屬　山珊瑚屬
· 棲所　生於雲霧盛行帶。

花期

12 1
11　　2
10　　　3
9　　　4
8　　5
7 6

緣毛松蘭

Gastrochilus ciliaris F. Maek.

緣毛松蘭的葉、花、果實都是臺灣的松蘭屬中最迷你的，它的莖多半緊貼於樹幹表面，生長方式不同於其他半懸垂狀的種類，為一種不易觀測到的松蘭。它是於晚近的1993年，才被鍾年鈞及柳重勝前輩於梅峰發現的新記錄種，葉片有時全綠或具紅斑，花瓣、花萼為本屬中最小者，常小於0.3公分。唇瓣囊袋近圓形，舷部白色，半圓形或寬圓形。

辨識重點

屬迷你形松蘭。附生，匍匐生長，莖長4至7公分。葉二列互生，橢圓形，長10至15公釐，寬5至6公釐，葉密布紅色斑點。花軸上具3至5朵花，花軸長3.5公釐，花不甚張，花徑4.5公釐。唇瓣囊袋近圓形，舷部白色，半圓形或寬橢圓形。

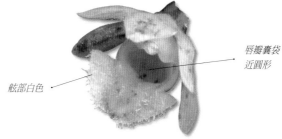

唇瓣囊袋
近圓形

舷部白色

Data

· 屬　松蘭屬
· 棲所　臺灣目前的採集紀錄僅在南投鳳凰山、中橫畢祿溪、梅峰附近等地。零星分布於海拔1,800至2,500公尺山區，乾燥但多雲霧，匍匐生長於樹幹中層的附生蘭，因植物小，不易被發現。

花期

本種的葉、花、果實，都是臺灣的松蘭屬中最迷你的（許天銓攝）。

葉二列互生，橢圓形（許天銓攝）。

臺灣松蘭

Gastrochilus formosanus (Hayata) Hayata

臺灣松蘭的葉二列，攀附於大樹上，遠望像一隻蜈蚣，在臺灣民間被暱稱為
「蜈蚣蘭」。它是臺灣松蘭屬中數量最多、分布最廣者，常在野外觀察植物
的人都不難看見。本種大都附生在樹幹中下層，匍匐生長，節處生根，常大
面積成群。葉子大小及形狀變異大，由長橢圓形至圓形皆有，花黃色或黃綠
色，具多數紅斑。

辨識重點

莖細長，節處可生根；葉互生，二列，長橢圓形，2至3公分長，5至7公釐
寬；花黃綠色，有紅斑；唇瓣之囊袋呈杯形，黃色，開口前面附有一個闊三
角形的裂片（即「舷部」），上面有毛茸。

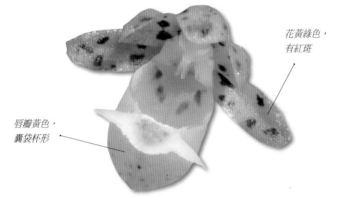

花黃綠色，
有紅斑

唇瓣黃色，
囊袋杯形

相似種鑑別

紅斑松蘭
（見 192 頁）

Data

- **屬** 松蘭屬
- **別名** 臺灣盆距
  蘭、臺灣囊唇蘭、
  蜈蚣蘭。
- **棲所** 分布於臺
  灣山區海拔500至
  2,000公尺之森林
  中。喜生於潮濕的
  森林邊緣。

花期

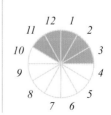

是臺灣松蘭屬植物分布最廣者，常見於野外。

葉二列。攀附於大樹上。

何氏松蘭 特有種

Gastrochilus hoii T. P. Lin

本種的花似寬唇松蘭（見191頁），區別在於本種的囊袋最寬處位於近囊袋口五分之三處，而寬唇松蘭最寬處位於囊袋口。分布在海拔高度約2,700公尺的涼濕森林內，目前僅二個生育地被發現，名列臺灣紅皮書之珍稀植物。

辨識重點

葉長橢圓形，長2公分，寬7公釐。花黃綠色；唇瓣之囊袋角錐形，底部收縮，開口處之裂片（舷部）為半圓形，先端微凹，並向下捲。

Data

寬唇松蘭
（見191頁）

Data

· 屬　松蘭屬
· 棲所　目前發現於
　南湖大山之雲稜山
　莊附近及北大武山
　之檜谷，海拔約
　2,700公尺之森林
　內。

花期

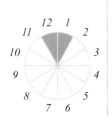

囊袋角錐形，
底部收縮

花黃綠色。

目前僅二個生育地被發現，名列臺灣紅皮書之珍稀植物。

寬唇松蘭 特有種

Gastrochilus matsudai Hayata

寬唇松蘭的採集紀錄很少，除了1918年松田英二採自大武山外，目前尚有翠峰至畢祿溪一帶、阿里山及大雪山等零星紀錄。大部份都長在大樹上層，但有時也能在下層枝條上見到，也可長在岩坡上。本種的唇瓣囊袋前後略壓縮成圓錐體形，基部略向前彎曲。劉景國在進行本屬的分類處理時，將金松蘭（*G. flavus*）併入寬唇松蘭，認為金松蘭的囊袋之溝紋肇因於該樣本枯萎所致。

辨識重點

附生，植物體懸垂生長。葉二列互生，披針形至鐮刀形或長橢圓形，具紅斑，先端不規則2至3淺裂，葉鞘密被紅斑。唇瓣囊袋前後略壓縮圓錐體形，基部略向前彎曲，囊袋口緣淡粉紅色；舷部寬橢圓形，密布長柔毛，中央厚肉質，黃綠色，後轉黃。

— 相似種鑑別

何氏松蘭
（見190頁）

紅檜松蘭
（見194頁）

葉具紅斑

常懸垂附生於接近樹冠層的枝條上。

— *Data*

- 屬　松蘭屬
- 棲所　生於路旁陽光較充足且雲霧繚繞的樹上，通常懸垂附生於接近樹冠層的枝條上。海拔高約2,000公尺左右。

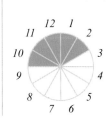

舷部寬橢圓形，密布長柔毛

— 花期

紅斑松蘭 特有種

Gastrochilus pseudodistichus (King & Pantl.) Schltr.

本種附生於大樹上，懸垂狀，稀匍匐生長，可藉此與形似的臺灣松蘭（見189頁）相區別。生育地終年濕潤，著生樹皮上有許多松蘿及地衣。它與紅檜松蘭（見194頁）的葉片及整體形態頗為相似，未開花時不易分辨，但花開時則區別顯著。本種的囊袋壓縮成橢圓形，舷部小於囊袋口，光滑無毛，紅檜松蘭囊袋圓錐體形，基部略翹且舷部超過囊袋口，密被長柔毛。

辨識重點

葉兩面常密布紅斑點。唇瓣之囊袋略壓縮成橢圓形，底部可見稀疏紅斑，上半部紅斑甚少或無，顏色較白。囊底中央部分具小突稜，舷部小於囊袋口，厚肉質，半圓形，微翹，邊緣白色，中央淡黃色，具細紅斑，光滑無毛。

相似種鑑別

臺灣松蘭
（見189頁）

紅檜松蘭
（見194頁）

Data

- 屬　松蘭屬
- 別名　小唇盆距蘭。
- 棲所　本種主要分布於海拔1,000至2,300公尺山區，著生於大樹中上層枝條上。

花期

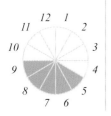

舷部小於囊袋口，無毛

唇瓣囊袋底部中央有一小突稜

植株懸垂生長。

合歡松蘭

Gastrochilus rantabunensis C. Chow *ex* T. P. Lin

合歡松蘭目前發現的點都集中在畢祿溪及武陵一帶的高海拔山區，海拔約2,000公尺，其生長方式為直立型態，與臺灣其他的松蘭大大不同。莖甚短，葉肉質，密集，倒卵形，先端不對稱，銳頭。花序甚短，長約1至2公分，花密集。本種由周鎮在合歡山首先發現，並發表於《臺灣蘭》（1968）一書中，但僅為中文名，缺乏拉丁文描述。而後經林讚標補充其餘資訊後，才成為有效的發表。本種的花瓣先端二側有長柔毛，為主要的特徵之一。

花瓣先端生有長柔毛

唇瓣骹部腎形，反捲，上有長白毛

辨識重點

附生，直立生長；莖之節間短，密披覆瓦狀之葉鞘，葉形成叢生狀。葉子肉質，密集，倒卵形至長橢圓形，花瓣圓形，先端二側有長柔毛，圓頭至鈍三角形。唇瓣囊袋略壓縮成圓錐體形，白色，略扁；骹部腎形反捲，上布疏紅斑，淺凹頭，中央厚肉質，綠色，布疏柔毛，其餘部分布滿白色長毛。

—— *Data*

· 屬　松蘭屬
· 棲所　僅分布在合歡山，中橫畢祿溪至合歡溪海拔2,000至2,500公尺之密林內，大多出現在中上層枝條上。喜生長於雲霧帶未受破壞的原始林裡內。

—— 花期

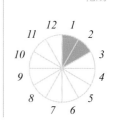

莖短、葉密集而生，似直立生長。

花序甚短，花密集。

紅檜松蘭 特有種

Gastrochilus raraensis Fukuy.

紅檜松蘭的生育地為潮濕多霧的山區，環境與紅斑松蘭（見192頁）相似，其生長方式亦為懸垂生長於樹木枝幹上，故一般發現紅檜松蘭的地方，常亦可找到紅斑松蘭。本種外形也似寬唇松蘭（見191頁），但紅檜松蘭的花全體被紫紅斑點，囊袋較尖長。

相似種鑑別

寬唇松蘭
（見191頁）

紅斑松蘭
（見192頁）

Data

· **屬** 松蘭屬
· **別名** 拉拉山松蘭。
· **棲所** 臺灣中海拔之闊葉林或針葉林中。海拔約在1,500至2,000公尺間。

花期

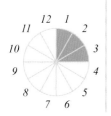

辨識重點

葉長橢圓形，綠色，偶布有紅斑，長2至2.5公分，寬6公釐；繖房花序，具4至7朵花；花黃綠色，直徑約8公釐；唇瓣綠色，囊袋呈長角錐狀，上部寬約2公釐，開口處裂片（舷部）為半圓形，中央厚肉質，兩側生有密毛。

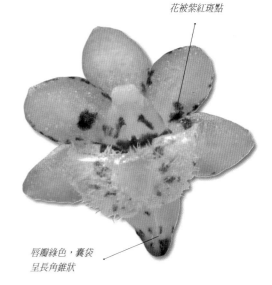

花被紫紅斑點

唇瓣綠色，囊袋呈長角錐狀

生育地為潮溼多霧的山區。

黃松蘭

Gastrochilus somae (Hayata) Hayata

臺灣的黃松蘭以往都被視為與日本南部的*G. japonicus* 同種，不過最近大陸
學者金效華認為兩種有差異而應重新採用*G. somae*之名。*G. japonicus*植株
整體較小，花序略長（達3至4公分），舷部約與囊袋等寬。而*G. somae*植
株大，花序短，舷部明顯寬於囊袋。筆者曾於西表島採得*G. japonicus*之樣
本，花的形狀及大小的確有些微差異。

辨識重點

附生，懸垂生長。葉二列互
生，密集排列，線狀鐮刀形或
線狀披針形，長7至12公分，
寬1至2.5公分，先端歪斜，波
狀緣，不具紅斑，中肋凹，於
葉背則龍骨狀突起。囊袋橢圓
體形，基部黃色，具紅斑，舷
部寬橢圓形至三角形，光滑無
毛，中央厚肉質，黃色，邊緣
不規則齒裂。黃松蘭為臺灣產
松蘭種中唯一大葉的種類。

舷部中央黃色，
邊緣不規則齒裂

Data

· 屬　松蘭屬
· 棲所　分布於本島
　低海拔的森林中，
　為樹幹中層著生的
　附生蘭，喜歡生長
　於潮濕的環境。

花期

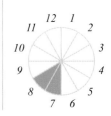

是臺灣松蘭屬中，植株及葉子最大者。

白赤箭 特有種

Gastrodia albida T. C. Hsu & C. M. Kuo

於近年才發表的白赤箭，目前已知的族群集中於臺北烏來至宜蘭一帶。本種具有倒卵狀的花筒，萼片先端增厚，花瓣合生部分向內增厚為隆起狀且呈橘色，有較小的唇瓣與蕊柱等特徵，在臺灣赤箭屬已知物種中相當獨特，但與越南地區近年報導的新種*G. theana*十分接近。

辨識重點

花序直立，1至5公分長，花可達7朵，但通常為2至3朵，花鐘形，不全展，花徑4至7公釐，花瓣肉質，厚，內外表面白色而泛橘。

僅分布於臺北烏來至宜蘭一帶。

Data

· **屬** 赤箭屬
· **棲所** 僅分布於臺北烏來至宜蘭一帶，海拔約500至1,000公尺。

花期

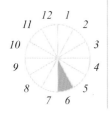

花鐘形，不全張開

花序直立

無蕊喙赤箭

Gastrodia appendiculata C. S. Leou & N. J. Chung

所謂蕊喙，是分隔花粉塊及柱頭的構造，以防止自花受粉。由於本種沒有蕊喙，且其花一開始就向上開放，因此花粉塊便可自動掉落到柱頭上完成自花授粉。

辨識重點

無葉綠素植物。地下具有根莖，開花株高3至10公分。花黃褐色，花被合生成筒狀，唇瓣具腹側附屬物，授粉後果梗伸長達10至40公分。

目前僅見於南投鳳凰山周邊地帶（許天銓攝）。

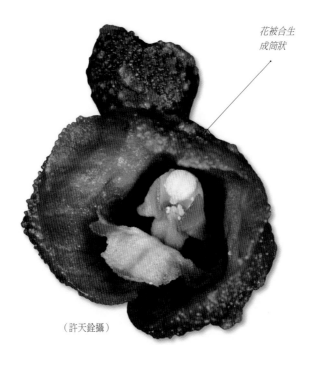

花被合生
成筒狀

（許天銓攝）

——— *Data*

· 屬　赤箭屬
· 棲所　目前僅見於南投鳳凰山周邊地帶，均生長於孟宗竹林之底層。

——— 花期

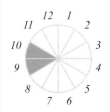

緋赤箭

Gastrodia callosa J. J. Sm.

緋赤箭最早的紀錄，是在蘭嶼的森林內發現它的果實。在2008年6月底，我們推算開花時間前往生育地，見到它的花從落葉堆中鑽了出來，竟是以前未曾看過的種類。許天銓一眼即判別是東南亞的赤箭屬物種。本種的外型頗有特色，淡橘紅色的花被非常吸睛，從花冠看進去，可看到赤色的內部，真可說它是一口紅赤箭。

辨識重點

花序直立，長1至5公分，直徑2至3公釐，淡棕色。花1至3（至5）朵，鐘形，半開放。萼片與花瓣合生，然先端五裂，萼片肉質，表面有瘤突。

相似種鑑別

蘇氏赤箭
（見 211 頁）

Data

· 屬　赤箭屬
· 棲所　僅發現於蘭嶼雨林內，生長於富含腐植質之土壤中。

花期

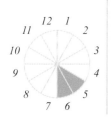

萼片與花瓣
合生

萼片肉質，
表面有瘤突

僅發現於蘭嶼雨林內。

閉花赤箭

Gastrodia clausa T. C. Hsu, S. W. Chung & C. M. Kuo

閉花赤箭是晚近才發表的新種，目前已知的生育地包含臺灣北部臺北盆地周邊地區，並間斷地分布於南端的恆春半島，亦見於蘭嶼，本種屬於整齊花，唇瓣與花瓣構造相同，花不張開，花苞直立，花粉塊會因重力直接抖落而黏附於柱頭表面之黏液上，完成自花授粉。

辨識重點
本種花朵自花芽成形至花被萎凋脫落，花筒先端均緊密包捲不張開，或偶裂成一小縫隙，花呈黑褐色，上有些許疣點。

花黑褐色，上有疣點

花不張開的無葉地生蘭。

—— *Data*

· 屬　赤箭屬
· 棲所　分布於臺北盆地周邊、恆春半島及蘭嶼，海拔100至800公尺處。

—— 花期

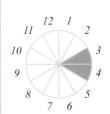

199

擬八代赤箭

Gastrodia confusoides T. C. Hsu, S. W. Chung & C. M. Kuo

擬八代赤箭的族群目前分別確認於臺北與臺中山區，兩地族群花朵內部構造相同，但生態環境與族群狀態則有些差異。在中部孟宗竹林中的族群甚大且生長情況良好，常可見花數8至10朵的植株；北部的生育地通常只有十分零星的植株散生於闊葉林間，開花株也多半僅有2至4朵花。

辨識重點

蕊柱平直，半圓柱形，先端具兩狹翼，蕊喙發育良好。

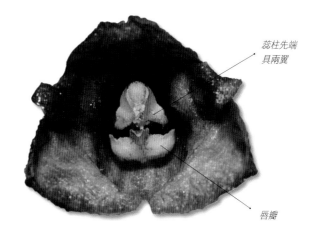

蕊柱先端
具兩翼

唇瓣

Data

· **屬** 赤箭屬
· **棲所** 生於低海拔竹林下或闊葉林下。

花期

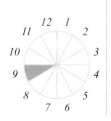

生於低海拔竹林下或闊葉林下。

高赤箭
Gastrodia elata Blume

高赤箭是一種傳統的珍貴中藥材，名為天麻。《本草綱目》記載：「天麻，乃肝經氣分之藥」，本種主要是取其地下之塊狀根莖，經由煉製之後做為中藥天麻，雖然在大陸有分布點眾多，但在臺灣的記錄則非常少，筆者僅在思源埡口見過一次。楊智凱則在丹大林道發現過一小族群，另多美麗、多加屯山及馬博拉斯山區亦有本種出現的記載。想要一睹風采的人，需要很大的運氣。高赤箭高可達1公尺，正如其名，為本屬中植株最高者。

辨識重點

真菌異營植物。地下具塊狀根莖；總狀花序，花莖高可達1公尺；花淡褐色帶紅暈，萼筒長約1公分，略呈壺狀，唇瓣先端邊緣流蘇狀。

萼筒合生
成壺狀

唇瓣先端邊緣
流蘇狀

子房

高赤箭為本屬中植株最高者（胡嘉穎攝）。

Data

· 屬　赤箭屬
· 別名　天麻。
· 棲所　散生於中高海拔冷涼森林內或林緣略開闊之環境，海拔2,000至2,500公尺左右山區。

花期

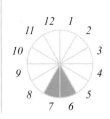

夏赤箭 特有種

Gastrodia flavilabella S. S. Ying

臺灣的赤箭屬植物之中文命名非常有趣，在春天開花者叫春赤箭（見204頁），冬天有冬赤箭（見209頁），本種花開在夏天，理所當然，就名為夏赤箭。夏赤箭的花色黃綠，萼筒合生成圓柱狀，花不開展，在臺灣的赤箭屬中相當容易區別。本種主要的產地以溪頭為中心，旁及附近山區。

辨識重點

真菌異營植物。地下根莖表面常密被珊瑚狀短根。花莖20至100公分，總狀花序。花淡黃色帶綠暈，萼筒柱狀，不甚開展，唇瓣倒卵形。

相似種鑑別

細赤箭
（見205頁）

Data

· 屬　赤箭屬
· 棲所　本種植株多生於山徑或道路兩側開闊處。

花期

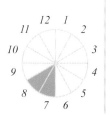

花不甚張開，唇瓣藏於花筒內。

全株無葉，於夏天盛開於林徑旁。

花黃綠色

摺柱赤箭 特有種

Gastrodia flexistyla T. C. Hsu & C. M. Kuo

為最近才被許天銓等人發表的新種，目前為止僅在陽明山區的一條步道上發現。這個中文名稱的意思是指它的蕊柱強烈彎曲，在赤箭屬中是相當獨特的特徵，這個不常見的構造，使得花藥可以直接碰到柱頭，而致使它容易自花授粉。本種與日本赤箭（見207頁）非常近緣。

辨識重點

花序直立，長3至6公分，花1至3朵，鐘形，稍微下垂，長1.8至2.3公分，寬1.1至1.3公分，花瓣和花萼合生成筒狀，先端五裂，外表的疣狀物不明顯；唇瓣綠白色，頂端微帶棕色。

花被上有小疣狀物，不明顯

花長筒狀

目前僅見於陽明山區。

—————— *Data*

· 屬　赤箭屬
· 棲所　陽明山，次生林及竹林中。

—————— 花期

12　1
11　　　　2
10　　　　　3
9　　　　　4
8　　　　5
7　6

203

春赤箭 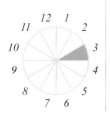 特有種

Gastrodia fontinalis T. P. Lin

1977至79年間，林讚標老師在烏來往拔刀爾山的一片竹林裡發現了一種與眾不同的赤箭屬植物，直到1987年方發表為新種，種小名即為春季之意。本種為臺灣特有，目前發現於新竹、宜蘭及南投等地，海拔200至2,000公尺山區，均生長於竹林下。

辨識重點

真菌異營植物。地下具紡錘狀或細長根莖。花莖高6至12公分，花1至3朵，淡褐色，萼筒鈴狀，長1.5至1.7公分，唇瓣菱形，表面具多條稜脊。

相似種鑑別

烏來赤箭
（見212頁）

Data

· **屬** 赤箭屬
· **棲所** 新竹、宜蘭及南投等地，海拔200至1,200公尺山區，均生長在竹林下。

花期

12 1
11 2
10 3
9 4
8 5
7 6

萼筒鈴形

唇瓣紅色，菱形。族群小。

細赤箭

Gastrodia gracilis Blume

細赤箭為臺灣赤箭屬植物中分布最廣的
種類，唯整體族群數量不大，部分棲地
有潛在的變動或開發壓力，仍是需要保
育的植物。它與花小且不太張開的夏赤
箭（見202頁）相似，有時容易混淆。
本種的花為淡褐色，花萼筒之基部下側
略膨大，先端五裂，下側之缺刻最為深
入，裂痕達花萼筒長度的三分之一，且
唇瓣紅色，可以此區別。

辨識重點

真菌異營植物。地下具細長根莖。花莖
高達15至50公分，花淡褐色，萼筒鐘
狀，半開展，唇瓣紅色，基部具一對肉
突，唇盤具有許多細微突起。

花莖高於10公分。

唇瓣紅色

蕊柱

萼筒鐘狀，
半開展

— 相似種鑑別

夏赤箭（見202頁）

Data

· **屬** 赤箭屬
· **別名** 山赤箭。
· **棲所** 通常生長於
森林底層，較密集
的族群常出現於竹
林之中。

花期

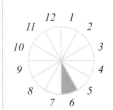

爪哇赤箭

Gastrodia javanica (Blume) Lindl.

這個廣布種主要分布於東南亞地區，北限為琉球群島，臺灣僅出現於恆春半島以及蘭嶼地區。近年謝光普先生於綠島亦有發現記錄。本種在臺灣產赤箭屬植物中相當特別，它的花為鵝黃色，側萼片近於完全分離，而花朵轉位約90度。

辨識重點

真菌異營植物。地下具長圓柱狀根莖。花莖高20至60公分，黑褐色；花朵轉位約90度，萼片與花瓣合生，黃色，側萼片近乎完全分離，唇瓣基部邊緣具一對長條狀突起。

側萼片基部近分離

Data

· 屬　赤箭屬
· 棲所　族群生長於熱帶地區陰暗潮濕的森林底層。

花期

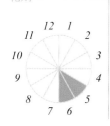

花轉位約90度。

生長於熱帶地區陰暗潮濕的森林底層。

日本赤箭

Gastrodia nipponica (Honda) Tuyama

日本赤箭在日本於5至6月的春天開花，所以又名「春咲八代蘭」，中文意思就是春赤箭；但在臺灣，「春赤箭」（見204頁）則是指*G. fontinalis*。另一類似種冬赤箭（見209頁）是近年發表的新紀錄。本種一開始僅見於烏來山區，而後在北橫周邊亦有發現。日本赤箭與春赤箭的差異處在於，它有較長的花被筒，長為1.8至2.4公分，寬為1.1至1.3公分。

辨識重點

花序直立，淺棕色，長3至8公分，花1至3朵，筒狀，微低頭，長約1.8至2.4公分，萼片與花瓣合生成筒狀。

蕊柱

萼片與花瓣
合生成筒狀

唇瓣上有
數條凸稜

外型近似春赤箭，但本種有較長的花被筒。

Data

· **屬**　赤箭屬
· **別名**　春咲八代蘭
（日名）。
· **棲所**　北部闊葉
林，海拔分布為
500至1,200公尺。

花期

12　1
11　　　2
10　　　　3
9　　　　4
8　　　5
7　6

北插天赤箭

Gastrodia peichiatieniana S. S. Ying

本種主要分布在臺北至南投一帶海拔1,000至
2,000公尺的山區,為花朵白色的無葉綠素植
物,是比較容易在臺灣找到的赤箭。由於它的
花被片合生成筒狀,看起來像一個小桶子,花
不甚開展,在野外看到它的時候,很容易誤會
它尚未開放,其實如此已是盛花狀態了。

辨識重點

真菌異營植物。地下具短圓柱狀根莖。花序高
10至40公分,淡褐色;花白色,花萼合生成
筒狀,不甚開展,花被邊緣具波浪狀褶皺;唇
瓣著生於萼筒上,形態與花瓣接近。

花白色

花萼合生成
筒狀

Data

- **屬** 赤箭屬
- **別名** 秋赤箭。
- **棲所** 在北部多見
  於中海拔山區稜線
  兩側的森林底層,
  中部地區的族群則
  散生於闊葉林或人
  工林下。

花期

無葉綠素植物,花序高10至40公分。

冬赤箭

Gastrodia pubilabiata Sawa

冬赤箭目前僅在北部的烏來、陽明山、三芝北新庄與中部的溪頭地區有確切紀錄。由於其植物體不引人注目，根據現有分布點，推測在臺灣應尚有其他族群存在。其花暗褐色，色澤頗為暗沈，故在日本被稱為「黑八代蘭」。有別於其它赤箭屬的花被外表具疣狀物，本種較為光滑，而唇瓣表面被毛。

辨識重點

真菌異營植物。地下具圓柱狀根莖。花莖高3至6公分，花1至6朵，暗褐色，花萼基部合生，先端略開展，唇瓣表面被毛。授粉後果梗伸長達20至50公分。

花被光滑

唇瓣表面
被毛

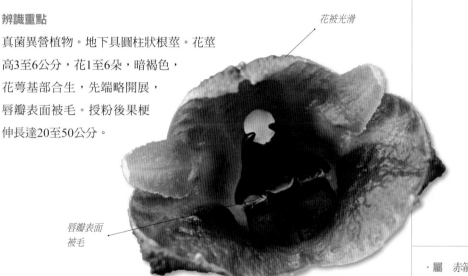

見於竹林、柳杉林等地被較疏的環境。

—— *Data*

· **屬** 赤箭屬
· **別名** 黑八代蘭。
· **棲所** 本種族群往往被發現於竹林、柳杉人工林或闊葉林邊緣地帶地被較疏，稍微開闊的環境。

—— 花期

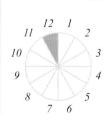

清水氏赤箭

Gastrodia shimizuana Tuyama

清水氏赤箭原本為琉球西表島特有種，被列為日本紅皮書之珍稀保育物種，在臺灣，最初被發現於三芝北新庄一古道上，當地的植株初估約僅30餘株，數量稀少。但在離此地將近340公里的恆春半島的女仍山，竟也有一個小族群。這樣的發現，或代表著臺灣赤箭屬的植物地理學，仍存許多尚待暸解的謎團。

辨識重點

真菌異營植物。地下具圓柱狀根莖。花莖高2至6公分，花1至7朵；花萼亮黃色，基部合生，先端向外伸展；唇瓣基部具一對肉瘤，唇盤表面被毛。

唇瓣
具有肉突

花萼及花瓣甚為張開。

生於低海拔闊葉林或次生林內。

Data

· 屬 赤箭屬
· 棲所 低海拔闊葉林或次生林內。

花期

12 1 2 3 4 5 6 7 8 9 10 11

蘇氏赤箭 特有種

Gastrodia sui C. S. Leou, T. C. Hsu & C. L. Yeh

無葉綠素植物。外觀形態與緋赤箭（見198頁）甚為接近，但花冠筒內部形態則差異甚大，緋赤箭僅兩枚側萼片內側有紅色肉突，蘇氏赤箭則在構成花冠筒的五枚萼片及花瓣內側皆具肉突而呈緋紅色。

辨識重點

近似於緋赤箭，但花冠筒癒合程度較高，且其萼片和花瓣內側均有緋紅色之肉突。

花冠筒癒合
程度較高

（林哲緯繪）

相似種鑑別

緋赤箭（見 198 頁）

Data

· 屬　赤箭屬
· 棲所　里龍山低海拔溫暖潮濕之闊葉林內。

花期

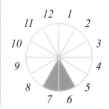

烏來赤箭

Gastrodia uraiensis T. C. Hsu & C. M. Kuo

烏來赤箭目前僅發現在烏來及宜蘭的低海拔山區之闊葉林、竹林及次生林下。為最近發表的新種，與春赤箭（見204頁）非常相似，但比較文獻後發現，本種的花序較短（1至4公分 vs. 7至12公分），花被筒較短（9至13公釐 vs. 15至17公釐），唇瓣中央具4個隆起的脊狀物，而春赤箭則有6至8個隆起的脊狀物。

辨識重點

花序長1至4公分，花1至4朵；花萼及花瓣合生，花長9至13公釐，寬7至9公釐；唇瓣長6至7公釐，寬3至4公釐，基部有二近球形之肉突；蕊柱長6至7公釐。

相似種鑑別

春赤箭
（見204頁）

花萼及花瓣合生

唇瓣中央具4個隆起的脊狀物

Data

· 屬　赤箭屬
· 棲所　臺北及宜蘭低海拔闊葉林、竹林及次生林下。

花期

目前僅在烏來及宜蘭低海拔的闊葉林、竹林及次生林下發現。

花1至4朵。

垂頭地寶蘭
Geodorum densiflorum (Lam.) Schltr.

垂頭地寶蘭在臺灣生長在南部的乾燥土地上。它的
花姿獨特，花莖先端著花處，會90度的下彎，似鞠
躬作揖，全臺灣的蘭花中，只有它的花序是如此形
態。另外，它的花全部密生於花莖頂端，也是特徵
之一。花瓣白到粉紅色，有淡淡的香味。

辨識重點

葉2至3片，狹長橢圓形。花莖自假
球莖基部長出，新葉同時
發生。花莖前端下垂，故
名為垂頭地寶蘭。花序總
狀，花密生，粉紅色，偶
為全白色。

花白到粉紅色，
有淡淡的香味

著花處，會90度彎下。生於土壤半乾旱的環境。

—— *Data*

· 屬　地寶蘭屬
· 棲所　臺灣生於中
南部及蘭嶼，海拔
600公尺以下。可
見於半遮蔭的路旁
或竹林內，亦可見
於東部及南部鄉鎮
的全日照草地上。
生育之土壤常處於
半乾旱的狀態。

—— 花期

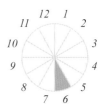

短穗斑葉蘭

Goodyera bifida (Blume) Blume

短穗斑葉蘭在日本、印尼、馬來西亞、蘇門答臘及臺灣皆有分布，主要生長在溫涼多濕的地區，海拔2,200至2,500公尺的森林內。生態需求為遮蔭的林下，土質濕軟之處，在臺灣大都集中於中北部山區，南部分布較少。其外形與厚唇斑葉蘭（見221頁）相若，若無花，無法單以植株判別，但兩者的海拔分布明顯不同，可以據此識別。開花時，本種的花外表光滑無毛，而厚唇斑葉蘭則具毛被物。

辨識重點

直立莖高5至10公分；葉4至6片，集中於莖之上部，長橢圓形或卵形，長2至4公分，寬1至2公分；葉柄長約1公分。花序很短，幾乎無柄，生3至10朵花；花白色，微帶些粉紅色，半開，外表光滑無毛，萼片長約1.2公分，長橢圓形；唇瓣長約1公分。

Data

· 屬　斑葉蘭屬
· 棲所　短穗斑葉蘭主要分布於溫涼多濕的地區，海拔2,200至2,500公尺的森林內，生態需求為遮蔭的林下，土質濕軟之處。在臺灣大都集中於中北部的山區，在南部分布較少。

花期

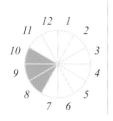

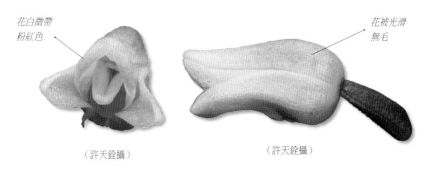

花白微帶粉紅色

花被光滑無毛

（許天銓攝）　　　　　　　　　　（許天銓攝）

喜生於有遮蔭的林下，土質濕軟之處（許天銓攝）。　　花序很短，幾乎無柄（許天銓攝）。

雙花斑葉蘭
Goodyera biflora (Lindl.) Hook. f.

雙花斑葉蘭喜生於潮濕的密林內，個子不高，葉身也不大，若不是有著像臺灣金線蓮（見39頁）一樣的亮麗葉表，肯定是不易被發現的植物。你可能想不到，它的花非常的大，有時甚至大於葉片，故又有「大花斑葉蘭」之別稱。它的族群原本就不多，復加其葉子神似金線蓮，故常被誤採，以致於數量漸趨稀少，很難在野外被發現。

辨識重點

莖高約7公分。葉如金線蓮，但較小些；葉2至4枚，卵形，長2.5至3公分，寬1至1.8公分，表面墨綠色，有白色網紋，背面淡綠色。花軸甚短，有長毛，通常生2朵花；花長管狀，乳白色泛紅暈，長約2.5公分，不展開；萼片及花瓣狹長；唇瓣長舌形，內有腺毛，基部有囊，先端微下捲。

花長管狀

唇瓣長舌形

———— *Data*

· **屬** 斑葉蘭屬
· **別名** 大花斑葉蘭
· **棲所** 臺灣生於海拔1,700至2,500公尺的雲霧帶森林中，其數量甚少，僅有少數的發現地點，基質為腐植層厚實的土壤。

———— 花期

葉似金線蓮，表面墨綠色，有白色網紋。

通常生2朵花。

215

雙板斑葉蘭

Goodyera bilamellata Hayata

相似種鑑別

斑葉蘭
（見231頁）

大武斑葉蘭
（見220頁）

花格斑葉蘭
（見224頁）

Data

- 屬　斑葉蘭屬
- 別名　長葉斑葉蘭。
- 棲所　廣泛分布在中高海拔的山區中。除了可以長在地上，也可以見到它生在樹幹上或枯倒的樹木上。其生育環境與霧林帶相符合，海拔分布約略為1,800至2,400公尺。

花期

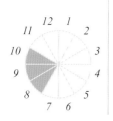

雙板斑葉蘭有時是地生的，然而在較潮濕的地方，常可見其生長在大樹上，葉面通常綠色而不具斑紋。本種推測與斑葉蘭（見231頁）、大武斑葉蘭（見220頁）及花格斑葉蘭（見224頁）等近緣，除了染色體數相同之外，不僅花部形態亦相若，在某些植株葉面上，甚至可以看到不明顯的斑塊。它喜生於臺灣的雲霧帶，常見它與水龍骨、骨碎補科等蕨類及厚實的苔蘚混生在大樹幹上，偶亦見生於岩坡上。

辨識重點

花與大武斑葉蘭、花格斑葉蘭及斑葉蘭相似，然本種的葉為長橢圓形，且葉大多為全綠色。根莖肉質，綠白色。葉長橢圓形，長4至8公分，寬1至2公分，基部呈寬鞘狀，邊緣一側常有細鋸齒。穗狀花序長5至10公分，有密毛；花向同側開放，白色或淡綠色，不甚開展；萼片橢圓型，1公分長；花瓣歪菱形；唇瓣舌狀，基部囊狀，內有多數腺毛。

穗狀花序，
花向同側開放

葉長橢圓形，且大多為全綠色。

唇瓣舌狀

波密斑葉蘭

Goodyera bomiensis K. Y. Lang

波密縣位於西藏東部喜馬拉雅山脈與念青唐古喇山脈交匯地帶，這一物種的模式標本採自此地，真的很難想像遠隔數千公里的臺灣山區竟也發現相同物種，難道這中間都沒有分布？波密斑葉蘭很有特色，它的葉子大都基生，密集呈蓮座狀，花莖相對甚長，花被外表面被棕色腺狀柔毛。在臺灣及大陸發現的株數及生育地甚少，是一種非常珍稀的植物。

辨識重點

地生。植株高10至20公分。葉在莖基部密集呈蓮座狀，葉片卵圓形，心形或卵形，上表面綠色且具白色不均勻的細脈和色斑連接成的斑紋，背面淡綠。花莖細長，長18至28公分，被棕色腺狀柔毛；唇瓣卵狀橢圓形，長3.5至4公釐，下部寬1至2.2公釐，基部凹陷呈囊狀，囊外表黃綠色，較厚，內面無毛，在中脈兩側各具2至4乳頭狀突起。

花被棕色腺毛

葉上表面具白色細脈及斑紋

（許天銓攝）

唇囊黃綠色，內面無毛

葉大多基生，從中抽出一長長的花葶。

Data

· 屬　斑葉蘭屬
· 棲所　霞喀羅，海拔約為1,900公尺。生長在松樹與闊葉樹混交林之稜線上，半遮蔭，午後常有雲霧。

花期

12 1 2 3 4 5 6 7 8 9 10 11

217

蘭嶼金銀草

Goodyera boninensis Nakai

總狀花序，
密生小花

蘭嶼金銀草目前在臺灣僅發現於
蘭嶼，大部份長在山徑路旁，
密林內植株較少，它的花在斑
葉蘭家族中近似銀線蓮（見223
頁），但較之銀線蓮，本種的葉
片及植株甚大，且葉表無銀白色
的紋線，為純綠色；除了蘭嶼，
在日本的小笠原群島也有分布，
兩地的族群都不多，同列在日本
及臺灣珍稀植物紅皮書的名單
內。

辨識重點

地生蘭，葉4至6片，綠色。總
狀花序，長6至8公分，密生小
花。

Data

· 屬　斑葉蘭屬
· 棲所　蘭嶼的原始
　闊葉雨林內，海拔
　高約150至300公尺
　左右。

花期

葉表為純綠色。在蘭嶼多見於山徑旁。

鳥喙斑葉蘭

Goodyera carnea (Bl.) Schltr.

斑葉蘭屬的植物，花朵皆屬小家碧玉型的，相對的，歌綠懷蘭（見232頁）及本種就顯得較為大器，它們大都長在土質乾燥，但空氣的濕度又要很高的環境中，假若環境條件好時，一梗可以著花三朵，否則常常僅開一朵而已。它的葉與歌綠懷蘭相比，淡綠色而無光澤，葉較軟，不難區分。它數量雖然不多，但從臺北烏來至恆春半島都有零星的分布。

辨識重點

植株高13至20公分。葉片薄革質，質地軟，歪卵形、淡綠色。總狀花序具2至4朵花；花較大，紅棕色或褐色，張開；萼片橢圓形，先端急尖，具1脈，無毛，上萼片凹陷，與花瓣黏合呈兜狀；側萼片向後且向下伸展；花瓣為偏斜的菱形，白色，先端泛褐色；唇瓣卵形，舟狀，內面具密的腺毛，前部白色，舌狀，向下作之字形彎曲，先端向前伸。

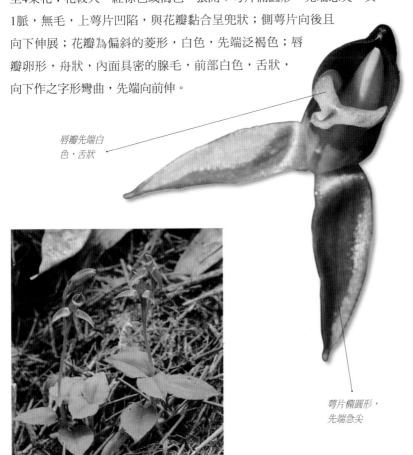

唇瓣先端白色，舌狀

萼片橢圓形，先端急尖

葉子呈卵形，淡綠色，無光澤。

Data

· **屬** 斑葉蘭屬
· **別名** 淡紅花斑葉蘭。
· **棲所** 喜生於未受干擾的環境中，路徑旁甚少，故不易被發現，除了地生外，在有些地方會生在岩壁上或大樹基部。

花期

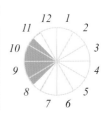

大武斑葉蘭 特有種

Goodyera daibuzanensis Yamam.

Data

雙板斑葉蘭
（見216頁）

花格斑葉蘭
（見224頁）

斑葉蘭
（見231頁）

Data

· 屬　斑葉蘭屬
· 棲所　森林下層林
　隙陽光可入處或林
　緣附近不難發現，
　生於濕潤的腐植質
　土上，多分布於海
　拔700至1,800公尺
　地區。

花期

本種與花格斑葉蘭（見224頁）及斑葉蘭（見231頁）等三種形態頗為近似，且各種均變異頗大，以致有時頗難鑑別。大武斑葉蘭是這三種之中植株及葉片較大的，植株與花莖長達20公分左右，葉表面的白色斑塊較為不規則。在南部的雲霧森林內，葉子常更加碩大，長可達10公分，往北則尺寸漸次變小，有時甚至僅有4公分，難以與斑葉蘭相區分。

辨識重點

直立莖8至10公分高。葉5至7片，橢圓形至長卵形，4至10公分長，2至3公分寬，青綠色而帶有不規則白色斑紋，背面灰白色。花序甚長，有毛；花綠白色；萼片外被細毛，不甚展開，1.5公分長；花瓣歪菱形，先端常有一綠斑；唇瓣基部為一圓形之囊，內有腺毛。

唇瓣基部為一
圓形之囊

葉子表面有不規則白色斑紋（許天銓攝）。

厚唇斑葉蘭

Goodyera foliosa (Lindl.) Benth. *ex* Hook. f.

本種分布廣泛，植株大小及花色各有不同。唇瓣囊袋及花色由泛紅色及黃色暈斑皆有，且亦有萼片會展開及不展開的族群差異。在中國大陸，厚唇斑葉蘭的葉片有些可達十公分長。它未開花時，看來不甚起眼，但花開時節，一整串的花序，像是許多的小鳥張嘴乞食般，相當可愛。

辨識重點

地生。高可達15公分。葉綠色，斜長橢圓形，長3至7公分，寬2至2.8公分，3脈。花白色，帶有黃綠色或紅褐色暈染；萼片卵形，上表面密被短柔毛，中央部分呈紅褐色；花瓣稍微菱形，上半部有時紅色，與上萼片密合；唇瓣長6至8公釐，基部囊狀，內部具毛，唇瓣先端直或稍彎曲，腹部邊緣白中微帶紅褐色。

花萼上
有腺毛

唇瓣基部
有囊

葉綠色，斜長橢圓形。

—— *Data*

· 屬　斑葉蘭屬
· 別名　高嶺斑葉蘭。
· 棲所　厚唇斑葉蘭為本屬在臺灣分布及族群最多的種類，廣泛的分布在低海拔闊葉林的森林底層，小徑兩旁的數量通常較林內更多，可能跟光線或擾動因素有關。

—— 花期

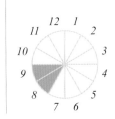

尾唇斑葉蘭

Goodyera fumata Thwaites

本種是臺灣產斑葉蘭屬中最早被發表的植物，最初為Henry所採，並由Roife
發表，學名為*Goodyera formosana*，採集地點於萬金庄（萬巒）。原始文獻
記載其花為白色，且註明其植株類同斯里蘭卡的*G. fumata*，兩者為相近的種
類。今學者多認為其為變異範圍內，而將此學名併入*G. fumata*。在東南亞其
花萼片為黑綠色，在臺灣則是棕綠色。本種的主要特徵在於植株最高可達約
1公尺左右，而有「大斑葉蘭」之別名，唇瓣白色，先端會卷曲成筒狀。

辨識重點

大型地生蘭，根莖粗壯，直徑7至15公釐；直立莖長30至50公分。葉多呈長
橢圓形或倒卵形，長15至20公分，寬6至8公分。花軸高可達80公分，有短
毛，上部著花極多；花綠色，常帶棕褐色，直徑約1公分；萼片長橢圓形，
長6至7公釐，外有毛；唇瓣中後部淺囊狀，先端長尾狀，向下捲曲，全長
約6.5公釐。

Data

· 屬　斑葉蘭屬
· 別名　大斑葉蘭。
· 棲所　喜生於潮濕
　原始林底層，樹冠
　層要有少許的透
　空。

花期

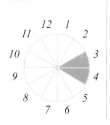

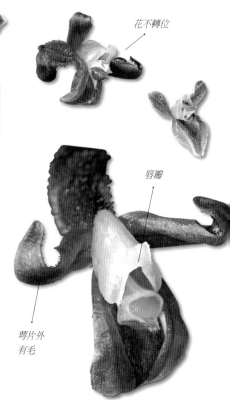

花不轉位

唇瓣

萼片外
有毛

植株最高可達1公尺，故又稱「大斑葉蘭」。

銀線蓮

Goodyera hachijoensis Yatabe

臺灣金線蓮（見39頁）在臺灣是家喻戶曉的野生蘭，因其葉面上具金色閃爍感的網紋而得名。而本種因其網紋為白色而被稱為銀線蓮，在花蓮的太魯閣族人會採本種做為治感冒的藥草，並且也知曉它的的葉背是綠白色，與金線蓮的紫紅色葉背有所區別，並稱它為「公的金線蓮」。本種在野外並不容易見著，下次看到它可要好好的端詳哦！

辨識重點

葉卵形至長橢圓形，上表面深灰綠色，飾有白色的網紋，偶爾中肋有一稍淺的帶狀白紋路。花序總狀；花朵稍開展，側萼片斜卵形或卵狀長橢圓形，白底帶紅褐色；唇瓣舌狀至舟形，先端鈍。

花側面

總狀花序。綠葉上有許多白線條紋。

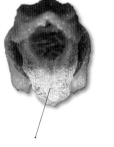

唇瓣舌狀至舟形

—— *Data*

· 屬　斑葉蘭屬
· 棲所　大部分的植株皆長在地上，在較潮濕的林子內，則偶可見其長在樹幹基部。

—— 花期

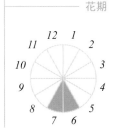

223

花格斑葉蘭

Goodyera kwangtungensis Tso

相似種鑑別

雙板斑葉蘭
（見216頁）

大武斑葉蘭
（見220頁）

斑葉蘭
（見231頁）

Data

· 屬　斑葉蘭屬
· 棲所　發現於中高
　海拔之櫟林帶常綠
　闊葉林內或二葉松
　林內。

花期

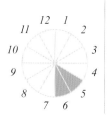

花白色

唇瓣基部
圓囊狀

本種與大武斑葉蘭（見220頁）及斑葉蘭
（見231頁）頗為近似，惟葉面常具格子
狀白色條紋，可與之區分；在剛開始觀察
時，要分別它們確實不太容易，最簡單的
方法就是看它葉子上的白色網紋是否連成
格子狀，假如有整齊連接，那麼就是名符
其實的「花格」斑葉蘭了。

辨識重點

直立莖4至8公分高。葉3至5片，卵狀橢
圓形，長4至6公分，寬1.5至3公分，表面
綠色而帶有白色的規則網紋與斑點。花軸
高15至20公分；花白色；萼片卵狀披針
形，長1.3公分；花瓣歪長菱形；唇瓣基
部圓囊狀，先端長喙形。

葉子帶有白色的規則網紋與斑點，網紋連接成格子狀。

南湖斑葉蘭

Goodyera nankoensis Fukuy.

南湖斑葉蘭的花，與廣泛分布全球冷溫帶的*G. repens*非常相近，雖然兩者的葉子差異頗大，但應該是非常近緣的物種。它跟鳥嘴蓮（見233頁）一樣，中肋具一條白色的條紋。本種的葉片嬌小，約2至4公分，質地厚實，花體整正，花白色而略有紅暈。本種為臺灣本屬海拔分布最高的種類，海拔範圍落在2,500至3,000公尺，常發現於鐵杉林或冷杉林等針葉純林下，南湖大山、雪山、合歡山及關山均有其族群。

葉厚實，中肋有一帶白色。

辨識重點

小型地生蘭。葉3至6片，卵狀橢圓形，長2至4公分，寬1至1.5公分，表面綠色至深綠色，沿中肋具1條白色的帶紋。花序高10至15公分，著花多數；花白色或略有紅暈；花萼片長約6公釐；唇瓣之囊內光滑或具腺毛。

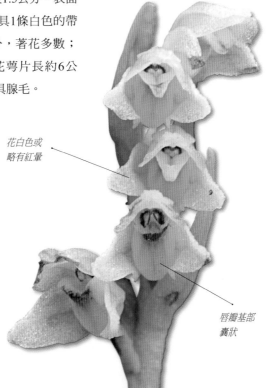

花白色或略有紅暈

唇瓣基部囊狀

Data

· 屬　斑葉蘭屬
· 棲所　分布於海拔2,500至3,000公尺，常發現於鐵杉林或冷杉林等針葉純林下，喜生於半遮蔭土坡上的濕潤腐植土層上。

花期

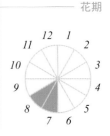

南投斑葉蘭

Goodyera nantoensis Hayata

南投斑葉蘭是相當稀有的種
類，以往僅在北插天山區被發
現，現今拉拉山、阿玉西峰、
塔曼山及南橫皆有本種的記
錄。本種生育地皆有大片的檜
木純林，著生於苔蘚覆蓋的樹
幹中下部，為典型的雲霧帶組
成分子之一。它的葉面有不規
則斑紋，類似斑葉蘭（見231
頁），但葉子更偏卵形且質地
較薄。

辨識重點

葉卵形，長1至2公分， 寬0.6
至1公分，上表面綠色，飾有
不規則的條紋，有時葉表為
綠色無斑紋。萼片具1脈，光
滑，上萼片長橢圓披針形，先
端常向上彎曲，側萼片長橢圓
披針形，先端微彎；唇瓣先端
舌狀、基部有一個囊袋，囊內
有2排的凸起物。

南投斑葉蘭花序軸上有毛。

著生於苔蘚覆蓋的樹幹中下部。

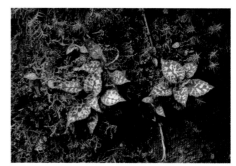
葉子有不規則斑紋，卵形且質地薄。

Data

- 屬　斑葉蘭屬
- 棲所　喜附生於雲
　霧帶檜木之大樹幹
　上。

花期

唇瓣先端舌
狀、基部有
一個囊袋

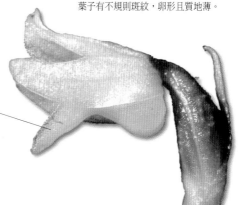

穗花斑葉蘭

Goodyera procera (Ker-Gawl.) Hook. f.

穗花斑葉蘭對環境的要求是與眾不同
的，通常生長在有流水之處，海拔分
布為本屬中最低者，約為100至550
公尺。本種花雖甚小，但其花序頗
長，相當顯眼，且易栽培，為具有水
景園藝用途之潛力物種。它的葉面翠
綠無斑紋，葉狹長而挺拔，植株及花
序在斑葉蘭家族中獨樹一格。

辨識重點

莖肉質，長30公分以上，基部有葉
放射而出。葉長橢圓形，長10至20
公分，葉柄長4至8公分。花極小，
密生於花莖之上部，淡黃綠色，萼片
及花瓣長3公釐；唇瓣淺囊狀，長2.5
公釐。

花極小，密生於花莖之上部。葉面翠綠無斑紋。
喜生於河畔或水氣充足的環境。

唇瓣基部淺囊狀

Data

· **屬** 斑葉蘭屬
· **棲所** 喜生於有水
之處，如溪流的岩
塊或岩壁上，或終
年有水的山坡上或
非常溼潤的立地。

花期

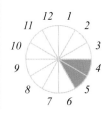

小小斑葉蘭
Goodyera pusilla Blume

小小斑葉蘭在臺灣的首次紀錄，是林讚標教授於苗栗楊梅山所發現，並發表為新種。然經過筆者考證，本種的形態特徵，仍在東南亞分布的 *Goodyera pusilla* 之變異範圍內，應為同種。小小斑葉蘭一如其中文名，植株及葉子都非常的小，看起來就像小一號的銀線蓮（見223頁）。

辨識重點

葉卵形至橢圓形，葉表面具白色的網紋，葉背灰白色。花軸長4至7公分，密生多花，光滑。花稍微開放，小花常略偏生一側；萼片光滑，1脈，先端鈍；上萼片與花瓣合生成罩狀，白綠色；唇瓣長4至5公釐，先端有不規則鋸齒。

Data

· **屬** 斑葉蘭屬
· **棲所** 生長區域是終年雲霧繚繞之處，而且大都屬東北季風區，終年有明顯的乾季，海拔高度大約600公尺。

花期

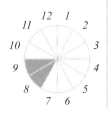

多花密生，花稍微開放

植株及葉子都非常的小，看起來就像小一號的銀線蓮。

綠葉上有許多白條紋

垂枝斑葉蘭
Goodyera recurva Lindl.

本種為筆者所發表的臺灣新記錄，
最初發現在思源啞口公路旁的一倒
木上，後於周圍的森林內又見到許多
的植株，不久，陸續有友人在其他地點
記錄到它，原來它零星廣泛分布於臺灣
各地，只是因為植株並不起眼，復加它長
在高高的枝幹上，不容易見到，故一直到
近年才被發現。

花序密生許多
花，常生於同
一側

辨識重點

附生於大樹上。莖短匍匐，上半部常下垂，
高約3至5公分。葉4至8枚，互生，綠色，有斑
紋，披針形至卵形，葉緣常呈波狀。花序密生許
多花，常生於同一側；花白色，不全開展；唇瓣稍
短於萼片，稍彎曲，基部囊狀，中央部分白中帶橘
紅暈，內部光滑。

花白色，
不甚開展

花序會彎曲。附生在有苔蘚的大樹上。

— Data

- 屬 斑葉蘭屬
- 棲所 思源、觀
  霧、拉拉山、塔曼
  山、花蓮推論山、
  南橫向陽、南大武
  山等地皆有發現。
  喜生濕冷的森林
  內，著生於有苔蘚
  的樹枝或樹幹上，
  海拔分布約為1,900
  至2,200公尺。

— 花期

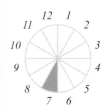

長苞斑葉蘭

Goodyera rubicunda (Blume) Lindl.

唇瓣先端下折，呈白色舌狀

因花萼外側密生毛茸，故又名「毛苞斑葉蘭」。它有同類中較高大的身子，葉片薄紙質，葉基稍歪斜；唇瓣呈袋囊形，鮮黃色，膨大似肚子，先端又拉長呈白色舌狀，也似頑皮兒童吐舌，花朵造形及配色，引人注意。在臺北的近郊如三峽及烏來的森林內常能見著。

唇瓣腹面鮮黃色

辨識重點

大型地生蘭，莖長可達80公分。葉歪長橢圓形，長8至15公分，寬4至6公分。花軸高15至20公分，有密毛；花多數密集，紅褐色，外被茸毛，萼片長橢圓形，長8公釐；唇瓣船形，腹面鮮黃色，先端下折，白色。

Data

· **屬** 斑葉蘭屬
· **別名** 毛苞斑葉蘭。
· **棲所** 臺灣產於低海拔闊葉林內。主要分布於榕楠林型，楠櫧林帶之常綠闊葉林亦可見之。

花期

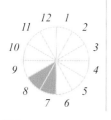

生於低海拔闊葉林內。

花多，密集

斑葉蘭

Goodyera schlechtendaliana Rchb. f.

本種廣泛分布於亞洲的冷溫帶，在臺灣則生於高海拔地區。它在日本被稱為MIYAMA UZURA（深山鵪鶉），因為長著斑點的葉子看起來像鵪鶉的翅膀。在臺灣，本種與大武斑葉蘭（見220頁）及花格斑葉蘭（見224頁）非常相似，但它分布的平均海拔較高，葉子及植株較小。

辨識重點

直立莖高2至5公分。葉卵形，長1至3公分，寬8至15公釐，表面青綠色，具有不規則白斑，背面綠白色。花軸高10至20公分；花白色或淡綠；唇瓣長6公釐，基部囊內密生腺毛。

花形好似展翅飛翔的小鳥

相似種鑑別

雙板斑葉蘭（見216頁）

大武斑葉蘭（見220頁）

花格斑葉蘭（見224頁）

Data

- 屬 斑葉蘭屬
- 棲所 臺灣高海拔森林之陰濕林床上常可見之。常生於鐵杉、雲杉及二葉松林林內。

花期

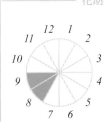

生在較高海拔之雲霧盛行帶。

231

歌綠懷蘭

Goodyera seikoomontana Yamam.

歌綠懷蘭在臺灣頗為稀少，現今的分布點仍脫離不了恆春半島里龍山、半島向北延伸的東部海岸山脈以及苗栗南庄。除了新港山及里龍山較多外，其它生育點的數量都很少。然里龍山因常有許多人採集，如今數量已大不如前。本種的葉厚、略革質，具明顯三出脈，葉面光亮，花為討喜的綠白色，模樣似鳥嘴討食，造型別致。

辨識重點

株高10至20公分。葉多肉而革質，葉面平坦，具明顯3條脈，有時一邊緣具鋸齒，基部驟狹成柄。總狀花序具1至3朵花，高5至10公分，被短柔毛，花較大，綠色，張開，無毛；上萼片卵形，與花瓣黏合呈兜狀；側萼片向後伸展，下垂，唇瓣卵形，長12至13公釐，先端白色。

葉厚革質，具明顯三出脈。

Data

· **屬** 斑葉蘭屬
· **別名** 綠花斑葉蘭、成功斑葉蘭。
· **棲所** 常生長在密林中，且有陽光射入的登山小徑。

花期

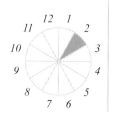

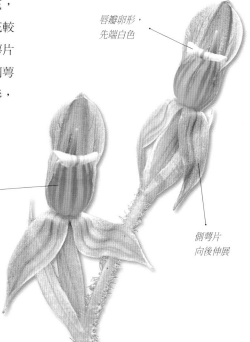

唇瓣卵形，先端白色

花為清新的綠色

側萼片向後伸展

232

鳥嘴蓮

Goodyera velutina Maxim. *ex* Regal

本種因為它的花似鳥嘴而被稱為鳥嘴蓮。由於其葉表面摸起來有毛絨絨的質感，而又有「絨葉斑葉蘭」之別名。在臺灣它是一種較常見的野生蘭，且葉面斑紋很有特色，是一種賞蘭者耳熟能詳的植物，但卻常常與葉中肋亦有白線的白肋角唇蘭（見378頁）混淆，其實兩者的葉子質地、表面顏色及花形，仍存在著許多差異，不難分別。

花白中帶
淡紅褐色

辨識重點

葉3至5片，卵狀橢圓形，先端銳尖，基部圓形，表面墨綠色，中肋具一條白色帶，背面紫紅色；花被片泛淡紅褐色暈，外部有毛。

葉表摸起來有毛絨
絨的質感，故又稱
「絨葉斑葉蘭」

—— *Data*

· **屬** 斑葉蘭屬
· **別名** 絨葉斑葉蘭。
· **棲所** 在臺灣主要生在海拔1,000至2,000公尺的森林內，普遍長在樹冠鬱閉的原始林內。

—— 花期

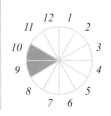

普遍生長在樹冠鬱閉的原始林內。

葉子中肋具一條白色帶。

玉蜂蘭

Habenaria ciliolaris Kranzl.

玉蜂蘭的唇瓣三裂，細長如蜂類的腳，側萼片則似翅膀，側面觀之似展翅的蜜蜂，故而有了如此美麗的名字：「玉蜂蘭」。未開花時，玉蜂蘭的植株外觀就如同本屬大部分的物種，葉片像鴨跖草科的植物，五六枚緊貼地上，不甚起眼；然而一旦開花，造型獨特的美麗花朵，便成了野外的注目焦點。

辨識重點

莖直立。葉片5至6枚叢生，貼近地面，葉長橢圓形至倒卵狀長橢圓形。花序軸具稜，花黃綠色，唇瓣三裂，裂片線形，近等長，先端向前彎曲。

唇瓣三裂

側看如展翅的蜜蜂

花序軸有毛

Data

· **屬** 玉鳳蘭屬
· **別名** 毛葶玉鳳蘭。
· **棲所** 廣泛分布於中低海拔山區林緣。榕楠林型，楠櫧林型及桂竹林均可見之。

花期

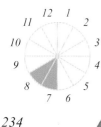

葉片像鴨趾草科的植物，五六枚緊貼地上。

白鳳蘭

Habenaria dentata (Sw.) Schltr.

若在臺灣的野地有幸遇到白鳳蘭，肯定會折服於它的優雅，在綿延的荒草地上，一群白鷺翻飛其間，這樣的景觀常常是每一個賞蘭者心中最夢幻的畫面。雖與大多稀有蘭花相比，它的數量不算少，只可惜僅零星散布在臺灣西部山區。筆者曾在北橫高坡一帶的公路旁、阿里山公路、浸水營林道、日月潭草坡及苗栗的公墓等地見過它。

辨識重點

莖直立，葉3至4枚散生於莖上，葉卵狀披針形至長橢圓形。花白色，唇瓣呈三裂片，中裂片舌狀，側裂片扇形，先端邊緣具細齒。

側裂片扇形，
先端細齒緣

唇瓣雪白
寬大

零星散布在臺灣西部山區。

—— *Data*

· 屬　玉鳳蘭屬
· 別名　束埔玉鳳蘭、白花玉鳳蘭、鵝毛玉鳳花，齒片鷺蘭、大鷺草。
· 棲所　臺灣中海拔山區向陽草生地或灌木叢。

—— 花期

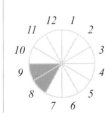

235

岩坡玉鳳蘭
Habenaria iyoensis Ohwi

本種僅分布於日本及臺灣，兩地數量及生育地皆不多，在野外相當少見，同列為日本及臺灣的植物紅皮書之珍稀植物。它的花朵為淡綠色，全株通體翠綠，且個頭不大，若非仔細搜尋，常常忽略而過。它的花朵還有一大特色，就是唇瓣三裂，裂片均成線形，但側裂片稍垂下又拉起，讓花姿看來像起舞的小人兒。

辨識重點

莖較短，葉片5至7枚叢生於近地表，葉披針形至橢圓狀披針形。花淡綠色，唇瓣深裂呈三裂片，中裂片線形，側裂片絲狀，略為橫展。

全株翠綠。

Data

- **屬** 玉鳳蘭屬
- **別名** 伊予蜻蛉。
- **棲所** 臺灣中南部低海拔山區，日照充足的開闊草地或林緣之土坡。

花期

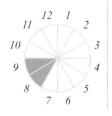

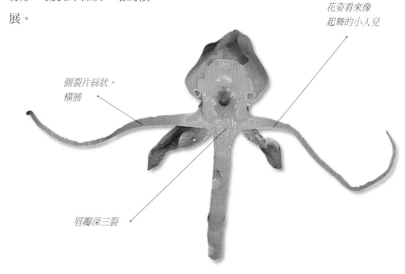

花姿看來像起舞的小人兒

側裂片絲狀，橫展

唇瓣深三裂

長穗玉鳳蘭
Habenaria longiracema Fukuy.

本種應該是臺灣產玉鳳蘭屬中花朵最小的，全體通綠，且經常長在一片綠的草叢中，經常被人們忽略它的存在。細看它的小花，頗為有趣，唇瓣三裂，但舌狀的中裂片俏皮的向上捲起，硬生生的蓋住了大半個花口，一副害羞的樣子，甚至讓人誤會它還未完全開花呢。而這樣的形態也讓它有了一個「翹唇玉鳳蘭」的別名。

辨識重點

葉4至5枚，叢生於近地表處，倒披針形。花黃綠色，較其他臺灣的本屬植物為小，花瓣狹長橢圓形，唇瓣三裂，中裂片舌狀；側萼片長橢圓形，與唇瓣中裂片近垂直，而與唇瓣側裂片平行。

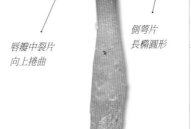

唇瓣側裂片

唇瓣中裂片
向上捲曲

側萼片
長橢圓形

全株通綠，應是臺產玉鳳蘭屬中花最小的。

—— *Data*

· **屬** 玉鳳蘭屬
· **別名** 翹唇玉鳳蘭。
· **棲所** 臺灣中南部中低海拔山區林緣或竹林中。

—— 花期

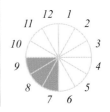

237

叉瓣玉鳳蘭

Habenaria pantlingiana Kranzl.

叉瓣玉鳳蘭是臺灣產玉鳳蘭屬中，族群數最多的一種，野外觀察植物的人，經常都有巧遇它的美好經驗。第一次遇到它是在烏來福山山徑旁，整個花葶滿滿的絲狀花被裂片，頗為動人！這華麗的花被，是它側花瓣深裂成二裂片，再加上唇瓣的絲狀三裂片總構而成的樣子，這也讓它有了冠毛玉鳳蘭、絲花玉鳳蘭的名稱。

辨識重點

莖直立，葉5至7枚叢生於莖頂端。花密生於花序頂部，綠色；側花瓣深裂成二裂片，唇瓣深裂呈三裂，裂片絲狀，捲曲。

是臺產玉鳳蘭屬中，族群數最多的一種。

Data

· **屬** 玉鳳蘭屬
· **別名** 冠毛玉鳳蘭、絲花玉鳳蘭。
· **棲所** 臺灣低海拔山區溪流兩側林下或較濕潤的林緣邊。

花期

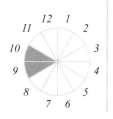

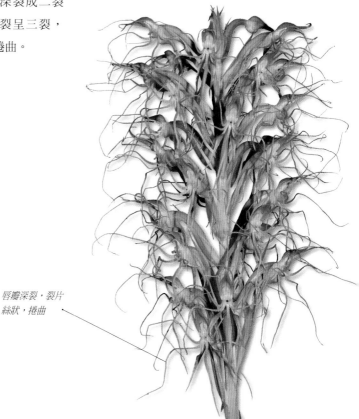

唇瓣深裂，裂片絲狀，捲曲

毛唇玉鳳蘭

Habenaria petelotii Gaganep.

玉鳳蘭屬的花被片多少皆呈絲裂狀，每一種的裂法皆饒富特色，例如本種與
叉瓣玉鳳蘭一樣，花瓣深裂成兩裂片，唇瓣亦呈三深裂，但本種的裂片不似
後種的強烈捲曲，讓它看起來顯得較為秀氣，線條也俐落許多。它的唇瓣有
細細的緣毛，是它的重要特徵。當花盛開時，花朵正面大都朝下，長距高高
的翹起。本種海拔分布較同屬高些，可至大約1,000公尺左右，野外的族群
數量並不多。

辨識重點

花白綠至黃綠色，花瓣深裂成兩裂片，具細緣毛，
上裂片平展，下裂片向後彎曲；唇瓣深裂成三裂
片，裂片線形，向後彎曲，側裂片與中裂片上半段
被細毛。

花瓣及唇瓣
有細細的緣
毛

花盛開時，花朵正面大都朝下，長距高高的翹起。

Data

· 屬　玉鳳蘭屬
· 棲所　喜生於富腐
　植質的林內。亦常
　發現於竹林內。

花期

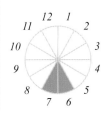

239

裂瓣玉鳳蘭

Habenaria polytricha Rolfe

喜生於林道旁或林緣。

蘭花之所以引人入勝，一大原因是因它們的唇瓣擁有各式各樣的變化，裂瓣玉鳳蘭就是一例，它的花瓣特化成許多的絲狀物，乍觀之，令人難以辨識它的單花結構，下次在野外看到它，可別忘了仔細看清如此繁複的形態！

辨識重點

莖直立，葉8至10枚叢生於莖上，葉片倒卵狀長橢圓形。花淡綠色，唇瓣先三裂，中裂片再三裂成三絲狀裂片，側裂片具絲狀小裂片多枚。

Data

· **屬** 玉鳳蘭屬
· **別名** 線瓣玉鳳蘭。
· **棲所** 臺灣中低海拔山區，喜生於林道旁或林緣。

花期

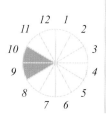

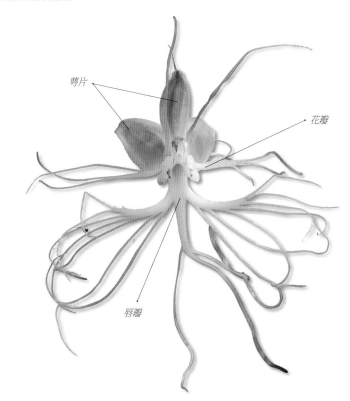

萼片

花瓣

唇瓣

狹瓣玉鳳蘭

Habenaria stenopetala Lindl.

細看狹瓣玉鳳蘭的花朵正面，可見三片較寬大的綠色萼片，二片花瓣呈線形，向上直立，並與上萼片合成罩狀；唇瓣深裂成三裂片，各裂片皆為線形，且均向下並在先端微微內曲。花朵正面還可看到藏著兩枚花粉塊的花藥；花藥兩側顏色稍白的兩枚腺體（或稱退化雄蕊）。

辨識重點

莖直立，葉片6至7枚叢生於莖頂。花嫩綠色至黃白色，上萼片卵狀披針形，側萼片歪卵形；花瓣二裂，上裂片線形，下裂片爪形；唇瓣深裂成三裂片，裂片線形，向後彎曲。

花瓣上裂片線形，向上直立

萼片較寬大

唇瓣裂片線形，向後彎曲

花嫩綠色至黃白色。

廣布於臺灣低海拔山區。

——— Data

· 屬　玉鳳蘭屬
· 棲所　廣布於臺灣低海拔山區。好生於溼潤的森林內或竹林內。

——— 花期

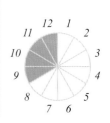

241

漢考克蘭

Hancockia uniflora Rolfe

漢考克蘭為近年發現的新紀錄蘭科植物，它的形態與柯麗白蘭相近，通常僅一至二葉，但花差別甚大；本種花為白色，單生，唇瓣表面散生許多粉紅斑點，為一甚美的野蘭。

辨識重點

地生蘭；形態上與柯麗白蘭族之柯麗白蘭屬較為接近，均有細長之根莖，且假球莖不明顯膨大而呈葉柄狀；但漢考克蘭花序僅具單朵花，唇瓣基部具長管狀之距，可清楚分辨。

花白色

（金效華攝）

唇瓣表面散生粉紅斑點

Data

· 屬　漢考克蘭屬
· 棲所　臺灣目前僅發現於桃園市復興區海拔900至1,000公尺密林下；此外間斷分布於中國雲南東南部與越南北部之間的地區，以及琉球群島。

花期

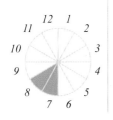

臺灣目前僅見於桃園復興山區之密林下（金效華攝）。

香蘭 特有種

Haraella retrocalla (Hayata) Kudo

香蘭是臺灣的特有種,而且香蘭屬是單種屬,即一屬僅有一種,在趣味養蘭及蘭花親緣學中一直有著重要的角色。它的植株雖不大,卻能開出比例碩大的花朵,寬平的黃色唇瓣染上紫紅色斑,復加以纖細剪裂狀的瓣緣,令人愛不釋手。也因造型如此可愛,受到頻繁的採集,而致使族群大量減少。現在已有人工繁殖的許多瓶苗在市場供應,使野外族群的壓力大幅降低了。它著生的樹枝上常伴生苔蘚,顯見最好提供相當高的環境濕度,栽植時須留意。

辨識重點

葉二列,扁平,常為鎌刀狀披針形。唇瓣無距,唇盤中央深紫紅色,密被毛,邊緣轉黃白色,整體近提琴形,基部下凹,中部兩側內縮將唇瓣分成前唇與後唇,後唇基部具一個倒三角形的肉質胼胝體,前唇近圓形,邊緣不整齊,被毛。

廣布於臺灣低海拔山區。

相對於植株,花朵頗大。

唇盤中央深紫
紅色,被密毛

—— Data

· 屬　香蘭屬
· 別名　牛角蘭。
· 棲所　廣布於臺灣
　　低海拔山區。好生
　　於溼度高的森林內
　　或竹林內。

—— 花期

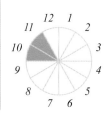

全唇早田蘭

Hayata merrillii (Ames & Quisumb.) T. C. Hsu & S. W. Chung

這個新記錄種是洪信介於2009年在野外首先發現，並引筆者等人前往南投的雙龍山區拍攝此野蘭，它屬下位著生，大抵長在大樹的下半部，其植株、著生方式與早田蘭無異，若不開花很難區別，有別於早田蘭唇瓣先端二裂，裂片亦有許多的齒裂，本種的唇瓣近全緣。

辨識重點

附生植物，植株可達10公分高。根莖基部匍匐，根從節上生出，肉質，密生毛。葉橢圓至長橢圓形，3至6公分長，表面具光澤。花序4至6公分長，具毛狀物。萼片及花瓣白色有紫紅暈，唇瓣先端鈍，1.2至1.3公分長。

Data

· 屬　早田蘭屬
· 棲所　僅生於南投山區。該處原始林茂密，雲霧盛行。

花期

12 1
11　　2
10　　3
9　　4
8　　5
7 6

萼片及花瓣白色，有紫紅暈

唇瓣近全緣

屬下位著生，大抵長在大樹的下半部。

早田蘭

Hayata taibiyahanensis (Hayata) Aver.

早田蘭的採集紀錄十分缺乏，已知分布地如北部的烏來山區、東部海岸山
脈，與中央山脈南段的浸水營、老佛山等地。為斑葉蘭亞族中罕見的附生
物種，且花部形態特異，造成歷來對其分類地位常有爭議。Averyanov認為
它具有肉質的根，較大的花及花瓣離生，明顯與*Cheirostylis*不同，因此成
立一新屬*Hayata*（早田蘭屬）。

辨識重點

附生蘭。植物體約6公分，根莖圓柱狀。
莖綠色，葉約4片，長橢圓形，葉長5.5公
分，寬2公分。花白色；萼片卵形，外被
毛；花瓣歪斜匙形，長約1.2公分，寬
約4公釐，無毛，與上萼片形成罩狀；
唇瓣基部囊狀。蕊柱短，具有頗長之
喙，蕊柱二側各具有一個柱頭；花粉
塊4個，二對，淡黃色。

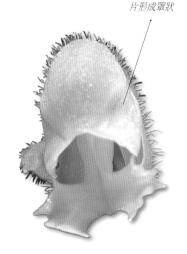

花瓣歪斜匙
形，與上萼
片形成罩狀

附生蘭，植物體約6公分。

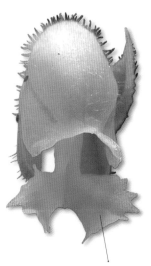

唇瓣先端二裂

——— Data

· 屬　早田蘭屬
· 別名　東部指柱
蘭、東部線柱蘭。
· 棲所　生育地皆為
東北季風帶來豐沛
水氣，且仍有大面
積原始森林保留之
處。

——— 花期

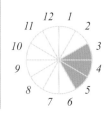

玉山一葉蘭

Hemipilia cordifolia Lindl.

雖然本種從前在玉山、馬博橫斷、南湖大山、多加屯山、南湖南峰及陶塞溪上游、大霸尖山及雪山等地均有採集記錄，但現今這種美麗的高山蘭花，筆者及許多朋友仍未曾於野外目睹。它的葉頗大，圓形或心形，長6公分，寬8公分，上表面帶有紫褐斑紋，背面則帶有灰紫色暈。花白色帶有粉紅色。

辨識重點

花白紫色或紫紅；上萼片長橢圓形；側萼片及花瓣歪斜橢圓形；唇瓣菱形，長7公釐，寬6公釐，圓頭狀，略呈三裂片；唇瓣中央為白色，其餘粉紅色；距長1.6公分；蕊柱短；花粉塊2個。

Data

· **屬** 舌喙蘭屬
· **棲所** 發現於臺灣高山芒草原、二葉松林下之草叢以及岩石地，喜好陽光，分布在海拔2,500至3,500公尺之間。

花期

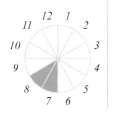

花白紫色或紫紅色

唇瓣中央為白色

（林哲緯繪）

細葉零餘子草

Herminium lanceum (Thunb. *ex* Sw.) Vuijk

細葉零餘子草的分布甚是有趣，除了常見於海拔2,000公尺以上的林緣外，亦可見於東北角、龜山島的海濱山坡草地，但中海拔卻甚少發現，本種在臺灣是一種非常容易見到的野生蘭。其樣貌乍看像極了普通的禾草，一旦花序完全展開，蘭花的樣貌就顯現出來了，翠綠的一串密花，清新雅致。細看它的小花，唇瓣三裂，中裂片極短，側裂片則為長絲狀，微觀別有風味。

辨識重點

直立，葉2至3枚散生於莖上，葉線形至線狀披針形。花序長，花黃綠色，小而密生於花序上；唇瓣三裂，中裂片齒狀三角形，極短，側裂片絲狀，先端向前彎曲。

唇瓣三裂，中裂片極短，側裂片長絲狀。

葉線形至線狀披針形

在臺灣是一種非常容易見到的野生蘭。

——— Data

· 屬　零餘子草屬
· 別名　腳根蘭。
· 棲所　台灣海濱及高海拔山區皆有分布，草坡或路邊土坡上，喜充足陽光。

——— 花期

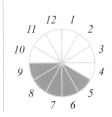

圓唇伴蘭

Hetaeria anomala (Lindl.) Rchb. f.

圓唇伴蘭是不太起眼的物種，未開花時，通常僅有二三片葉子在莖上，狀似線柱蘭類的小蘭花，開花時也不甚引人注意，只見一甚長且被毛的花軸，稀疏散布著幾朵小花。但近觀之，它的側萼片綠褐色，中間又夾有白斑，先端為紅褐色的斑點，色彩變化其實頗為複雜，在野生蘭中別具一格。

辨識重點

植株直立，高可達40公分。葉片亮綠。花序頗長，可達13公分；花朵不轉位，側萼片綠褐色，中段具白斑，模樣極為特殊。

花軸被毛

Data

· 屬　伴蘭屬
· 棲所　中南部中低海拔。產於原始林底層，稍微開闊可見陽光散射之處。

花期

12 1
11 2
10 3
9 4
8 5
7 6

葉片亮綠，花序頗長，可達13公分。

248

長橢圓葉伴蘭

Hetaeria oblongifolia (Blume) Blume

長橢圓葉伴蘭是葉慶龍老師等人晚近於蘭嶼找到的新記錄種，本島目前未有發現。它屬於東南亞至琉球間斷分布的物種，在蘭嶼的記錄雖然令人驚喜，但不甚意外。無獨有偶，其生育地亦長有許多同樣地理分布模式的種類例如管花蘭（見118頁）。本種的葉片大小形狀像闊葉細筆蘭（見175頁），但是表面具光澤，植物整體則似香線柱蘭（見423頁）。

辨識重點

植物體油亮、壯碩，葉片為歪斜卵狀。未開花時極似香線柱蘭，穗狀花序，白花，不轉位，唇瓣位於上方。

花不轉位，
唇瓣位於上方

植物體油亮，葉片歪卵狀。分布於蘭嶼。

— Data

· 屬　伴蘭屬
· 棲所　生於蘭嶼時有強風吹拂的臨海高地上之風衝林內。

—— 花期

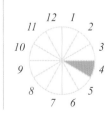

撬唇蘭 特有種

Holcoglossum quasipinifolium (Hayata) Schltr.

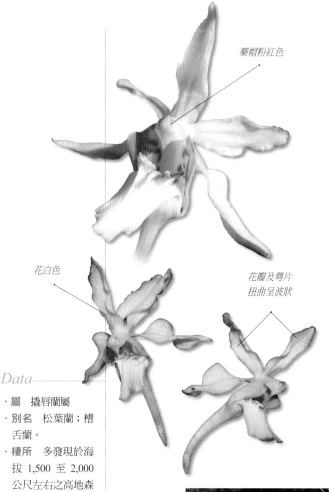

藥帽粉紅色

花白色

花瓣及萼片
扭曲呈波狀

撬唇蘭長約10公分的針狀葉片狀似松葉，所以早期較為人知的別名是「松葉蘭」。其花朵與葉相比不算小，於民國六、七○年代，曾經是日本及歐美人士在臺搜集的標的種之一。可惜它喜生於中高海拔濕冷的森林內，在平地很難栽植。它零星分布於全臺中海拔，北自宜蘭，南至雙鬼湖地區皆有，如：觀霧、梅峰、畢綠溪、大雪山、阿里山區及向陽等地。

辨識重點

葉片長針狀、肉質，葉長約10公分，寬0.3公分；花瓣及萼片白色，中肋處呈粉紅色，外被少數紅褐色斑，邊緣多少扭曲或呈波狀；唇瓣上具有7條平行而略呈三角形之冠狀突起，具有一長距；花粉2塊，近乎球形。

Data

· **屬** 撬唇蘭屬
· **別名** 松葉蘭；槽舌蘭。
· **棲所** 多發現於海拔 1,500 至 2,000 公尺左右之高地森林。可見於櫟林帶至針闊葉混合林中。

花期

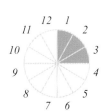

葉形特殊，呈長針狀，肉質。

蘭嶼袋唇蘭

Hylophila nipponica (Fukuy.) S. S. Ying

在臺灣，它僅生於蘭嶼島上的熱帶雨林內，植物體雖壯碩，但在未開花時難以被注意。其花序甚長，小花多數，在熱帶森林中也是一亮點，它的小花看起來「胖胖」的，像挺著黃色小腹的是它的唇瓣囊袋，也是主要特徵。它的花萼及花瓣上密生許多的腺毛，側萼片先端向兩側反曲。

辨識重點

植株壯碩，高可達60公分。莖紫黑色。花黃綠色，唇瓣成囊狀，有毛，唇瓣尖端具一細小尾尖貼伏於囊上。

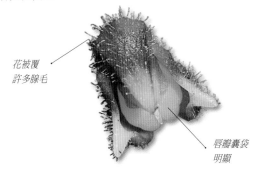

花被覆
許多腺毛

唇瓣囊袋
明顯

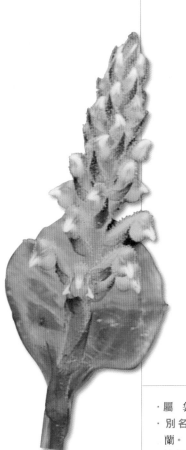

植株壯碩。僅生於蘭嶼的熱帶雨林內。

—— *Data*

· 屬 袋唇蘭屬
· 別名 蘭嶼光唇蘭。
· 棲所 產於潮濕原始林中。

—— 花期

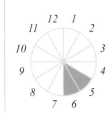

251

綠葉旗唇蘭 特有種

Kuhlhasseltia integra (Fukuy.) T. C. Hsu & S. W. Chung

綠葉旗唇蘭是一僅生於蘭嶼的特有種野生蘭，在蘭嶼島上族群並不多，是一種相當珍稀的植物。當開花時，雪白的大唇瓣是最吸引人的特色；也因為它的大唇瓣形似旗幟而被稱為旗唇蘭。旗唇蘭屬在臺灣僅有二種，本種與紫葉旗唇蘭（見253頁）的差別在於本種的葉為綠色，葉尺寸較大。

辨識重點

植株通體皆綠，莖不具明顯之根，而代之以角突狀物體吸取土壤或腐質層養分。葉片綠色，長卵形。花整朵為白色，具明顯之二裂方形唇瓣。

Data

· **屬** 旗唇蘭屬
· **棲所** 生長於原始林底層，風衝林之稜線上或山徑邊、山峰森林中皆可生長。

花期

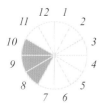

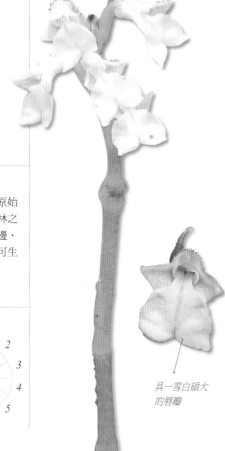

具一雪白碩大的唇瓣

葉片綠色，較大。僅生於蘭嶼的熱帶雨林中。

紫葉旗唇蘭

Kuhlhasseltia yakushimensis (Yamam.) Ormerod

本種植株非常的迷你，常生長在密蔭森林內，或陰濕的林徑旁，未開花時是很難被看到的小型蘭花；但等到花期時，由於它鮮明的白色唇瓣，在幽暗的背景上相當醒目。它的葉片心形，暗紫色，再加上獨特的花形，紫葉白花的外表別有風情。到山上時仔細看，也許它就在你的身旁。

辨識重點

植株通體皆暗紫色。葉片較小，心形，有時葉緣鑲有白邊。花梗紫色，小花苞片紅色，花萼與花瓣外側為綠色，內側為淺紅色；唇瓣為鮮明之白色，具有兩片方形裂片，唇瓣基部淺囊狀，中有隔板，內具長方形腺體。

內側淺紅色

花萼與花瓣
外側綠色

植株通體皆暗紫色；葉片小，呈心形。

唇瓣有兩片
方形裂片

Data

· 屬　旗唇蘭屬
· 棲所　全島中、低海拔針、闊葉林中。

花期

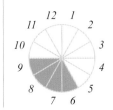

253

黃皿蘭 特有種

Lecanorchis cerina Fukuy. var. *cerina*

已知產地在臺北烏來及坪林地區，海拔高度約600公尺左右。其生育地狹隘，不易見著，在烏來地區與白皿蘭（見255頁）共域。本種的花黃色，唇瓣中段以上均密生多細胞毛；蕊柱長14至15公釐，為辨別的特徵。

辨識重點

真菌異營草本，地下部深入土中，具發達
根部。花序高達30至50公分，花莖於
地表上不分枝，3至7朵花鬆散排
列。花黃色，唇瓣近白色或
略帶紫暈，唇盤表面密
生多細胞毛。

唇盤表面密生
多細胞毛

花黃色

Data

· 屬　皿柱蘭屬
· 棲所　生於人為
　干擾較少之闊葉
　樹雜木林下。苗
　栗以北海拔300至
　1,400公尺之山區。

花期

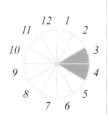

生於人為干擾較少之闊葉樹雜木林下。

白皿蘭

Lecanorchis cerina Fukuy. var. *albidus* T. P. Lin

白皿蘭已知分布地在南投縣、新北市、宜蘭縣及花蓮縣，它是
無葉綠素植物，終年匿隱於森林的腐植質層中，只有在開花
結實時才會冒出地表，陸續完成授粉、結果、散播種子的生
命延續過程。它的花序大約僅具3至5朵小花，花白色或淡
棕色，花不甚張；花被倒披針形；唇瓣整個密生腺毛。
蒴果圓柱狀。

辨識重點

真菌異營草本。花莖不分枝，抽出地面約30公
分，花白色或淡棕色，半開，約3至5朵；二側萼
片形成一鈍角，唇瓣整個密生腺毛。

花白色或
淡棕色

唇瓣的腺毛
純白色

皿柱蘭全屬皆為無葉綠素植物。

—— *Data*

· **屬** 皿柱蘭屬
· **棲所** 生於人為干
擾較少之闊葉樹雜
木林下，人造柳杉
林下亦有發現紀
錄。

—— 花期

12
11   1
10   2
              3
9   4
8   5
     7 6

全唇皿蘭

Lecanorchis nigricans Honda var. *nigricans*

全唇皿蘭分布在苗栗南庄、臺北烏來、桃園復興、臺東太麻里、臺東東河、臺東鹿野、宜蘭大同等地，生育地雖散布全台各地，但大多數之生育地植株均為個位數，是一種想要看見卻不一定能看到的神祕植物。另外，「屋久全唇皿蘭」（見257頁）為最近發表的新記錄種，通常花僅半開，但偶也可見花全開，與本種最主要的區別在於本種的蕊柱被微柔毛，且花形有微差異。

辨識重點

真菌異營草本，地下部深入土中，具發達根系。花序高可達30公分，花莖常有分枝，花多朵陸續開放。萼片與花瓣形狀接近，唇瓣匙狀，全緣，先端帶紫暈，唇盤被毛。

花序高達30公分，常有分枝（許天銓攝）。

Data

· 屬　皿柱蘭屬
· 棲所　原始林下潮溼處，海拔約1,000公尺上下。零星分布桃園、苗栗等地。

花期

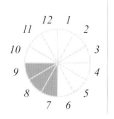

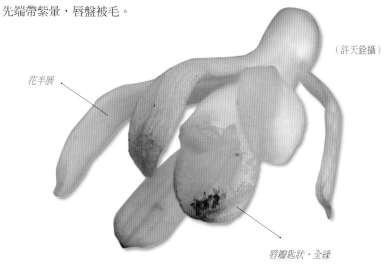

（許天銓攝）

花半展

唇瓣匙狀，全緣

屋久全唇皿蘭

Lecanorchis nigricans Honda var. *yakushimensis* T. Hsahim.

本變種原為日本屋久島特有種，至2010年確認亦分布於臺灣，它與全唇皿
蘭（見256頁）相近，主要差異在於唇瓣展平後較寬（約8公釐），唇盤表
面毛被物較少，蕊柱腹面有細小茸毛。

辨識重點

萼片和花瓣線狀匙形，長13至15公釐，寬3至4公釐，先端鈍。唇匙形，明
顯凹下，長12至14公釐，寬約8公釐；唇盤近先端具多細胞毛。蕊柱長約10
公釐，腹面被毛。

（許天銓攝）

唇盤近先端具
多細胞毛

（許天銓攝）

唇瓣匙形，
明顯凹下

臺灣至2010年才發現，生長於溼潤闊葉林下（許天銓攝）。

—— *Data*

· 屬　皿柱蘭屬
· 棲所　生長於北插
　山區及太麻里海拔
　1,000至1,300公尺
　之濕潤闊葉林下。

—— 花期

12 1
11　　2
10　　　3
9　　　4
8　　5
7 6

亞輻射皿蘭 特有種

Lecanorchis subpelorica T. C. Hsu & S. W. Chung

為2010年發表之新種,最主要的特徵是它的唇瓣形狀、質地及顏色類同於花瓣,接近於輻射對稱的花朵,因而取名為「亞輻射皿蘭」。它很有可能是三裂皿蘭(見263頁)近整齊花型的族群。近來有一新種:「士賢皿蘭(*L. latens*)」與本種相近,差別並不大,應可視為同種。

辨識重點

花序長15至40公分,花有時分枝,小枝10至20公分;花瓣長10至11公釐,寬大約2公釐;唇瓣匙形,三裂,先端不規則齒裂,內表面上生有許多散生多細胞毛。

唇瓣匙形,
先端不規則齒裂

（許天銓攝）

唇瓣形狀及顏色
均類同於花瓣

Data

- **屬** 皿柱蘭屬
- **棲所** 分布於恆春半島。

花期

（許天銓攝）

分布於恆春半島（許天銓攝）。

258

杉野氏皿蘭

Lecanorchis suginoana (Tuyama) Serizawa

本種以往被視為日本特有種，直到2009年才由許天銓、余勝焜及筆者等人
發現，並發表為臺灣新紀錄種，目前僅紀錄於新竹縣及南投縣中海拔山區。
其生育地狹隘，已發現植株只數十棵，數量十分稀少，亟待關注棲地的破壞
問題。

辨識重點

真菌異營草本。花莖約十餘公分高，花約3朵左
右，可同時開放，但花僅半開；形態類似全唇
皿蘭（見256頁），但花形較大。在南投縣所發
現的兩個族群中，一個族群花色為淡紫色，另
一個族群花色為黃褐色。

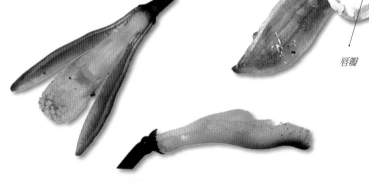

唇瓣

黃褐色系花。

淡紫色系花。

—— *Data*

· **屬** 皿柱蘭屬
· **別名** 遠州皿蘭、
遠州無葉蘭。
· **棲所** 生於針闊葉
混合原始林下半透
光之腐質土中。

—— 花期

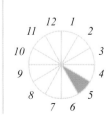

12 1
11 2
10 3
9 4
8 5
7 6

臺灣皿蘭

Lecanorchis taiwaniana S. S. Ying

這個分類群最早的合法學名是應紹舜教授於1987年發表的臺灣皿蘭*Lecanorchis taiwaniana*，模式標本採自臺北加九寮至加九嶺一帶山區。或許因發表時形態描述、線描圖較為粗略未能呈現特徵，加上彩色圖片相當模糊，這個學名一直未被正確引用，日本研究者發表*L. amthystea*時推測並未參考臺灣的樣本，由於發表時間較晚（2006年），*L. amthystea*應視為*L. taiwaniana*之異名。它的花部形態和全唇皿蘭（見256頁）十分接近但有穩定的細微差異，主要區別在於本種花莖顏色較淡，花排列

花莖顏色較淡，花排列較疏，明顯展開。

較疏，明顯展開，花萼片寬2至3公釐，唇瓣微3裂，蕊柱超過一半長度與唇瓣合生。蒴果黃褐色。

辨識重點

花序15至45公分高，花莖不分枝或具1至2分枝，上著4至20小花，花開展，花瓣黃白色帶有淡紫暈，線形，長1.3至1.6公分。唇瓣內部具有紫色多細胞毛和白色毛狀物。

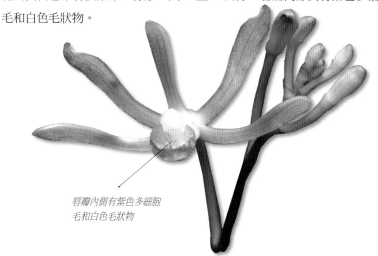

唇瓣內側有紫色多細胞
毛和白色毛狀物

Data

· 屬　皿柱蘭屬
· 棲所　生育環境為海拔約500至900公尺闊葉林或柳杉林下，南北兩端分布。

花期

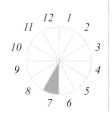

紋皿蘭 特有種

Lecanorchis thalassica T. P. Lin

皿柱蘭屬各物種的花朵形態多半十分接近，個體間又常存在細微變異，也造成分類上的困難。紋皿蘭的命名取自其唇瓣背面的紫綠色條紋，不過，這種紋路並非本種獨有，且部分花色較淡的個體紋路也不太明顯。整體來說，紋皿蘭與日本的 *L. japonica* var. *japonica* 難以區分，和黃皿蘭（見254頁）也相當接近，它們之間的親緣關係還需要詳細探討。

多年生之真菌異營草本；花莖高達50公分，花4至10朵（許天銓攝）。

辨識重點

多年生之真菌異營草本。花莖高達50公分，花4至10朵。萼片與花瓣形態接近，倒披針形，灰綠色具黃邊，長約2公分，先端鈍；唇瓣倒卵形，長約16公釐，寬約8公釐，基部之兩側邊緣與蕊柱相連，先端密被長毛，外側具數條平行紫紋；蕊柱半圓柱狀，先端擴展，長約9公釐。

（許天銓攝）

唇瓣先端
密被長毛

———— *Data*

· 屬　皿柱蘭屬
· 棲所　中海拔霧林帶林下。

———— 花期

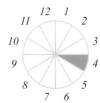

糙莖皿蘭

Lecanorchis trachycaula Ohwi

花序黑色，高20至50公分（許天銓攝）。

皿柱蘭屬物種彼此間相當容易混淆，僅有這種區別最明顯，因為它的花序軸上有許多的突起物。糙莖皿蘭在臺灣最早發現者為周保宏先生。

辨識重點

高20至50公分，花序黑色，花被片長約1.5公分，灰黃棕色，具突起物；唇瓣三裂，唇瓣上密生毛狀物。

花序軸上有許多的突起物

Data

· **屬** 皿柱蘭屬
· **別名** 阿波無葉蘭。
· **棲所** 中海拔山區雜木林或柳杉林下。

花期

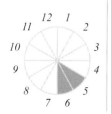

（許天銓攝）

唇瓣三裂，密生毛狀物

三裂皿蘭

Lecanorchis triloba J. J. Sm.

為2009年發表的新記錄種。三裂皿蘭分布在琉球、東南亞及泰國等地，為一廣泛分布的無葉綠素植物。這一種主要的特徵是它的花序常分枝，花果較其它皿柱蘭屬的成員小些，而且唇瓣上有一對隆起的龍骨。

辨識重點

地下莖甚長且深入土層之中。花莖高可達50公分左右，常分枝。花淡紫色，不甚開展；萼片與花瓣匙狀倒披針形，長約1公分；唇瓣三裂，基部與蕊柱合生，中裂片先端擴大，表面密被多細胞毛。

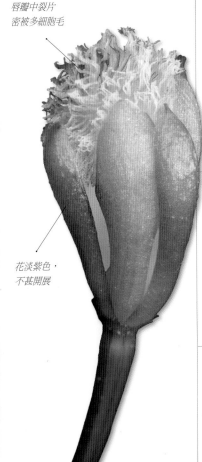

唇瓣中裂片
密被多細胞毛

花淡紫色，
不甚開展

花莖高達50公分左右，常分枝（許天銓攝）。

Data

· **屬** 皿柱蘭屬
· **別名** 沖繩無葉蘭。
· **棲所** 已知生育地皆位於低海拔地區雨量甚為豐沛之處，族群生長於闊葉林下。

花期

（不定期）

綠皿蘭

Lecanorchis virella T. Hashim.

綠皿蘭與其它皿柱蘭最大的不同在於它的花為綠色調，花的唇瓣中裂片向上內曲，中裂片形狀為長矩形。本種為2009年才發現的新記錄種。

辨識重點

多年生之真菌異營草本。一花序約4至5朵花，花瓣與花萼略等長，花瓣褐綠色；側萼片長橢圓形，唇瓣生有許多毛狀物，中裂片向上內曲。

臺灣僅在新北市發現過，生長在闊葉林下。

花褐綠色

唇瓣中裂片向上內曲

Data

· **屬** 皿柱蘭屬
· **別名** 綠無葉蘭。
· **棲所** 臺灣僅在新北市發現過，生長在闊葉林下。

花期

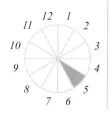

白花羊耳蒜 特有種

Liparis amabilis Fukuy.

本種和其他臺灣產的羊耳蒜差異頗大，葉1至2枚，花軸長3至4公分，花1至5朵。雖名為白花羊耳蒜，但其實它的花為半透明，並具有紫紅色脈紋，唇瓣邊緣有緣毛。可利用這些特徵與臺灣產的其他種類做區別。白花羊耳蒜目前的發現地僅有二處，即卡保山及太平山，相當稀有。常著生於樹幹上，冬季落葉，夏天新葉及花莖同出。

辨識重點

植物體通常具當年植株及前一年之假球莖，假球莖卵形。葉1至2枚，橢圓形，與花莖同時萌發，但於花季結束後方逐漸成熟，長4至10公分，寬2至7公分。花莖頂生，具1至5朵花；萼片與花瓣均呈線形，唇瓣橢圓形，表面呈半透明狀並具有紫紅色脈紋，中肋兩側具一對板狀突起。

葉一至2枚

唇瓣中肋兩側有一對板狀突起

常著生於樹幹上，夏天新葉及花莖同出。

唇瓣表面有紫紅色斑紋。

——— Data

· 屬　羊耳蒜屬
· 棲所　檜木林帶之高位著生物種，過去數十年來的原始森林開墾與林木砍伐對其族群影響極大。

——— 花期

265

雙葉羊耳蒜

Liparis auriculata Blume ex Miq.

雙葉羊耳蒜的分布非常廣泛，北插天山、拉拉山、太平山、杉林溪、塔塔加、阿里山、中之關及花蓮曉星山皆有分布，但數量不多，看過的人相當稀少。筆者二次於野外見到它都是在海拔約2,000公尺的雲霧帶森林內，生長在鋪滿苔蘚的小徑邊坡，與環境相融，不易被發現。其葉圓形，雖名為雙葉羊耳蒜，但有時僅具一葉，其花在日本花色白，中間有一紫帶，與臺灣的深色花朵不同。

長在苔蘚密生的土坡上。雖名為雙葉羊耳蒜，但有時僅具一葉。

辨識重點

地生蘭。假球莖卵球形；葉卵形至圓卵形，葉鞘形成假莖。花紅紫色，唇瓣近乎圓形，紫紅色。

Data

· **屬** 羊耳蒜屬
· **別名** 玉簪羊耳蒜。
· **棲所** 喜愛開闊而潮濕之岩石坡地，林床多見豐富的苔蘚植物。

花期

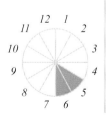

唇瓣圓形，紅紫色

鬚唇羊耳蒜

Liparis barbata Lindl.

鬚唇羊耳蒜因唇瓣先端呈短鬚狀撕裂而得名，1990年為蘇鴻傑及鍾年鈞於鹿谷所發現，後來在北橫亦有記錄。它很有特色，葉及花同時抽出，葉通常2至3片，花綠色，唇瓣甚大，正面看起來好似長方形，在臺灣目前發現的地點都是在竹林內。

辨識重點

地生蘭。唇瓣楔狀扇形，先端二淺裂，裂片邊緣具緣毛或梳狀裂，蕊柱有窄翼，可與其他種類區別。

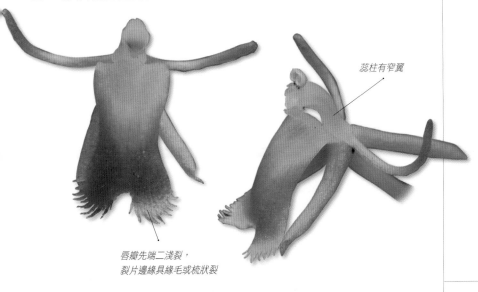

蕊柱有窄翼

唇瓣先端二淺裂，
裂片邊緣具緣毛或梳狀裂

地生蘭，葉及花同時抽出，喜生於竹林內。

花綠色，唇瓣甚大。

Data

· 屬　羊耳蒜屬
· 棲所　喜生於竹林內。

花期

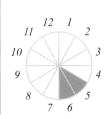

267

一葉羊耳蒜

Liparis bootanensis Griff.

它於單一假球莖上僅生一葉，葉呈倒披針形，不難區別，也是臺灣山區相當常見的野生蘭。它的花序呈弧形，上生許多的小花，野趣十足。臺灣產的類似種類中，一假球莖生一葉者，除了本種外，尚有叢生羊耳蒜（見270頁）及樹葉羊耳蒜（見282頁），三者中本種數量及分布最多，是初學者最易看到的野生蘭之一，葉及花為三者中最大。

辨識重點

著生蘭。假球莖卵形，上生一葉。葉倒披針形。花色青綠後轉黃褐，直徑約8公釐，萼片及花瓣捲成細管狀；唇瓣廣倒卵形，邊緣有細鋸齒。

萼片及花瓣捲成細管狀

Data

· 屬　羊耳蒜屬
· 別名　摺疊羊耳蒜。
· 棲所　可見於森林中或林緣之樹幹上或岩石上。

花期

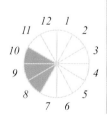

一球莖僅生一葉。可見於森林中或林緣之樹幹上或岩石上。

彎柱羊耳蒜

Liparis campylostalix Rchb. f.

本種在臺灣最早記錄於1989
年，由蘇鴻傑和陳子英採自於南
投縣雲海至天池之間（能高越嶺
道），隔年Su（1990）將其發
表為臺灣新記錄種。在臺灣，除
了上述地點外，在梅峰地區亦有
發現。本種相當特殊，葉僅二
枚，花會從中間穿出，花色為相
當耐看的青綠。

辨識重點

地生蘭。假球莖卵狀。葉片2
枚，卵形或橢圓形，葉長3至8
公分，寬2.5至4公分。花淺綠
色，唇瓣楔形，長4至7公釐，
寬4至5公釐。

花通體綠色

葉子僅二枚，花從中間穿出。

Data

· 屬　羊耳蒜屬
· 棲所　喜歡通風良
好、稍乾之針闊葉
混合林之林下或岩
石上。

花期

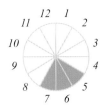

叢生羊耳蒜

Liparis cespitosa (Thouars) Lindl.

唇瓣長
2.5至3公釐

筆者曾與叢生羊耳蒜有二次的相遇，一次在烏來一瀑布旁的大樹上，一次在知本溪上游河旁的樹上，顯然它是低海拔溪谷環境的物種。它的生長環境與長在中海拔林下或岩石環境的樹葉羊耳蒜（見282頁）有所區隔。本種的花相當相當的小，花瓣僅約0.25公分。植株約5至6公分，相當迷你。

辨識重點

小型附生蘭。萼片及花瓣長小於3.5公釐；唇瓣2.5至3公釐長，1.5公釐寬；蕊柱長1.2公釐。果實球形，長3至4公釐，寬2至3公釐。

Data

· 屬　羊耳蒜屬
· 別名　桶後溪羊耳蒜、小小花羊耳蒜。
· 棲所　喜愛溼度極高之環境，多附著在樹幹中部至下部，偶可見於岩石上。

花期

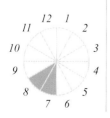

喜愛溼度極高的環境，植株相當迷你。

植株約
5至6公分

長腳羊耳蒜
Liparis condylobulbon Rchb. f.

筆者曾於好友前往恆春半島尋蘭，在一溪谷遇見了長腳羊耳蒜，遍及四處，其中一倒樹上竟生滿了數百串植株，並同時開花，滿滿花朵蓋住整個樹幹的勝景，讓我們興奮良久，遲遲不想離去，也讓我見識了野生蘭的真正魅力，那種視覺的美及心靈的震撼，是不可能發生在花市及花園的。

辨識重點
著生蘭。假球莖圓柱形或棍棒狀，由相隔數公分之根莖上長出。葉2片自假球莖抽出。花淡綠色，直徑約7公釐，唇瓣倒卵形，先端稍呈二裂。

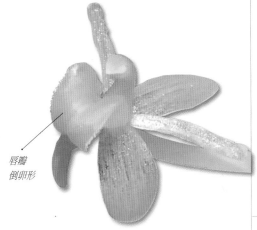

唇瓣
倒卵形

花淡綠色。

常成群生長，通常著生在光照充足之區域。

Data

· **屬** 羊耳蒜屬
· **別名** 長耳蘭。
· **棲所** 常成群生長於樹幹中部至下部，通常喜愛多陽光之區域。

花期

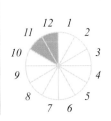

271

心葉羊耳蒜

Liparis cordifolia Hook. f.

葉心形，
大於5公分，
葉面青綠色

本種在臺灣最早的採集記錄為1914年，由早田文藏採集於溪頭，之後在1918年發表於《臺灣植物圖譜》當中，並且命名為 *L. keitaoensis*，故心葉羊耳蒜也常常被稱為溪頭羊耳蒜。它在臺灣產的羊耳蒜中獨樹一幟，葉子通常僅一枚，心形，花一串，上著生許多的淡綠色小花，晶瑩透亮。葉於夏天枯萎，僅餘假球莖，直至秋天方再抽出花序來。

辨識重點

小型地生蘭。假球莖卵形，壓扁狀。葉單一，卵狀心形，葉面青綠色，布有白斑。花淡綠色，唇瓣倒卵形，長約1.2公分，先端具有一突尖。

Data

· **屬** 羊耳蒜屬
· **別名** 溪頭羊耳蒜、銀鈴蟲蘭。
· **棲所** 在原始闊葉樹林或次生林皆有，柳杉林下亦可發現，喜陰濕之林下環境，亦可著生於石壁上之苔蘚中。

花期

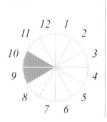

果實。

在原始闊葉樹林或次生林皆有。

德基羊耳蒜 特有種

Liparis derchiensis S. S. Ying

應紹舜教授於1991年發表了新種德基羊耳蒜，但目前還未發現模式標本。根據發表文獻，本種與臺灣本屬的其它種類可明顯區別的特徵為：葉邊緣不呈波浪，葉面較平滑有光澤，花色為淡紫色，唇瓣先端圓形，邊緣有明顯的鋸齒，蕊柱上泛有紫斑。在臺灣的翠峰及觀雲等地有少量分布。

辨識重點

地生蘭。葉緣不呈波浪狀。花為淡紫色，側萼片基部相連，相連部分長約2公釐，唇瓣先端為圓形，邊緣為不規則齒狀，蕊柱基部有兩個突起，上面有紫色暈斑。

葉面平滑有光澤。

唇瓣具明顯的鋸齒緣

花淡紫色

—— Data

· 屬　羊耳蒜屬
· 棲所　喜愛通風良好、潮濕的土坡環境，或可見於松樹林之邊緣。

—— 花期

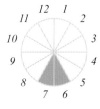

扁球羊耳蒜

Liparis elliptica Wight

扁球羊耳蒜喜生於濕度高的林子
內，數量不少，是很有機會看到的
野生蘭。它相當有特色，正如它的
名字「扁球羊耳蒜」，其假球莖呈
扁平狀。它的開花性不錯，有一些
老株可抽出數十支花序，數大便是
美。其單花之花期甚短，二三日花
便開始合閉。其唇瓣先端具尾尖，
頗有造型。

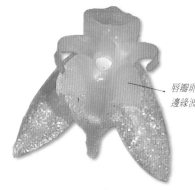

唇瓣卵圓形，
邊緣波浪狀

辨識重點

附生蘭。假球莖密集，壓扁，上生
二葉。葉倒披針形。花莖下垂；花
黃綠色，直徑僅約5公釐；唇瓣卵
圓形，捲曲，邊緣波浪狀。

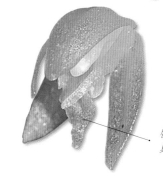

唇瓣先端
具尾尖

Data

· **屬** 羊耳蒜屬
· **棲所** 著生於樹幹
之中部及下部枝條
上，偶爾見附著於
岩石上，喜愛濕度
高的生育環境。

花期

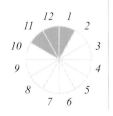

花莖下垂，花青綠色。

附生蘭，喜生於濕度高的林子內。

274

長穗羊耳蒜 特有種

Liparis elongata Fukuy.

長穗羊耳蒜為一稀有的野生蘭，在臺灣局限分布，目前發現於加里山、思源埡口及向陽三個山區，數量甚少。它的主要特徵是：假球莖上有二枚葉，葉緣波浪狀，花淡紫色，唇瓣自中段向下轉折，折角約為90度。

辨識重點

地生蘭。假球莖長1.8至3公分。葉寬4至6公分，邊緣為波浪狀。花為淡紫色，蕊柱長5至6公釐，唇瓣長10至12公釐，寬7至10公釐。

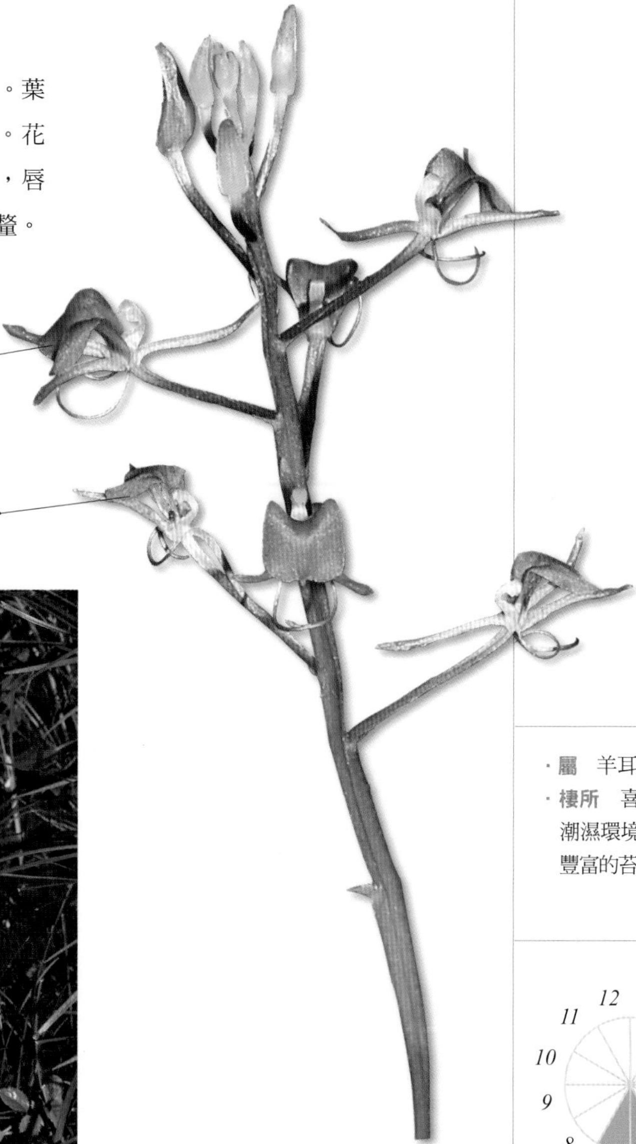

唇瓣自中段向下
轉折約90度

花淡紫色

假球莖上有二枚葉，葉緣波浪狀。

Data

· 屬　羊耳蒜屬
· 棲所　喜愛冷涼之潮濕環境，地表有豐富的苔蘚植物。

花期

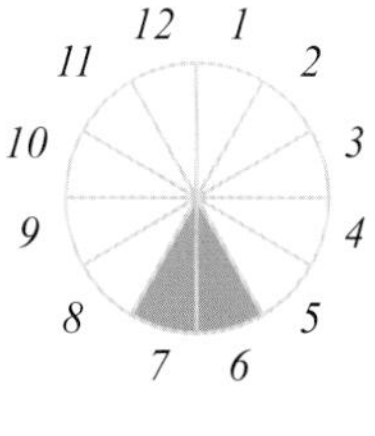

明潭羊耳蒜
Liparis ferruginea Lindl.

明潭羊耳蒜在臺灣僅發現於南投日月潭，自發表後，因蓋水庫使得原生地被淹沒，一直到現在還未再次發現其蹤跡。在香港及東南亞有一銹色羊耳蒜，亦長在濕地，經形態比較，應與臺灣的明潭羊耳蒜為同一種。

辨識重點
假球莖卵形。葉為線形或線狀披針形，長16至30公分，僅1至1.5公分寬。總狀花序頂生。上萼片及花瓣線形，長約九公釐；唇瓣卵狀橢圓形。

唇瓣卵狀橢圓形

（Stephan Gale 攝）

上萼片及花瓣線形

（Stephan Gale 攝）

在臺灣僅發現於南投日月潭（Stephan Gale 攝）。

葉線形或線狀披針形，總狀花序頂生（Stephan Gale 攝）。

Data

· **屬** 羊耳蒜屬
· **別名** 銹色羊耳蒜。
· **棲所** 陽光充足之濕潤草原或沼澤地。

花期

12 1 2 3 4 5 6 7 8 9 10 11

寶島羊耳蒜

Liparis formosana Rchb. f.

寶島羊耳蒜與脈羊耳蒜（見284頁）非
常相似，常令人感到撲朔迷離。本種主
要分布於海拔1,000公尺以下之區域，
上萼片及花瓣向前彎曲。花淡綠色而帶
紫紅暈，藥帽紫色。它與大花羊耳蒜
（見278頁）常生於同一地區，但本種
株體較小型，大約30公分，而大花羊
耳蒜非常粗壯，花也大很多，不難區
別。

辨識重點

地生蘭。葉2至3片，橢圓形或歪卵
形。上萼片及花瓣向前彎曲。花淡綠色
而帶紫紅暈；萼片及花瓣長約1公分，
藥帽紫色，唇瓣先端銳頭。

葉2至3片，橢圓形或歪卵形。

相似種鑑別

脈羊耳蒜（見284頁）

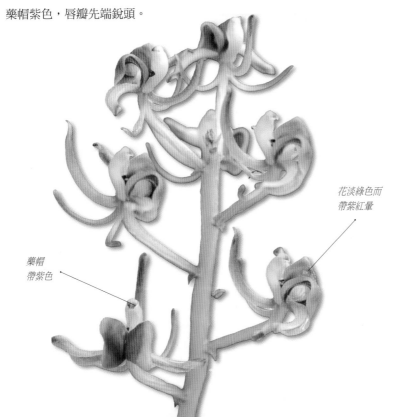

花淡綠色而
帶紫紅暈

藥帽
帶紫色

Data

· 屬　羊耳蒜屬
· 棲所　喜愛潮濕之
　環境，在竹林中也
　可發現。

花期

12　1
11　　　2
10　　　　3
9　　　　4
8　　　5
7　6

大花羊耳蒜

Liparis gigantea Tso

植株壯碩，為臺灣常見的野生蘭。

花紅色或深紫紅色。

大花羊耳蒜為臺灣最常見的野生蘭之一，是許多賞蘭初學者之入門種。它植株壯碩，再加上開花時花序高挺，著生眾多絳紅而具光澤感的花朵，在山徑上要忽略它還真的有些困難。它的花朵通體深紫紅色，僅蕊柱為白色。

辨識重點

大型地生蘭。莖圓筒形，肉質。葉4至5枚，長10至15公分，表面有波浪形皺褶。花紅色或深紫紅色，直徑約2公分；唇瓣寬廣，先端邊緣具有細鋸齒。

Data

· **屬** 羊耳蒜屬
· **棲所** 低海拔闊葉林下土坡。

花期

蕊柱白色

唇瓣先端具有細鋸齒緣

恆春羊耳蒜

Liparis grossa Rchb. f.

恆春羊耳蒜是頗具風味的野生蘭，在恆春半島的尋常山路甚至是公路旁，都可能不時與它近距離接觸。它的假球莖渾圓，上生澤亮的二片葉子，帶有濃重的熱帶感，開花時，一長串的橘色花朵，色澤及花形亦頗為動人。分布在宜蘭以南的東部山區及蘭嶼，以恆春半島為多。

辨識重點

著生蘭。假球莖密集，卵形，稍扁壓狀，頂端具二葉。葉長橢圓形，革質堅硬，先端圓鈍。花橙色；唇瓣楔形，先端二裂，邊緣齒狀。

假球莖卵形

花橙色

唇瓣先端二裂，
裂片邊緣鋸齒狀

—— *Data*

· 屬　羊耳蒜屬
· 棲所　喜著生於溪谷旁之大樹上，至風衝之稜線上皆可發現。

—— 花期

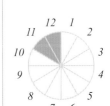

喜著生於溪谷旁之大樹上。

假球莖密集，頂端生二長橢圓形葉。

齒唇羊耳蒜 特有種

Liparis henryi Rolfe

齒唇羊耳蒜是臺灣特有種。它與大花羊耳蒜近似，不同於花全體深紅的大花羊耳蒜，本種的花朵色彩為紅綠雙色，非常搶眼，是許多賞蘭者希望在野外親眼目睹的物種。但它並不易遇見，因為產地多集中於恆春半島及蘭嶼的深山內；其唇瓣邊緣呈細鋸齒狀，因而得名。

辨識重點

地生蘭或偶見附生。葉橢圓形或卵形，膜質。上萼片10至15公釐長，花瓣向後彎曲。唇瓣先端為齒緣，花色為綠色後轉為紫紅色，基部有2突起。

多集中於恆春半島及蘭嶼的深山內。

Data

· 屬　羊耳蒜屬
· 棲所　喜愛潮濕之環境，土坡及邊坡皆可發現，亦可見附生之狀態。

花期

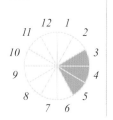

唇瓣先端具明顯的鋸齒緣

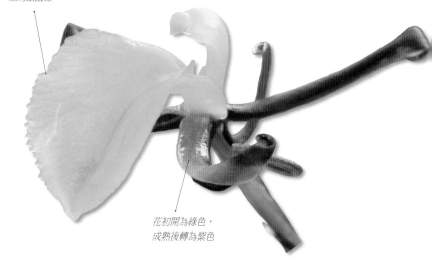

花初開為綠色，成熟後轉為紫色

川上氏羊耳蒜

Liparis kawakamii Hayata

以往都將其併入長葉羊耳蒜（見283頁），但二種實有所不同，區別在於：本種的葉長為3至13公分，長葉羊耳蒜則為15至45公分；又，花萼長3.5至6公釐，寬1.5公釐，長葉羊耳蒜則長7至13公釐，寬2至2.5公釐；且川上氏羊耳蒜唇瓣長3.5至5公釐，長葉羊耳蒜則為7至11公釐；再之，其蕊柱長約3公釐，長葉羊耳蒜則為5至6公釐。花期部分，本種為7至9月，長葉羊耳蒜則為11至2月。

辨識重點

小型附生蘭。假球莖小，頂端生2枚葉。葉長3至13公分，長圓狀倒披針形。花萼長3.5至6公釐，寬1.5公釐；唇瓣3.5至5公釐；蕊柱約3公釐長。

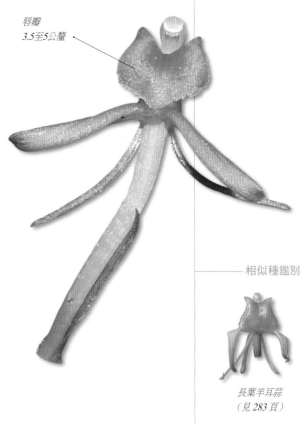

唇瓣
3.5至5公釐

—— 相似種鑑別

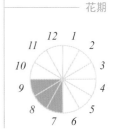

長葉羊耳蒜
（見283頁）

—— *Data*

· **屬** 羊耳蒜屬
· **棲所** 喜愛著生於潮濕之岩壁上。

—— 花期

假球莖頂生2枚葉，葉為長圓狀倒披針形。

蕊柱長約3公釐。

樹葉羊耳蒜

Liparis laurisilvatica Fukuy.

樹葉羊耳蒜、叢生羊耳蒜（見270頁）及一葉羊耳蒜（見268頁）都是單葉的臺產羊耳蒜植物，從葉子大小就可以將這三種區別出來。最大者為一葉羊耳蒜，葉長5至20公分，寬1.5至4公分；其次為樹葉羊耳蒜，長5.5至17公分，寬0.3至1.2公分；最小者為叢生羊耳蒜，長約4至5公分。

辨識重點

小型附生蘭。花軸和子房長7公釐；萼片及花瓣長超過5公釐；唇瓣4至5.5公釐長，2.6公釐寬；蕊柱長2.5公釐。果實橢圓形，長8至11公釐，寬4.5公釐。

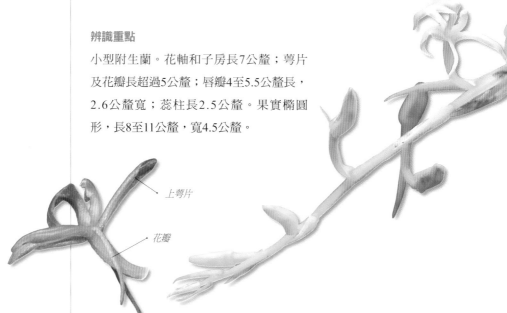

上萼片

花瓣

Data

· 屬　羊耳蒜屬
· 棲所　喜歡溫涼潮濕之森林環境，常可見到其著生於樹幹上或岩石上。

花期

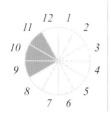

常見於溫涼潮濕的森林。

長葉羊耳蒜 特有種

Liparis nakaharae Hayata

本種的假球莖一個接著一個連成一排，附生於岩壁上，常群生佔住一整片岩面，盛花時也極為壯觀。它通常長在濕潤的林子內，若長在較乾燥地方的族群，葉形會較短寬，假球莖呈扁圓形，即使移到溫室栽植數年，形態依然未變。

辨識重點

附生蘭。假球莖歪卵形，長約2公分。葉線狀倒披針形。花莖與新葉同時開展。花青綠色，直徑約2公分；唇瓣基部具有二突起。

花青綠色，
直徑約2公分

（許天銓攝）

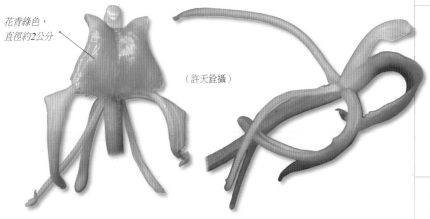

相似種鑑別

川上氏羊耳蒜
（見281頁）

Data

· **屬** 羊耳蒜屬
· **別名** 虎頭石。
· **棲所** 喜歡溫涼潮濕之森林環境，常可見到其著生於樹幹上或岩石上，偶見半遮蔽之土坡上。

花期

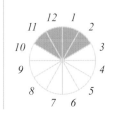

葉線狀倒批針形。花莖與新葉同時開展。

脈羊耳蒜

Liparis nervosa (Thunb.) Lindl.

花紫紅色

相似種鑑別

寶島羊耳蒜
（見277頁）

Data

· **屬** 羊耳蒜屬
· **別名** 紅花羊耳
蒜。
· **棲所** 喜愛潮濕之
環境，林床上多枯
枝落葉層。

花期

偶可見綠花

北部低海拔山區自五月起，各種羊耳蒜紛紛開花，首先是大花
羊耳蒜（見278頁），緊跟著是寶島羊耳蒜（見277頁），七
月起可見脈羊耳蒜。本種與寶島羊耳蒜不易區別，花期倒是可
以作為參考的指標。脈羊耳蒜花序上著花數較少，通常為3至
8朵，而寶島羊耳蒜較多，常在15朵以上。

辨識重點
地生蘭。葉2至3片，橢圓形或歪卵形。一花序著花3至8朵；
花紫紅色；上萼片及側瓣向後彎曲；藥帽黃色，唇瓣先端凹
頭。

地生蘭，葉2至3枚，橢圓形或歪卵形。

雲頂羊耳蒜 特有種

Liparis reckoniana T. C. Hsu

植物體非常嬌小，常著生於稜線倒木上之苔蘚堆中，冬季落葉休眠，僅餘假球莖。整體外形略似尾唇羊耳蒜（見286頁）但更小，其中文名表示它的生育地經常雲霧繚繞。

辨識重點

花整體為淡綠並泛紅暈；線形的萼片及花瓣長6至7公釐；卵狀且略呈方形的唇瓣，則具有暗紫紅脈紋，唇瓣長4至5公釐，先端具暗紅色短突尖。

花綠色帶暗紅暈

（許天銓攝）

雲頂羊耳蒜全株（許天銓攝）。

唇瓣表面具暗紅脈紋，卵狀方形，先端具暗紅色短突尖（許天銓攝）。

— *Data*

· **屬** 羊耳蒜屬
· **棲所** 中央山脈南段中海拔霧林環境。

— 花期

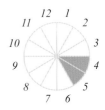

尾唇羊耳蒜 特有種

Liparis sasakii Hayata

地生蘭。葉二枚。喜好濕冷的生育環境。

筆者曾在同一岩壁上遇見尾唇羊耳蒜與雙葉羊耳蒜（見266頁），它們都喜好濕冷的環境，林床上多苔蘚。尾唇羊耳蒜的植株僅具有一個新鮮、和植株相連的上一季的假球莖，老的假球莖會在隔年或者後年萎縮而消失。它的花深紫色，唇瓣圓形，邊緣具有纖毛狀的緣毛，相當美麗。

辨識重點

小型地生蘭。花莖與葉同時冒出，假球莖卵形，葉二枚，花為深紫色，唇瓣邊緣具有纖毛狀的緣毛。

Data

· **屬** 羊耳蒜屬
· **別名** 紫鈴蟲蘭。
· **棲所** 喜好濕冷的生育環境，林床多苔蘚，偶見潮濕岩壁。

花期

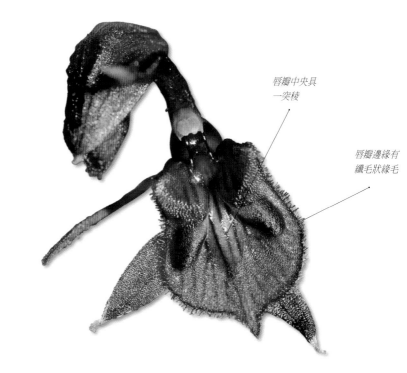

唇瓣中央具一突稜

唇瓣邊緣有纖毛狀緣毛

高士佛羊耳蒜

Liparis somae Hayata

本種自早田文藏於1914年發表後便無後續報導，直到蘇鴻傑教授於1980年代進行恆春半島蘭科植物調查後，才再度確認它的存在與形態特徵。其花部形態與淡綠羊耳蒜（見289頁）十分接近，但假球莖明顯較短，且常具有縱稜。

辨識重點

附生蘭。假球莖扁壓，表面有深溝。葉2枚，生於假球莖頂端，倒披針形，具多數平行脈。花細小，長約3公釐；唇瓣先端有細鋸齒緣。

花細小，長約3公釐

假球莖扁壓、較短，具縱稜。　　見於榕楠林帶，喜歡潮濕陰涼之環境。

附生蘭，葉二枚，倒披針形。

―― Data

・屬　羊耳蒜屬
・棲所　見於榕楠林帶內，著生於樹幹中部至下部，喜愛潮濕陰涼之環境。局限分布在南仁山及牡丹一帶。

―― 花期

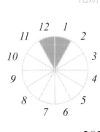

287

插天山羊耳蒜

Liparis sootenzanensis Fukuy.

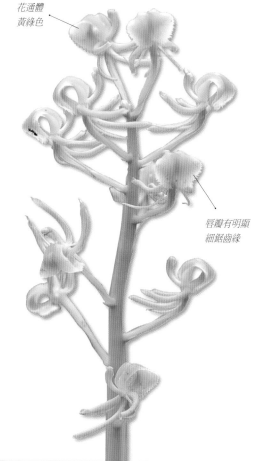

花通體
黃綠色

唇瓣有明顯
細鋸齒緣

插天山羊耳蒜為臺灣特有種，它的植株及花朵近似大花羊耳蒜（見278頁），也都屬於大型的地生羊耳蒜屬植物。本種花朵整體黃綠，連蕊柱也是。與大花羊耳蒜相比，插天山羊耳蒜的海拔分布較高些。

辨識重點

大型地生蘭。葉3至5片；葉斜生橢圓形。花莖綠色具有翼狀稜脊，花黃綠色，不帶有紅暈；唇瓣倒卵形至楔形，先端有明顯之細鋸齒緣。

Data

· **屬** 羊耳蒜屬

· **別名** 黃花羊耳蒜。

· **棲所** 喜歡潮濕陰涼之環境，見於闊葉樹林中，偶可見於竹林內。

花期

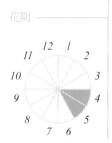

為大型的地生羊耳蒜屬植物。

淡綠羊耳蒜

Liparis viridiflora (Blume) Lindl.

淡綠羊耳蒜與長腳羊耳蒜
（見271頁）都具長柱狀的
假球莖，非常的相似，但本
種相對來說數量較少。它們
兩者的差別在於本種的假球
莖密集，而長腳羊耳蒜的
假球莖彼此間相距2公分以
上。

辨識重點

附生蘭。根莖不明顯。假球
莖叢生，圓柱形，高約10
至15公分。葉2枚，生於假
球莖頂端，線狀倒披針形。
花密生，綠白色；唇瓣卵
形，中部成直角下折。

花綠白色。

唇瓣卵形，中部
成直角下折
（許天銓攝）

———— *Data*

· 屬　羊耳蒜屬
· 棲所　喜生於陰濕
　之樹幹或石壁上。

———— 花期

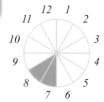

心唇金釵蘭

Luisia cordata Fukuy.

心唇金釵蘭是一種很珍稀的野生蘭，在臺灣僅有少數的生育地及植株數量，最早以前僅臺東安朔、大武一帶有紀錄，故名「安朔金釵蘭」，近年在臺北的烏來亦有發現。它與臺灣本屬的其它二種最大的不同在於：本種的唇瓣為深紫色，且唇瓣的先端呈心形。通常臺灣金釵蘭屬的植物開花時有一股臭味，但本種似乎沒有這種異味。

辨識重點

附生蘭。葉長20
至30公分。花瓣
線形，2公釐寬；
唇瓣深紫色，唇
瓣中裂片心形，
先端不裂。

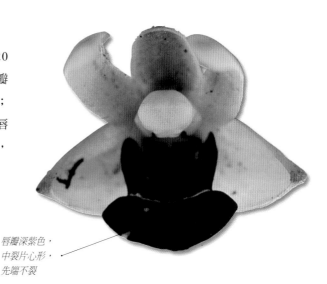

唇瓣深紫色，
中裂片心形，
先端不裂

Data

· **屬** 金釵蘭屬
· **別名** 安朔金釵
　蘭。
· **棲所** 均位於低海
　拔開墾後的區域，
　少數殘存於樹上，
　喜愛稍微遮陰、通
　風良好之環境。

花期

11 12 1
10　　　2
9　　　　3
8　　　4
　7 6 5

在臺灣僅有少數的生育地及植株數量。

呂氏金釵蘭 特有種

Luisia lui T. C. Hsu & S. W. Chung

此花最初由呂順泉先生發現，故命名為呂氏金釵蘭，它似心唇金釵蘭（見290頁），但差異在於本種有較大的花，較寬的花萼、卵形至圓形的唇瓣，且唇瓣先端微凹。

辨識重點

莖常分枝，30至60公分長，節間2至3公分長。葉圓柱形，10至15公分長，徑約4公釐。花序長1.5至2公分，著生有3至6朵花。花黃綠色，花徑約1.5公分，唇瓣紫黑色，長10至11公釐，先端凹入；蕊柱粗短，長約3.5公釐。

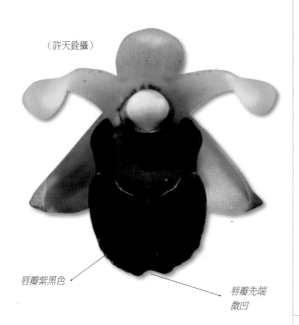

（許天銓攝）

唇瓣紫黑色

唇瓣先端微凹

目前僅發現於屏東雙流一帶。

—— Data

· 屬　金釵蘭屬
· 棲所　目前僅發現於屏東雙流一帶，生長於低海拔溪谷兩側山坡通風良好之疏林地，著生在樹幹上。

—— 花期

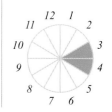

臺灣金釵蘭 特有種

Luisia megasepala Hayata

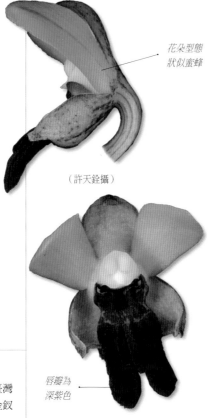

花朵型態
狀似蜜蜂

（許天銓攝）

唇瓣為
深紫色

Data

· 屬　金釵蘭屬
· 別名　蜂蘭、臺灣
　釵子股、大萼金釵
　蘭。
· 棲所　喜愛稍微遮
　陰、通風良好的環
　境。通常著生於樹
　幹之中或上部，亦
　偶見於陽光充裕環
　境。

花期

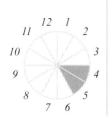

金釵蘭屬植物全世界約莫40種，分布於熱帶亞洲地區及中國、印度、馬來西亞、菲律賓、澳大利亞、玻利尼西亞、日本。臺灣有四種本屬物種，而臺灣金釵蘭是唯二的特有種。莖圓柱狀，基部分枝多而呈叢生長，葉子亦退化成圓柱狀。全株綠色，狀似樹枝，攀附在樹上不易被發現。花朵型態狀似蜜蜂，而有「蜂蘭」之稱；萼片特大而有「大萼金釵蘭」之別稱。開花時具有特殊腐臭味，與大多蘭花之芬芳香氣迥異。

辨識重點

附生蘭。葉長5至10公分。花淡黃綠色；萼片及花瓣長1.3至1.8公分；唇瓣深紫紅色，上表面具網狀溝紋。

開花時具有特殊腐臭味。通常着生於樹幹之中上部。

金釵蘭

Luisia teres (Thunb.) Blume

臺灣的平地因夏天酷熱又有明顯的乾季，無法像東南亞國家的平地鄉村，可以時常看到樹上掛著茂密的附生蘭。但筆者有多次在臺灣東部及南部鄉下的芒果樹上，看到樹上附生著金釵蘭，對於它能適應南部的酷暑及乾旱，打從心裡讚嘆它的生命力。有時，美麗，並非僅是它形態的優美，而是自然散發出來的難以言喻的氛圍。

辨識重點

附生蘭。葉呈圓柱形，10至20公分長。花淡黃綠色。萼片及花瓣通常小於1.2公分。唇瓣黃色，中裂片卵形，先端淺二裂，表面近平滑。

唇瓣黃色，
上有紫斑

唇瓣中裂片卵形，
先端2裂

喜愛稍微遮陰、通風良好環境。

—— *Data*

· **屬** 金釵蘭屬
· **別名** 牡丹金釵蘭。
· **棲所** 喜愛稍微遮陰、通風良好環境，通常著生於樹幹之中部或上部，亦偶見於陽光充裕之環境。

—— 花期

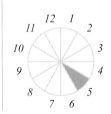

單葉軟葉蘭

Malaxis monophyllos (L.) Sw.

花軸細長，
上著生許多小花

單葉軟葉蘭雖然名為「單葉」，其實常見的
植株都是二片葉子。它廣泛分布在北半球
的溫帶國家，也因為分布範圍廣，使得它
的唇瓣形狀在各地都稍有差異。本種最
大的特色是它的花序非常的長，直挺挺
的從葉中抽出；花朵甚小，密集的著
生在花序上；唇瓣先端突尖呈尾狀，
形狀獨特，在臺灣的野生蘭中絕無
僅有。

唇瓣先端突
尖呈尾狀

辨識重點

葉單一或二片，卵形或長橢
圓形，質地薄軟，長3至10
公分，寬1至5公分，先端
鈍頭，基部縮成柄；花序
10至25公分高，纖細；
花小，多數密集，青綠
色；萼片卵形，長2.5
公釐，先端彎曲；唇
瓣卵形，先端突縮，
基部兩側布滿粒狀
突起。

Data

- **屬** 軟葉蘭屬
- **別名** 阿里山小柱
  蘭。
- **棲所** 臺灣常見於
  海拔2,000公尺以上
  山區，在鐵杉、雲
  杉林下或草叢間均
  可生長。

花期

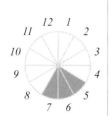

常見於海拔2,000公尺以上山區。

韭葉蘭

Microtis unifolia (G. Forst.) Rchb. f.

在開花時，本種的花序會從類似韭葉的
葉身破葉而出，令人驚喜。這不起眼但
很可愛的蘭花從過往的採集來看，可以
判斷在臺灣早期是不難發現的，且大部
分都是在北部的臺北市、桃園、林口、
中永和被採集，近來在石碇、楊梅、福
隆、士林、二重疏洪道及新店等地的草
坪也有植株被發現。但它的外觀實在太
像一般的禾本及莎草科植物，以致於很
多人都沒注意看過它。

辨識重點

葉單生，長圓柱形。頂生總狀花序，具
多朵螺旋狀排列之小花，花綠色，唇瓣
具舌。

唇瓣具舌

總狀花序

Data

· **屬** 韭葉蘭屬
· **棲所** 臺灣生於低
海拔（100至200
公尺）及高海拔
（2,500公尺），喜
生於陽光充足的草
坡。

花期

葉常單生，管狀，狀似韭葉。喜生於開闊的草地上。

阿里山全唇蘭 特有種

Myrmechis drymoglossifolia Hayata

這是一種極迷你的蘭花，葉子約莫1公分長，花一或兩朵生於枝端，是只有正逢花期才容易看到的中高海拔野花。它們通常喜歡群生在一起，所以開花期不難遇到，花雖小但唇瓣呈倒Y形，是一造型很有個性的小地生蘭。它們喜生於針闊葉混合林中，富有腐植質的濕冷林床上，數量頗多，常跑野外者一定遇過。本種在臺灣各地的族群，彼此間形態變異頗大，尚待分類上的釐清。

是一種極迷你的蘭花，葉子約莫1公分。

辨識重點

小型地生蘭。葉極小，長7至15公釐，寬5至10公釐。花頂生，僅有1至2朵花；花白色；唇瓣倒Y形，先端具有二長橢圓形裂片。

Data

· 屬　全唇蘭屬
· 棲所　生長於針闊葉混合林、鐵杉林或雲杉林之中，冷涼潮濕之氣候。喜生於林下落葉堆上，偶見於布滿苔蘚之林床上。

花期

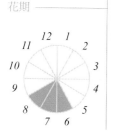

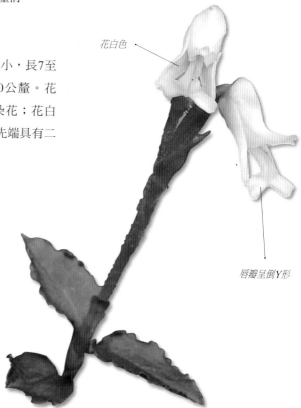

花白色

唇瓣呈倒Y形

鳥巢蘭

Neottia acuminata Schltr.

鳥巢蘭廣泛分布喜馬拉雅山脈，通過中國西南到東俄羅斯及日本，但在臺灣僅記錄於南湖大山奇烈亭，僅有一次的採集紀錄。近八十年來還未有人再發現本種。過往本屬只有一種，英文名為Bird's Nest Orchid，這也是其中文名為鳥巢蘭之由來，乃因它的根莖上生有許多的根，形似鳥巢般而名之；近來分子研究它與*Listera*（雙葉蘭屬）近緣，而將原雙葉蘭屬的植物全部移入本屬中。

辨識重點

真菌異營植物。具短根莖與聚生成鳥巢狀之肉質纖維根。頂生總狀花序，花軸高20公分，具多數小花。唇瓣頂端2裂成叉狀，基部略狹；蕊柱長或短；喙大；花粉塊2，無柄與粘盤。

總狀花序

（沐先運攝）

真菌異營植物，花軸高20公分（沐先運攝）。

果實（沐先運攝）。

Data

· **屬** 鳥巢蘭屬
· **棲所** 生長在濕涼的高山針葉林內。

花期

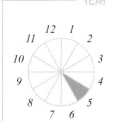

大花雙葉蘭 特有種

Neottia fukuyamae T. C. Hsu & S. W. Chung

它的唇瓣形似鋤頭，但中間裂了一條縫，中央有一隆起的硬龍骨，葉子三角卵形，先端短凸尖。花朵尺寸在本屬中是較大的，花翠綠且半透明，宛如蟬之薄翼，在山野看到這樣的美蘭，總是讓人駐足欣賞，讚嘆不已。

辨識重點

萼片及花瓣主脈隆起於下表面，唇瓣中肋增厚且下凹成淺溝狀，淺溝向基部延伸，與淺囊狀蜜腺相連，唇瓣較其他臺灣產本屬植物寬長，翠綠色，呈半透明狀，邊緣具緣毛。

花在本屬中是尺寸較大的。

Data

· 屬　鳥巢蘭屬
· 棲所　臺灣南部中高海拔山區雲杉或扁柏林下。

花期

蕊柱長達5公釐

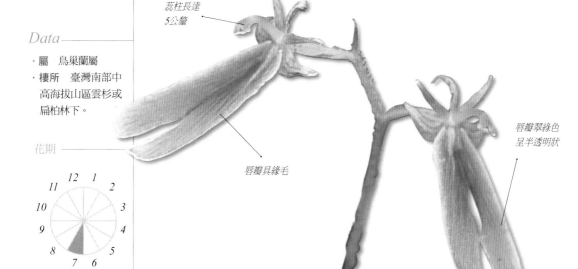

唇瓣具緣毛

唇瓣翠綠色呈半透明狀

合歡山雙葉蘭 特有種

Neottia hohuanshanensis T. P. Lin & S. H. Wu

本種由於發現於合歡山，故以此地名之；它們的
生育地是在一片冷杉林內，其形態接近關山雙葉
蘭（見301頁），但唇瓣較寬（4至5公釐），先端
小裂片線狀長橢圓形。

辨識重點

花長約1公分；唇瓣長橢圓形，先端深裂成
二裂片，裂片僅約4公釐長，且不如關山
雙葉蘭纖細延伸，其先端呈圓鈍狀。

（許天銓攝）

唇瓣先端小裂片
線狀長橢圓形

（許天銓攝）

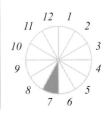

―――――― Data

· 屬　鳥巢蘭屬
· 棲所　臺灣特有
　種，目前僅紀錄於
　南投與花蓮交界的
　合歡山區，海拔約
　3,000公尺之冷杉林
　下。

―――― 花期

目前僅紀錄於南投與花蓮交界的合歡山區（許天銓攝）。

生於海拔約3,000公尺之冷杉林下（許天銓攝）。

日本雙葉蘭

Neottia japonica (Blume) Szlach.

這是一個小巧的野生蘭，它的個頭小，植物體結構單純，僅有兩片小葉，卻能開出美麗精巧的花朵。它的葉片約略呈三角形，無花時亦可輕易分辨它的身分。本種大部分族群的花朵唇瓣是紅色，像極了穿紅衣的小人，那分叉的唇裂片就是它的兩條腿；唇瓣基部拉長而環抱蕊柱，為此種分類上的重要特徵。

辨識重點

葉心形、卵狀三角形至菱形。花梗細長，苞片寬卵形，短小；花綠色或紫紅色，唇瓣基部具延長而環抱蕊柱的耳狀物；唇瓣中央具叉形肉凸，唇瓣先端二裂，裂片卵圓形，先端截形至銳尖，蕊柱極短。

Data

· 屬　鳥巢蘭屬
· 棲所　產於臺灣東北部，海拔1,400至3,000公尺闊葉林及針葉林中。

花期

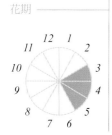

葉片兩枚，呈三角形。產於本島東北部。

唇瓣
先端2裂

唇瓣基部具延長
而環抱蕊柱的耳
狀物

關山雙葉蘭 特有種

Neottia kuanshanensis (H. J. Su) T. C. Hsu & S. W. Chung

葉似南湖雙葉蘭（見304頁），為卵狀半圓形，但它的花頗具特色，唇瓣先端裂片呈線狀，可達6至7.5公釐，好似淑女交叉的雙腿，這樣的長裂片在此屬中是少見的。本種為陳建志先生首見於南橫的關山山區，後由蘇鴻傑老師發表為新種。筆者在模式標本產區僅發現個位數的族群，是一極珍稀的野生蘭。

辨識重點

葉三角形至卵狀半圓形，花綠色，花瓣線狀披針形，唇瓣中裂成兩裂片，裂片長6.5至7公釐，為臺灣產本屬植物中極為細長者。

唇瓣先端裂片
呈線形

葉三角形至卵狀半圓形。

—— *Data*

· 屬　鳥巢蘭屬
· 棲所　臺灣中南部中高海拔山區針闊葉混合林底層。

—— 花期

梅峰雙葉蘭 特有種

Neottia meifongensis (H. J. Su & C. Y. Hu) T. C. Hsu & S. W. Chung

僅生於梅峰附近，鐵杉及冷杉林下或高山溪谷中，是一喜濕冷的小野生蘭。在臺灣，鳥巢蘭屬的植物都長得很像，但是梅峰雙葉蘭相對來說較有鑑別度，仔細瞧，它寬卵形唇瓣邊緣呈波浪狀，多有造型，相信你一眼就很容易記住它了。

辨識重點

葉寬卵形至卵狀三角形，唇瓣黃綠色，半透明狀；唇盤多少被細毛，中肋增厚呈龍骨狀，至基部時凹陷成蜜槽；唇瓣邊緣向上皺縮，且密生白色硬毛。

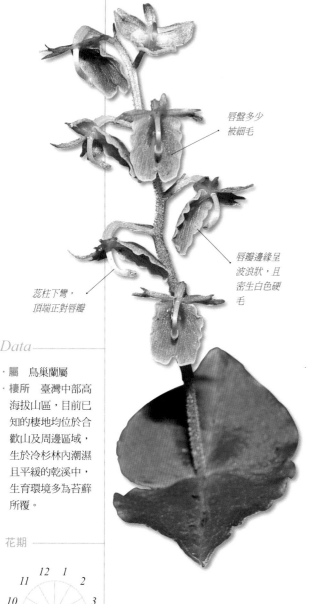

唇盤多少被細毛

唇瓣邊緣呈波浪狀，且密生白色硬毛

蕊柱下彎，頂端正對唇瓣

Data

· 屬　鳥巢蘭屬
· 棲所　臺灣中部高海拔山區，目前已知的棲地均位於合歡山及周邊區域，生於冷杉林內潮濕且平緩的乾溪中，生育環境多為苔蘚所覆。

花期

<!-- 花期圖：12 1 2 3 4 5 6 7 8 9 10 11 -->

分布局限於合歡山及周邊區域。

玉山雙葉蘭

Neottia morrisonicola (Hayata) Szlach.

本種的葉片厚質，看過及摸過它的葉片後，就可以很容易的掌握野外辨識特徵。它的唇瓣為長片狀，但不整正，中間微凹，先端微鋸齒或兩裂，為臺灣高山易見之野生蘭，但因個子矮小，並不容易搜尋。

辨識重點

植物體質地較臺灣產本屬其他植物為厚，葉寬卵形，唇盤具波狀起伏，中肋近基部處下凹，近先端處隆起；唇瓣兩側則於基部隆起，近先端處下凹；中肋下凹處具蜜腺，延伸至唇瓣與蕊柱相連處如一凹囊；唇瓣先端鋸齒狀。

唇瓣二側邊外翻

葉子質地厚實，無柄

分布於2,500公尺以上針葉林或灌叢下。

―― *Data*

· 屬　鳥巢蘭屬
· 棲所　分布於臺灣高山針葉林中，海拔自2,500公尺以上即屢有出現。冷杉林下最常見，鐵杉林偶有發現，在圓柏及杜鵑灌木叢也可見到。

―― 花期

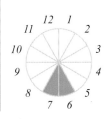

南湖雙葉蘭 特有種

Neottia nankomontana (Fukuy.) Szlach.

它與大山雙葉蘭（見306頁）總是共域生長，兩者非常的相似，主要的區別在於本種的裂片相對較尖銳；福山伯明在1933年7月至南湖大山（Mt. Nankotaizan）採集，發表了許多的蘭科新植物，其中有二種是雙葉蘭類，其中本種取「Nankotaizan」之「nanko」，發表為*L. nankomontana*（南湖雙葉蘭），另一種則取「taizan」為名，發表為*L. taizanensis*（大山雙葉蘭）。

辨識重點

葉寬卵形。唇瓣長楔形或長弓形，先端二裂，裂片銳尖或截形，全緣至鋸齒緣；唇盤中肋肉質，向基部延伸至一下凹的蜜囊。

蕊柱短於
3公釐

唇盤中肋肉質，
呈深綠色

分布於臺灣東北部中高海拔山區。

Data

· 屬　鳥巢蘭屬
· 棲所　臺灣東北部中高海拔山區。

花期

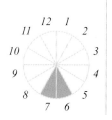

鈴木氏雙葉蘭 特有種

Neottia suzukii (Masam.) Szlach.

因為它的葉片為三角形，又稱「三角雙葉蘭」。本種為臺灣本屬中最廣泛分布者，但大部分出現在北部及東部。數量甚多，通常找到一株後，就彷彿雨後春筍般，成群結隊的出現在你的面前。其唇瓣短小，先端二裂，裂片絲狀，形狀有點像細腳的小人；花色有紅及綠二型。

辨識重點

葉三角形至卵狀三角形，唇瓣基部具向後的短耳狀突起，唇盤中肋具肉質龍骨，唇瓣先端裂片極細；蕊柱長約1公釐，子房近球形，具脊。

分布於中、低海拔之闊葉林底層。

唇瓣先端2裂，裂片線狀

葉三角形

---- *Data*

· 屬　鳥巢蘭屬
· 別名　三角雙葉蘭。
· 棲所　中低海拔山區闊葉林底層。

---- 花期

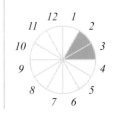

305

大山雙葉蘭 特有種

Neottia taizanensis (Fukuy.) Szlach.

其葉似南湖雙葉蘭（見304頁），花朵唇瓣也是舌狀，但本種先端僅淺裂，不會呈明顯的裂片狀。再細看，它有一個異於其它臺灣鳥巢蘭屬的特徵，那就是它的唇瓣在先端會有明顯的反曲，呈現一個強裂的波緣，且其邊緣加厚，有時看起來像框了線條般；又，唇瓣的先端，常呈現紫黑或焦黃色，這祕訣足供賞蘭者在野外辨識它。

辨識重點

葉三角形至卵狀半圓形，唇瓣舌狀，先端淺二裂呈心形，凹陷處具一齒狀尖突。

分布於中海拔山區。

Data

· 屬　鳥巢蘭屬
· 棲所　分布於北部及南部中海拔山區。

花期

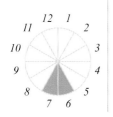

唇瓣先端淺裂，
波浪狀

阿里山脈葉蘭

Nervilia alishanensis T. C. Hsu, S. W. Chung & C. M. Kuo

本種採自阿里山公路接近奮起湖的路邊森林內,在臺
灣跟它比較接近的是蘭嶼脈葉蘭(見312頁),它們皆
有膜質和純綠色的葉片,邊緣皆常具波浪狀褶皺,花
朵唇瓣中部都有短的裂片,但是阿里山脈葉蘭為多
邊形葉,蘭嶼脈葉蘭則為圓形葉;阿里山脈葉蘭
花被片為白色,蘭嶼脈葉蘭則大略為棕綠色;阿
里山脈葉蘭的唇瓣之側裂片為半圓形,蘭嶼脈
葉蘭的為三角形;阿里山脈葉蘭唇瓣先端鈍
或圓,蘭嶼脈葉蘭的則微凹。

辨識重點

葉兩面綠色,2.5至6 × 3至6.5公分,多
邊形,5至7主脈,膜質,光滑,葉基心
形,先端尖。花序長約5公分,上生1朵
花,花微低垂,不全開,花瓣蒼白色具
紫色斑點,唇瓣白色有紫斑,三裂。

花白色帶紫斑,
不全開

—— 相似種鑑別

蘭嶼脈葉蘭
(見312頁)

—— *Data*

· **屬** 脈葉蘭屬
· **棲所** 次生林或柳
杉人工林內。

—— 花期

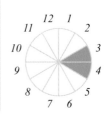

葉多邊形,5至7主脈,膜質。　　　　唇瓣白色有紫斑,三裂。

東亞脈葉蘭

Nervilia aragoana Gaud.

花青綠色

唇瓣白色
帶紫紋

本種自喜馬拉雅山麓、中國西南部、中南半島、印度南部，至馬來西亞、新幾內亞及澳洲皆有分布。臺灣則產於東部與南部低海拔地區，如花蓮太魯閣，臺東大武，嘉義大埔及恆春半島等地。在臺灣脈葉蘭屬的植物被稱為「一點癀」，為著名的傳統中藥，常受採摘，故很難在野外看到大片的群落，其實它的開花性及族群擴張能力很高，筆者曾在滿州一竹林內看到數百株的植株盛開，美麗的景像至今仍歷歷在目。

辨識重點

塊莖球形，直徑1至2公分。葉圓心形，直徑10至15公分，薄膜質，邊緣稍呈波浪形；葉柄長10至20公分，表面有溝。花莖高約30公分；花青綠色；萼片及花瓣長1.5至2公分；唇瓣白色而帶有紫紋，基部向內捲。

Data

· 屬　脈葉蘭屬
· 棲所　常見榕楠林型各處河谷之林內。

花期

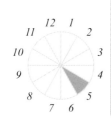

```
      12  1
  11          2
10              3
  9            4
    8        5
      7  6
```

常見於榕楠林型之河谷。

葉10公分以上，扇狀心形，具長柄。

四重溪脈葉蘭

Nervilia crociformis (Zoll. & Moritzi) Seidenf.

四重溪脈葉蘭為車城呂順泉先生最早發現，它對生育地的要求與許多的蘭科非常不同，常生長在非常乾旱的銀合歡林內，在雨量稀少的恆春半島西半部，終年以塊莖形式匿身於乾地下，等到五月雨季來時，才會在雨後數日開花，在貧瘠的銀合歡林下，看著雨後大片的野生蘭花，從硬地中鑽出，你能不為它的生命力讚嘆嗎！它綠色葉片上時常綴有若干的銀線，是在野外區別它的一個重要輔助特徵。

辨識重點

葉腎形或心形，徑3至4公分，綠色，上常有銀色脈。花與葉交替生長，花單生，花萼及花瓣同形，綠色，唇瓣白色，先端邊緣不規則裂，中央有三條長的隆起。

花單生，
綠色

葉上有銀色脈絡紋。

相似種鑑別

古氏脈葉蘭
（見 310 頁）

唇瓣白色，
先端不規則裂

（呂順泉攝）

Data

· 屬　脈葉蘭屬
· 棲所　生於半年乾旱的銀合歡林內。

花期

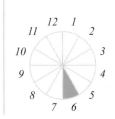

309

古氏脈葉蘭

Nervilia cumberlegei Seidenf. & Smitin.

在臺灣，它的植株及花的形態與四重溪脈葉蘭（見309頁）相近，區別點在於本種的花為一花莖上生有二朵，唇瓣前端邊緣細裂狀也與四重溪脈葉有所不同；此外，本種的葉緊貼於地表，甚為特殊。它在臺灣目前僅發現在日月潭全日照的二片草地上，數量稀少。花開放時間與四重溪脈葉蘭相同，早上盛開，下午即稍微閉合。

辨識重點

葉腎形或心形，長達4.3公分，寬5.2公分，二面均綠色，有皺摺，邊緣有不規則裂痕。花不轉位，綠色。唇瓣白色，先端邊緣細裂，唇盤上亦有許多披針形之小突起。

相似種鑑別

四重溪脈葉蘭
（見309頁）

Data

· **屬** 脈葉蘭屬
· **棲所** 生於全日照的濕潤草坡。

花期

花不轉位，綠色。

唇瓣先端
細裂

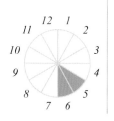

葉子緊貼於地表生長。

寬唇脈葉蘭

Nervilia dilatata (Blume) Schltr.

脈葉蘭屬的習性非常有趣，在野外它經常
都是在雨後悄悄的開花，花後才長出葉
片，由於花葉的物候是分開的，因此要完
整記錄得要跑數趟才能竟其功。本種與
蘭嶼脈葉蘭（見312頁）近似，但葉
緣較平整，不呈現皺摺，它最大的
特色在於它的唇瓣為均勻的紫紅
色，與眾不同。此種為晚近才發
現的新記錄，在臺灣僅分布恆
春半島的少數森林內。

辨識重點

近似蘭嶼脈葉蘭（ *N.*
lanyuensis ），但葉緣較為
平整，不具明顯皺摺。花單生，
花萼與花瓣形狀接近；唇瓣三裂，中裂
片寬大，表面為均勻的紫紅色，中肋隆
起，被細毛。

相似種鑑別

蘭嶼脈葉蘭
（見 312 頁）

唇瓣呈紫色

唇瓣中肋隆起，
被細毛

Data

· 屬　脈葉蘭屬
· 棲所　族群生長於
　陰暗之熱帶雨林底
　層，或季風林下接
　近溪溝較濕潤處。

花期

12　1
11　　2
10　　　3
9　　　4
8　　5
7　6

與蘭嶼脈葉蘭相比，葉緣較平整，不具明顯皺摺。

蘭嶼脈葉蘭

Nervilia lanyuensis S. S. Ying

相似種鑑別

阿里山脈葉蘭
（見 307 頁）

寬唇脈葉蘭
（見 311 頁）

單花脈葉蘭
（見 315 頁）

Data

- **屬** 脈葉蘭屬
- **棲所** 生於熱帶闊葉林內。

花期

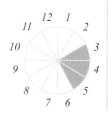

在蘭嶼往天池及紅頭山的密林小徑上，仔細搜尋，或有機會在雨林中與它相遇，此外，在恆春半島的山區也有它的生育地，它的外形與單花脈葉蘭（見315頁）十分相似，但葉綠色，及唇瓣先端有缺刻，可作為與單花脈葉蘭（無缺刻）之區別。

辨識重點

多年生草本。葉多角狀心形，先端尖或鈍，邊緣常具波浪狀褶皺，長4至6公分，寬4至5.5公分。花單生，點頭狀，不甚開展；萼片披針形，長15至20公釐，綠褐色帶紫斑；花瓣與萼片相近但較窄；唇瓣近白色，長橢圓形，長12至15公釐，三裂，側裂片小，中裂片橢圓形，表面具紫斑，先端鈍至凹頭。

唇瓣中裂片倒卵形，先端有缺刻

葉多角狀心形，邊緣常具波浪狀褶皺。

紫花脈葉蘭

Nervilia purpurea (Andr.) Schltr.

臺灣可見於西南部低海拔地區，自嘉義以南至恆春半島，已知棲地有美濃、四重溪及滿州。本種全株可作傳統中藥使用，野外族群常受大量採摘，數量有下降趨勢。在國外，紫花脈葉蘭廣泛分布東南亞至澳洲北部，在東南亞的族群，葉色、花形及花色迥異於臺灣的本種，但目前還是使用同樣的學名。它的葉為華美的紫紅色心形葉片，加上有著亮紫色的奇巧花朵，是一種人見人愛的野生蘭。

辨識重點

葉闊心形，先端圓鈍，具短柄，表面被毛，長4至6公分。花序通常具兩朵花。花甚開展，萼片與花瓣形狀接近，呈線狀倒披針形，長1.5至2公分，綠褐色；唇瓣紫色，菱狀卵形，長1.3至1.5公分，先端不明顯三裂。

萼片與花瓣
形狀接近

唇瓣紫色

花序通常具兩朵花，花甚開展。

Data

· 屬　脈葉蘭屬
· 棲所　乾濕分明之西南部低海拔闊葉林或竹林內。

花期

12 1 2 3 4 5 6 7 8 9 10 11

大漢山脈葉蘭 特有種

Nervilia tahanshanensis T. P. Lin & W. M. Lin

本種的模式標本採自大漢山林道，故名為大漢山脈葉蘭。該生育地濕度不甚穩定，有時頗為乾燥，本種通常於雨後數天開花。其外觀與單花脈葉蘭（見315頁）甚為相似。

辨識重點

多年生休眠性草本，開花期略早於展葉期。本種與單花脈葉蘭形態極接近，但其花被較長，且葉表面通常無網狀脈紋。

相似種鑑別

單花脈葉蘭
（見315頁）

Data

· **屬** 脈葉蘭屬
· **棲所** 台灣特有種，已知分布於屏東大漢山林道之中海拔林緣及疏林下。

花期

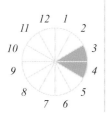

花被較長

生於中海拔林緣及疏林下。

葉表面通常無網狀脈紋。

314

單花脈葉蘭 特有種

Nervilia taiwaniana S. S. Ying

脈葉蘭屬的植物都是先開花後再長葉，所以當你看到葉子時，即
表示它已開完花。單花脈葉蘭是脈葉蘭屬中最容易看到的物
種，在中南部，早期是採藥人的標的物之一，這也多少影
響了族群數量，它的花色變異很大，通常的花色是花瓣
及萼片淡黃，唇瓣白底間雜許多的紫斑，但偶可見花
瓣和萼片綠色及純白色唇瓣的個體，近來有大漢
山脈葉蘭（見314頁）被發表，從新鮮花朵初
步看來，跟單花脈葉蘭差異不大。

辨識重點

葉與花序交替出現。葉片六角形，
約7條主脈，綠色或灰綠色，具
深綠脈紋。單花；花序柄布
褐斑。花半開，長2.1公
分；萼片與花瓣線形，
淡黃色密布暗紫斑。

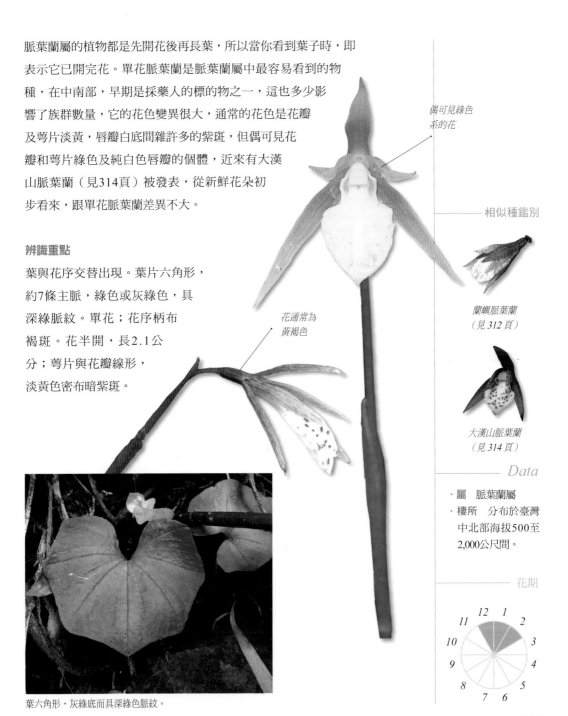

偶可見綠色
系的花

相似種鑑別

蘭嶼脈葉蘭
（見312頁）

大漢山脈葉蘭
（見314頁）

花通常為
黃褐色

Data

· 屬　脈葉蘭屬
· 棲所　分布於臺灣
　中北部海拔500至
　2,000公尺間。

花期

葉六角形，灰綠底而具深綠色脈紋。

阿里山莪白蘭 特有種

Oberonia arisanensis Hayata

莪白蘭屬的植物體葉片都呈兩兩對生的扁平狀，頗似鳶尾花，因此中國地區也稱本屬為「鳶尾蘭」。阿里山莪白蘭是海拔分布廣泛的特有種，全島500公尺的淺山到2,000公尺的霧林帶都可能出現。植株雖小型，但造型奇特，且可維持一段時日的總狀花序，色澤是相當鮮濃的橘紅色，在野外只要留心，和它相遇的機率頗高。臺灣產莪白蘭屬有幾種的花色皆為橘色系，乍看都頗類似，但若就近觀察，它們的花朵構造有相當差別。相異點主要為唇瓣部份，本種唇瓣先端三裂，除了側裂片不規則撕裂外，中裂片先端又呈現二裂。

相似種鑑別

臺灣莪白蘭
（見318頁）

高士佛莪白蘭
（見320頁）

Data

· 屬　莪白蘭屬
· 棲所　產於臺灣全島海拔500至2,000公尺以下山區闊葉林內。

花期

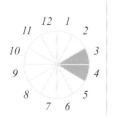

辨識重點

葉長2至5公分，寬3至5公釐。花莖長約10公分，常下垂。花橘色；萼片長僅1公釐；唇瓣三裂，側裂片邊緣不規則撕裂狀，中裂片先端再二裂。

花橘色

唇瓣三裂，側裂片先端不規則撕裂狀

中裂片先端再二裂

產於臺灣全島海拔500至2,000公尺之闊葉林內。

二裂唇莪白蘭

Oberonia caulescens Lindl.

顧名思義，二裂唇莪白蘭的明顯特徵就是在唇瓣先端呈二裂的形態。本種葉片基部具有關節，除此之外，由於它的莖特別短，導致葉片排列密集，因此植株顯得特別緊湊，這在野外觀察上也是一個可以利用的特徵。二裂唇莪白蘭分布在海拔1,000至2,000公尺之間，由櫟林帶到針闊葉混合林都可能出現，花期則和大多種類的春天開花不盡相同，是在盛夏轉秋涼的季節中抽花，花色淡雅，為淺綠到略泛紅。

辨識重點

莖密集，極短，為葉基所包；葉線形，長3至7公分，寬5至6公釐，基部具有關節；花軸長達6至15公分；花淡綠色或帶紅暈；萼片及花瓣長僅約1.5公釐；唇瓣長1.5至2公釐，先端二裂，裂片三角形。

花淡綠色或帶紅暈。

唇瓣先端
二裂

莖特別短，導致葉片排列密集。

Data

· 屬　莪白蘭屬
· 棲所　海拔1,000
　至2,000公尺。臺
　灣全島櫟林帶、
　常綠闊葉林及針
　闊葉混合林均可
　見之。

花期

臺灣莪白蘭 特有種

Oberonia formosana Hayata

本種分布在全島海拔1,000公尺
上下。和其他近似種類最明顯的
差別，除了植株上葉片約略等長
外，它的花朵唇瓣中裂片先端，
二叉部份的分裂程度也較淺，中
央具突尖頭。

辨識重點

附生。具緊密互生且約等大之葉
片。葉甚短，鐮刀狀線形，基部
不具關節。花序有數朵花；花甚
小，橘黃，寬約1公釐。唇瓣裂
成3裂；中裂片長橢圓至近乎圓
形，先端2叉，裂隙頗寬。蒴果
卵形。

相似種鑑別

阿里山莪白蘭
（見 316 頁）

高士佛莪白蘭
（見 320 頁）

Data

- 屬 莪白蘭屬
- 棲所 分布於全島
  海拔約1,000公尺
  處。

花期

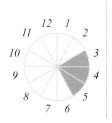

分布於臺灣全島海拔1,000公尺左右之山區。

唇瓣中裂片先端2叉，
中間有突尖頭

大莪白蘭

Oberonia gigantea Fukuy.

大莪白蘭是一個不容易看
見的物種，因為大部份的
族群生長在東部，且喜生
於溪河畔大樹的樹梢上，
高位著生的它，僅能遠遠
的望看。數年前至海岸山
脈的新港山，海拔約莫
1,000公尺左右，那是一
座很潮濕的林子，恰巧它
著生的枯枝掉落在林床上
才被筆者看到，那寬長的
葉片給人很深刻的印象，
有別於臺灣其它迷你的莪
白蘭，它如此碩大的形態
辨識度極高。

植物體下垂，葉片寬長，二列互生。

辨識重點

多年生附生草本。植物體
下垂，叢生。葉二列互
生，側扁，劍形，長達
20至25公分，基部具關
節。花序生於莖頂，花朵
密生；花甚小，徑約3公
釐，綠色或橙色；花瓣與
花萼長約1.5公釐，唇瓣
長約2公釐，三裂，側裂
片較小，中裂片先端再二
裂。

花甚小，
綠色或橙色

唇瓣三裂

（林哲緯繪）

———— Data

· 屬　莪白蘭屬
· 棲所　常生於溪河
　兩岸之山坡大樹
　上。

———— 花期

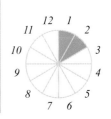

高士佛莪白蘭 特有種

Oberonia kusukusensis Hayata

高士佛莪白蘭為臺灣特有種，且局限分布於南端的低海拔地區。本種和阿里山莪白蘭（見316頁）的親緣很接近，只是就外觀上來說，高士佛莪白蘭的葉片可寬達一倍以上，最寬約1.2公分，和阿里山莪白蘭的纖細模樣相較之下，顯得相當粗壯。花朵部分也有所差異，它的花部形態介於臺灣莪白蘭（見318頁）與阿里山莪白蘭之間，相對於後者，高士佛莪白蘭唇瓣上的中裂片較短，且分裂處中央具小突尖。來到恆春半島通風涼爽的溪谷間，抬頭觀察兩岸高樹上橫展的枝幹，若發現有點點垂曳的艷橘紅色花序，十之八九即是本種。

辨識重點
形態與阿里山莪白蘭非常接近，但植物體較大，葉片寬8至12公釐，花朵甚為密集，唇瓣中裂片較大。

相似種鑑別

阿里山莪白蘭
（見316頁）

臺灣莪白蘭
（見318頁）

Data

· **屬** 莪白蘭屬
· **棲所** 散生於低海拔溪谷兩側之闊葉林間，為高位著生物種。

花期

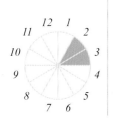

12 1
11　　　2
10　　　　3
9　　　　4
8　　　　5
7 6

葉片甚寬，8至12公釐。

唇瓣中裂片先端2裂處之中央有小突尖

花朵較為密集

小騎士蘭

Oberonia pumila (Fukuy. *ex* S. C. Chen & K. Y. Lang) S. S. Ying *ex* Ormerod var. *pumila*

正如它的種名*pumila*，表達了這個物種外觀相當小型。小騎士蘭的植物體通常只有2公分左右，肉厚質，由於太過迷你，又經常高位著生，在野外是不太容易見到的。小騎士蘭的生育地特色，也彰顯在它的外觀上，它並非如大多著生蘭般，棲息在穩定濕潤且蔭蔽的林內，而是在開闊透空處，通常只在午後有雲霧籠罩的這種乾濕交替的地區。在這樣週期性變動的環境中，保存水分就成為相當重要的一門功課，也因此植物體呈現肉厚的形態。本種的花朵極小，總狀花序由植株頂端抽出，著生許多淡綠色的花朵，近觀之，可見唇瓣先端為二尾狀開裂。

辨識重點

植物體在根莖上相距約5至7公釐。葉肉質，短刀狀，長約1.2公分，寬約8公釐。花序長約3公分；花淡綠色；花瓣及萼片長僅1公釐，反捲；唇瓣長2公釐，先端呈二尾狀開裂。

唇瓣先端
二尾狀開裂

花淡綠色

（許天銓攝）

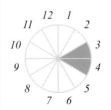

生於午後有雲霧籠罩的乾濕交替環境。

裂瓣莪白蘭

Oberonia rosea Hook. f.

裂瓣莪白蘭是植物體相對較大型的種類，單葉可長達10公分，葉基無關節。它與其他物種最不同的特徵，需要在花期時細看才能發現：迥異於大多莪白蘭，它的花瓣邊緣不是平滑的全緣狀，而是有細緻剪裂的齒緣，使得整朵花有種工藝品的精巧感。相對於唇瓣的差異，這反倒是更為突出的特徵。它的國外紀錄，從越南到馬來西亞都有分布，但在臺灣，僅局限於恆春半島潮濕的低山區。雖然它的種名「*rosea*」表示「玫瑰色」的意思，而實際上，本種的花色從淡綠到橙紅都有，相當多變。

辨識重點

多年生附生草本。植物體叢生。葉二列互生，側扁，劍形，長達8至10公分，基部無關節。花序生於莖頂，花朵密生；花甚小，徑約2公釐，綠色或橙紅色，不轉位；花瓣與花萼長約0.9公釐，花瓣邊緣齒狀；唇瓣長0.8至0.9公釐，三裂，側裂片較小，邊緣齒狀，中裂片先端凹入。

花瓣邊緣齒狀

Data

· 屬　莪白蘭屬
· 棲所　生於濕度甚高的楠榕林型內，亦見於河溪上游兩岸之樹幹中上部。

花期

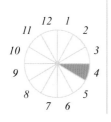

本種的花色從淡綠到橙紅都有，相當多變。

齒唇莪白蘭 特有種

Oberonia segawae T. C. Hsu & S. W. Chung

臺灣的西南部地區開發較早，加之濕度原
本就較北部不穩定，因此林相完好的溪谷
自然少有，在少數留存的此種環境中，於
近年發表的齒唇莪白蘭這一新種，也說明
了森林保育之重要性。本種有臺灣產莪白
蘭屬中少數的白綠色花，植物體亦是較為
大型的種類，淡色的身影乘著溪流的微
風，在兩岸的高枝上擺盪著，是盛夏最清
涼的風景。

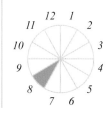

花序總狀，密生，花近白色（許天銓攝）。

辨識重點

花色白綠，唇瓣長橢圓形，邊緣呈不規則
之撕裂狀。

唇瓣幾乎不裂，
邊緣不規則短齒緣

（許天銓攝）

植株葉綠色，無紅暈，基部具關節（許天銓攝）。

---- Data

· 屬　莪白蘭屬
· 棲所　南投至高雄
　一帶中海拔山區，
　多生長於溪畔大樹
　高處枝幹。

---- 花期

12 1
11   2
10   3
9   4
8   5
7 6

323

密花小騎士蘭

Oberonia seidenfadenii (H. J. Su) Ormerod

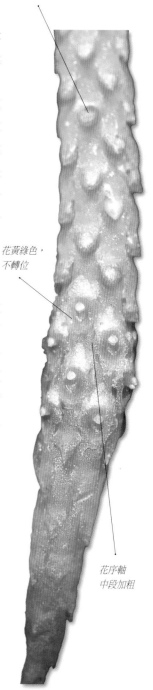

花朵貼生於
花莖表面

花黃綠色，
不轉位

花序軸
中段加粗

在臺灣南部的少數開闊溪谷兩岸，受光強烈的喬木高處，特有種的密花小騎士蘭就生長在這樣的環境中。本種植株外觀類似近緣的小騎士蘭（見321頁），未開花時若無比較則難以區分。一旦抽出花序，就可以觀察到明顯的差別，密花小騎士蘭的花序軸中段會加粗，整體看來就像拉長的紡錘形，花朵緊密貼附其上，和花序軸粗細一致的小騎士蘭差異甚大；而兩者唇瓣分裂形式亦相異，密花小騎士蘭為先三裂，而中裂片先端再次二裂，不同於小騎士蘭僅只一次性的二裂而已。

辨識重點

多年生附生草本。植物體甚小，許多植物體由根莖相連成片。葉3至5枚，二列互生，側扁，長橢圓至披針形，長0.8至1.5公分。花序生於莖頂，具多數密生小花，花序軸中段顯著加粗，花朵貼於花莖表面；花黃綠色，徑約2公釐，不轉位；唇瓣長約1.2公釐，三裂，中裂片先端另有二小裂片；蕊柱長約0.1公釐。

Data

· **屬**　莪白蘭屬
· **棲所**　生於較乾爽
　的河床或河邊山坡
　上。

花期

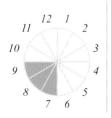

植物體甚小，由根莖相連成片。

小軟葉蘭

Oberonioides microtatantha (Schltr.) Szlach.

本種是陳世輝老師1979年在太魯閣發現的新紀錄種。由於本種只在東部的石灰岩山壁上才能看到，可能因太小而被人所忽略。小軟葉蘭是一種非常特殊的分類群，它僅分布於臺灣與中國南部，且至今尚未發現近緣物種。隨著廣義的軟葉蘭屬（*Malaxis*）因是多系群被分拆打散，小軟葉蘭被某些研究者單獨置入一個新屬：擬莪白蘭屬（*Oberonoides*），會取這樣的屬名是因為它的唇瓣像許多莪白蘭一樣具有一對側裂片。

辨識重點

小型附生蘭，具有一假球莖及單一葉片；假球莖近球形或廣卵形，稍壓扁狀，直徑7至10公釐，外包有鱗片。葉心形或卵形，長3至4公分，表面墨綠色，基部延伸為1至2公分長之柄。花軸高可達5至6公分長，具多稜，上部密生多數花；花黃綠色，小形，萼片寬闊，長僅1.2至1.5公釐；唇瓣三裂，側裂片細長，直立，中裂片三角形，長1公釐，先端尾狀。

葉單一，心形或卵形。

多生於低海拔有水滲出的岩壁上。

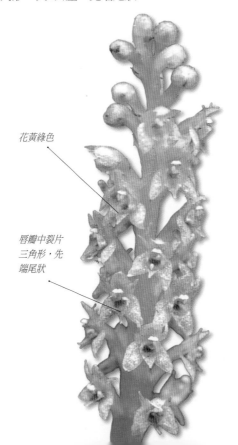

花黃綠色

唇瓣中裂片
三角形，先
端尾狀

Data

· 屬　擬莪白蘭屬
· 棲所　著生於低海拔潮濕之石灰岩壁上，與蘚苔混生。分布於東部及嘉義奮起湖山區。

花期

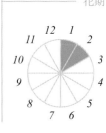

短柱齒唇蘭

Odontochilus brevistylus Hook. f.

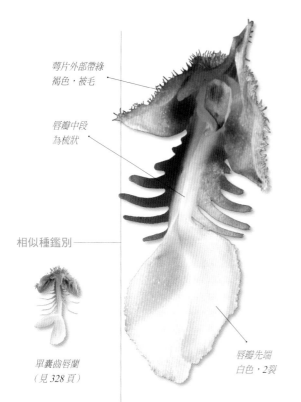

蕚片外部帶綠
褐色，被毛

唇瓣中段
為梳狀

相似種鑑別

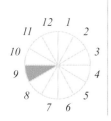

單囊齒唇蘭
（見 328 頁）

唇瓣先端
白色，2裂

它的唇瓣基部有囊狀物，而中段裂成梳齒狀，先端開張呈旗狀，樣似魚骨頭般，有如此特殊的造型，不妨戲稱為「魚骨頭蘭」。唇瓣具牙齒般突起的側裂片之特徵，與金線蓮屬的花非常相近，一看就知曉它們互為近緣屬，因此有分類學家認為齒唇蘭屬應該併入金線蓮屬。本種與單囊齒唇蘭（見328頁）相近，但蕚片為單純的綠褐色，而單囊齒唇蘭蕚片則具有白色網紋。

辨識重點

植株矮小、纖弱，莖紫褐色為其重要辨識特徵。葉片不具線條斑紋。花呈現歪扭狀，蕚片外部帶綠褐色，被有毛茸；唇瓣中段為梳狀，先端裂片二裂、白色。

Data

· **屬** 齒唇蘭屬
· **別名** 白齒唇蘭。
· **棲所** 本種產於極為潮濕密閉之灌叢底下，陽光照射度極低，常成群出現。

花期

11 12 1
10   2
9   3
8   4
  7 6 5

葉片不具線條斑紋。

莖紫褐色為其重要辨識特徵。

326

紫葉齒唇蘭

Odontochilus elwesii Clarke *ex* Hook. f.

本種最早為柳重勝博士於1992年所記錄，當時採自溪頭的孟宗竹林內。為了找尋這種夢幻植物，2005年我們一行人相約前往該地，搜尋了一下午，直到黃昏天色將暗之際，打算放棄之時，終於在竹林裡的一個角落看到了這可愛的物種。很辛苦及戲劇的過程，是多年賞蘭尋蘭的一個縮影，也是心中難忘的一天，相信每一個喜歡在野地觀察植物的人，都有這樣的回憶吧。

辨識重點

植株呈紫色，葉片相對較小，呈卵圓形。花白綠色，唇瓣中段有紅色的片狀或梳狀裂片。

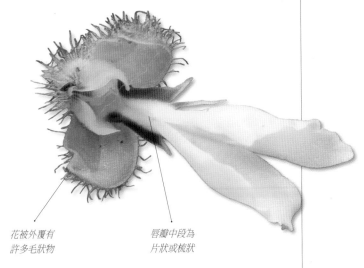

花被外覆有
許多毛狀物

唇瓣中段為
片狀或梳狀

莖及葉子呈紫黑色。

—— *Data*

· **屬** 齒唇蘭屬
· **棲所** 產於竹林底層。

—— 花期

327

單囊齒唇蘭

Odontochilus inabai (Hayata) Hayata *ex* T. P. Lin

齒唇蘭屬皆分布於亞洲，此屬種類不多，約為21種。本屬最大特色為具有梳齒狀之唇瓣，與金線蓮屬相似，又稱假金線蓮屬。單囊齒唇蘭花朵造型奇特，唇瓣呈Y形，中部呈魚刺狀，乍看之下形狀猶如魚骨頭，基部具有一囊袋。在臺灣生長於中低海拔森林底層，喜好潮濕或有水之環境，有時亦沿著潮濕岩壁生長。

花不轉位。喜好潮濕的環境。

辨識重點

葉片卵形或橢圓形，綠色。花序長7至10公分，有毛；花不轉位，長可達2.5公分；萼片紅褐色，具有白色網紋；唇瓣Y形，基部具有單一之囊袋，中段呈魚刺狀，先端有二長方形裂片。

相似種鑑別

短柱齒唇蘭
（見326頁）

Data

· **屬** 齒唇蘭屬
· **棲所** 通常生長於森林中底層灌木下，遮陰情況良好的潮濕地。在原始林中或次生林中皆可生長，有時亦可沿著潮濕岩壁生長。

花期

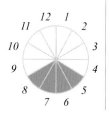

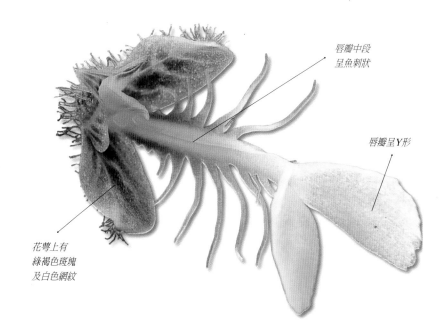

唇瓣中段呈魚刺狀

唇瓣呈Y形

花萼上有綠褐色斑塊及白色網紋

雙囊齒唇蘭 特有種

Odontochilus lanceolatus (Lindl.) Blume

臺灣共產6種齒唇蘭，只有雙囊齒唇蘭花朵顏色為黃色，非常容易辨識。葉片深綠色，中肋具有一白色條紋，有時兩側上各具有一條不明顯白紋。為臺灣特有種，全臺中低海拔原始林及人工林下皆有分布，族群常成大面積出現。

辨識重點

葉長橢圓形，長2至4公分，寬1至2公分，深綠色，中肋呈黃白色，有時兩側各有一條白紋。花黃色，常不轉位；花罩長約5公釐；唇瓣Y形，基部雙囊狀，內各具一柱狀突起，中段齒牙狀側裂，先端二裂片稍近長方形。

花黃色，常不轉位。

葉片深綠色，中肋具有一白色條紋。

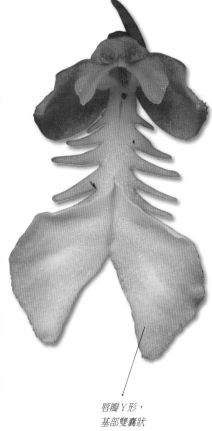

唇瓣Y形，
基部雙囊狀

Data

· 屬 齒唇蘭屬
· 棲所 本種產於原
始林或人造林之灌
叢底下、道路兩
旁，常呈優勢狀態
出現。

花期

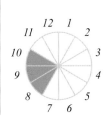

南嶺齒唇蘭

Odontochilus nanlingensis (L. P. Siu & K. Y. Lang) Ormerod

南嶺齒唇蘭分布於中國及臺灣，兩地皆為近期才發現，因最初是在中國南嶺所發現而名之。臺灣在烏來、福山、礁溪及大同玉蘭村皆有紀錄。本種與其他臺灣產之齒唇蘭相較之下，個體嬌小許多，植株通常矮於10公分，葉綠色帶紫紅；萼片白色，背面具兩條紫紅色條紋；花瓣白色帶紅暈，並有紅褐色條紋及塊斑。

散生於海拔500至1,000公尺之闊葉林下。

辨識重點

植物體通常矮於10公分，不具正常根部。花通常2至3朵，白色帶紅暈，並有紅褐色條紋與斑塊；唇瓣基部囊狀，中段具有多對梳齒狀裂片，先端具有一對倒卵狀裂片；柱頭單一，底部具一枚披針形、向下延展之附屬物。

Data

· 屬　齒唇蘭屬
· 棲所　族群散生於海拔 500 至 1,000 公尺左右之闊葉林下，多見於稜線附近。

花期

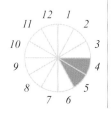

花白色帶粉紅暈

葉紫綠色

齒爪齒唇蘭

Odontochilus poilanei (Gagnep.) Ormerod

臺灣產齒唇蘭屬中唯一的真菌異營物種，地下具多分枝之根莖及肉質根部，地上部橙紅色，高12至20公分，無葉。花紅色，不轉位；唇瓣中段短梳齒狀，先端二裂，裂片黃色，邊緣具2至3枚尖齒。

辨識重點

植株無葉，地上部全體通紅，花亦為紅色，但唇瓣先端具二枚鮮黃色裂片。

在臺灣僅紀錄於南投溪頭一帶竹林下（楊智凱攝）。

唇瓣中段
短梳齒狀

花紅色，
不轉位

（楊智凱攝）

———— *Data*

· **屬** 齒唇蘭屬
· **棲所** 在臺灣僅紀錄於南投溪頭一帶竹林下；亦分布日本、中國南部、緬甸、泰國及越南。

———— 花期

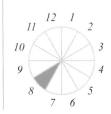

雙板山蘭 特有種

Oreorchis bilamellata Fukuy.

本種的採集紀錄有大霸、觀高、塔塔加、能高越嶺及關山，但它的數量實在不多。筆者曾前往光被八表及南橫的紀錄點，二生育地都長在小徑及路旁，有點半透空的環境，與臺產的其它三種之生育地有些微差異。它與細花山蘭（見336頁）的花略似，但唇瓣中央有黃色的隆起物，可依此區別於其它山蘭。

辨識重點

葉細長單一，假球莖具二或三個節，花序自假球莖側面抽出，花暗褐色，唇瓣白色具褐點，花約十餘朵。唇瓣中央有黃色的隆起物。

花序自假球莖側面抽出，花約十餘朵（陳維文攝）。

相似種鑑別

細花山蘭
（見336頁）

Data

· **屬** 山蘭屬
· **別名** 大霸山蘭。
· **棲所** 地生蘭，生於原始林下陰濕地上。

花期

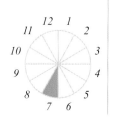

唇瓣中央有
黃色隆起物

（陳維文攝）

密花山蘭
Oreorchis fargesii Finet

密花山蘭是一稀珍的蘭花，筆者在山野找尋其它野生蘭時，曾在一南部高山的林徑巧遇。它一如其他山蘭屬的植株，葉單一、細長，乍看彷彿莎草科的植物，由於正逢花期，它潔白清淨的花序，在一片綠原當中相當顯眼。本種外形就像它的中文名，花朵著生緊密；而別名「頭花山蘭」，則是描述花序密集生於頂端的樣子。

辨識重點

葉細長單一，花序柄長十餘公分，花十餘朵叢生於花序頂端，花序軸短於2公分，唇瓣中裂片有毛狀物。

唇瓣中裂片
有毛狀物

葉細長，單一。花朵集中生於花莖頂端。

Data

· **屬** 山蘭屬
· **別名** 頭花山蘭。
· **棲所** 生於霧林帶之林下開闊處。

花期

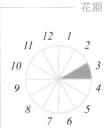

333

印度山蘭

Oreorchis foliosa Lindl. var. *indica* (Lindl.) N. Pearce & P. J. Cribb

臺灣早在1937年就由正宗嚴敬採得並發表為新種「合歡山杜鵑蘭（*Tainia gokanzanensis*）」。但可能由於在國外期刊未獲注意，且模式標本下落不明，它在臺灣蘭科植物的文獻中被遺漏了很長的一段時間，直到近年才由筆者等人重新確認身分。它與原產日本的琥珀蘭（*Kitigorchis itoana*）和印度喜馬拉雅地區的*Oreorchis indica*為同種植物。分子證據則證明它應歸屬於山蘭屬，因此以「印度山蘭」為正確的名稱。此外，在雪山及奇萊山亦可見到本種。

辨識重點

地生植物，地下具假球莖，彼此以短根狀莖相連接。葉單一，似乎有冬枯現象。花葶側生；總狀花序；花約1.5公分，萼片與花瓣暗紅色，有濃密紫褐色斑和條紋；唇瓣白中帶淡紫色斑，中裂片近方形，先端有缺刻、微突或短尖，邊緣波狀。

唇瓣三裂，
具紫紅斑點

Data

· **屬** 山蘭屬
· **棲所** 可見於玉山圓柏林下、雜木之矮灌叢林下，或生於冷杉等高大喬木下之玉山箭竹中。

花期

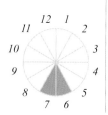

葉單一。花葶側生，總狀花序。

南湖山蘭

Oreorchis micrantha Lindl.

臺灣產的山蘭都屬於不容易見著的植物，南湖山蘭亦復如此，僅見於某些微棲地。最常發現的地點都是在思源啞口附近的森林內，而且數量大多在十株以下，故而要看見它是很不容易的。它的花清新脫俗，亮白的唇瓣上綴有若干紫斑，而裂片先端有波褶，也是美花一個。

辨識重點

植株細小，葉單一細長，未開花時不甚起眼。花序自假球莖側抽出，約20餘公分；花近白色，徑約1公分，花瓣及萼片長橢圓形，長5公釐；唇瓣大致呈長方形，長5公釐，側裂片細線形，中裂片長方形，先端有波褶，表面具紫色斑點。

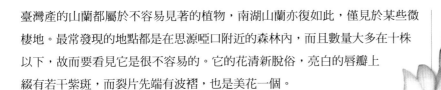

生於濕潤之霧林帶中。

花白色，
唇瓣有紫紅斑

唇瓣先端
有波褶

Data

· **屬** 山蘭屬
· **棲所** 生於濕潤之原始霧林帶林下，或著生長滿苔蘚之枯木上。在鐵杉林、針闊葉混合林及二葉松林下之草叢或箭竹間偶可發現。

花期

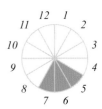

細花山蘭

Oreorchis patens (Lindl.) Lindl.

全世界的山蘭屬植物僅約10種，臺灣就佔了5種，由此可知臺灣野生蘭的多樣性。本種通常長在海拔約2,000公尺的森林內，其唇瓣常有變異，形狀各異，花色有時全白，有時又有山蘭屬成員常有的紫斑點，它們的諸多變化，常常令人疑惑是否為新的分類群。

辨識重點

地生蘭，葉1或2片，狹長。花序自假球莖側抽出，花約25至35朵，花萼黃棕色，花瓣及蕊柱白色；唇瓣基部有一明顯的隆起物。

相似種鑑別

雙板山蘭
（見332頁）

Data

· **屬** 山蘭屬
· **棲所** 生於拉拉山、太平山的原始林下半透光處或林緣富含腐質土之地上。

花期

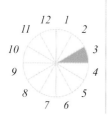

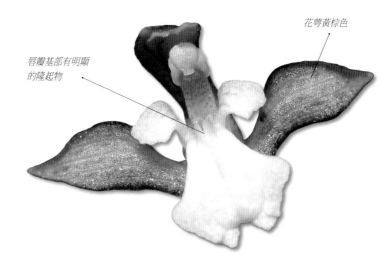

花萼黃棕色

唇瓣基部有明顯的隆起物

葉1或2枚。生於原始林下半透光處或林緣。

總狀花序。

336

粉口蘭

Pachystoma pubescens Blume

粉口蘭雖然在臺灣非常的稀少，目前已知確切的生育地僅有綠島，但在整個亞洲地區都有記錄。也由於它分布如此廣泛，自古以來在各地被發表了將近五十個學名。正如它的種小名「*pubescens*」（毛狀物之意），它的花梗、子房、蕊柱、花被片密布細短的褐毛。在綠島，它長在全日照的壤土上，周遭伴生著陽性的植物如：桃金孃、芒萁及野牡丹等。

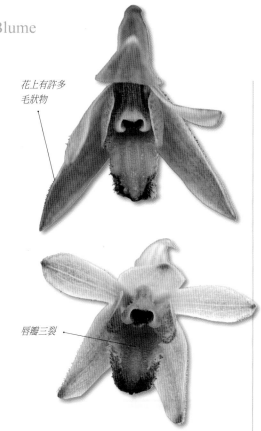

花上有許多毛狀物

唇瓣三裂

辨識重點

地生蘭。根莖埋於土下，圓球形，長約3公分，有數節，淡紫色。葉線形，長55公分，寬0.8公釐。花莖自地下莖而出，纖細，紫色，著生花約15朵。花梗與子房密佈細短褐毛。花懸垂，淡紫色，不甚張；上萼片長橢圓，銳頭；側萼片與上萼片相似，略歪斜，外有被毛；唇瓣成3裂片，基部淺囊狀。

花懸垂，不甚張。開花時無葉，要等到花謝後才開始長葉。

Data

· 屬　粉口蘭屬
· 棲所　生於低海拔草叢中。

花期

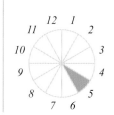

臺灣萬代蘭

Papilionanthe taiwaniana (S. S. Ying) Ormerod

臺灣萬代蘭是一種謎樣的植物，它擁有熱帶地區萬代蘭都有的美麗花朵，也有著金釵蘭屬般的修長棒狀葉。它的謎團來自於少有人拍攝到它生長於野外的照片，筆者在文獻紀錄的地點尋找多年，或許由於環境改變、或努力不足，至今尚未親自記錄到它於野外的生長情形。臺灣萬代蘭的花朵在形態上介於金釵蘭屬、萬代蘭屬、甚或部分的蝴蝶蘭屬之間。

辨識重點

單軸附生蘭，枝條圓柱狀，頗似金釵蘭屬（*Luisia*）植物形態。花徑4至5公分，花被白色，唇瓣3裂，中裂片先端淺裂，具棕紅色條紋。可能是鐵釘蘭（*P. teres*）與心唇金釵蘭（見290頁）之雜交種。

Data

· **屬** 尖葉萬代蘭屬
· **棲所** 僅於車城低海拔山區有過一次記錄，生育環境不詳。

花期

（不定期）

唇瓣中裂片先端
有可愛的腳狀物

（林哲緯繪）

貓鬚蘭

Peristylus calcaratus (Rolfe) S. Y. Hu

本種目前僅分布於臺灣西半部中海
拔山區，其中又以竹山溪頭為中
心，鄰近的雲林草嶺亦在其分布範
圍。多發現於孟宗竹林，生育地內
偶能發現肉果蘭（見143頁）。由
於它唇瓣的側裂片成細長絲狀，看
似貓鬚，故得貓鬚蘭之名。

辨識重點

莖長4至8公分，葉2至4枚叢生，
葉披針形至橢圓狀披針形，長5至
10公分。花綠色，花瓣卵形，唇
瓣中裂成三裂片，中裂片舌狀向
下，側裂片絲狀。

唇瓣側裂片
絲狀

距長形

相似種鑑別

臺灣鷺草
（見340頁）

僅分布於臺灣西半部中海拔山區（許天銓攝）。

Data

· **屬**　闊蕊蘭屬
· **棲所**　臺灣分布於
西部與西南部中海
拔山區，如南投竹
山、雲林草嶺及屏
東里龍山等地。

花期

```
      12  1
  11        2
10            3
  9          4
    8      5
      7  6
```

臺灣鷺草

Peristylus formosanus (Schltr.) T. P. Lin

在臺灣南部、綠島、蘭嶼的山坡上，生長著禾本
科、芒萁，及耐強風之灌木的乾熱草生地上，在這
些強勢植物擴展的邊緣處留意觀察，便有可能和這
種迷你的蘭花相遇。若不是正逢臺灣鷺草的花季，
其實是相當不容易察覺它的存在，蓋因葉片少，
且接近地面，生育地也不是一般人探訪野蘭會去
的典型環境，故推測它的實際族群數量，應遠
比已知的更為豐富。臺灣鷺草的花朵形態相當逗
趣，類似貓鬚蘭（見339頁），亦是唇瓣三裂
後，兩旁的側裂片絲狀水平延伸如觸鬚，看
過一眼即難以忘懷。

辨識重點

莖長約5公分，葉2至4枚叢生於莖頂，
葉披針形至長橢圓披針形。花白綠色，
唇瓣三裂，中裂片舌狀向下彎曲，側裂
片絲狀橫展。

相似種鑑別

貓鬚蘭
（見339頁）

Data

· 屬　闊蕊蘭屬
· 棲所　臺灣南部低
　海拔草坡。

花期

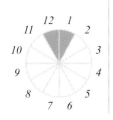

花白色，生於臺灣南部低海拔草坡。

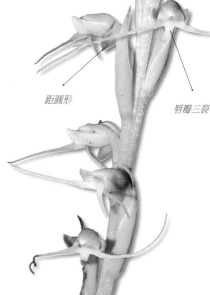

距圓形

唇瓣三裂

南投闊蕊蘭

Peristylus goodyeroides (D. Don) Lindl.

本種在屬內算是外形相當有特色，在直立莖的上半段，
聚生著幾片長卵圓形的葉片，它的種名為*goodyeroides*，
確切地描述了它的外觀類似斑葉蘭屬（*Goodyera*）。分
布在臺灣中南部季風林中的南投闊蕊蘭，是一種相當少
見的地生蘭，由於低海拔破壞嚴重，擁有較大型的的植
物體的種類，相對上更難以在頻繁開發的地區生存，
因此更加劇了原本就屬於稀有物種的危急狀況。南投闊
蕊蘭的花朵相當精巧，數十朵白色的小花排列成總狀花
序，唇瓣和本屬的其他物種一般，為三裂，裂片短。

辨識重點

莖直立，高20至30公分，葉4至6枚叢生於
莖頂，葉長橢圓
形至倒卵狀長橢
圓形，葉下表面
灰白綠色，唇瓣
三裂，中裂片寬三角形，先端鈍，側
裂片較中裂片為窄，先端尖。

總狀花序

莖直立，葉4至6枚聚生於莖頂。

（許天銓攝）

唇瓣三裂

—— *Data*

· 屬　闊蕊蘭屬
· 棲所　臺灣中南部
　中低海拔山區草坡
　或灌叢。

花期

12　1
11　　　2
10　　　　3
9　　　　4
8　　　5
7　6

纖細闊蕊蘭

Peristylus gracilis Blume

闊蕊蘭屬在臺灣產的物種皆為周期性生長，有明顯的休眠特性。這一屬的蘭花若不是生長在季風林，就是開闊的草地上，但纖細闊蕊蘭一反其道，只生長在濕潤的森林底層。本種於東南亞地區分布廣泛，但臺灣目前只發現於蘭嶼的蔭蔽林地中。它的植物體外形也迥異於闊蕊蘭屬的其他物種，在披針形的數枚葉片上方，頎長的花莖上稀疏排列著綠色的花朵。花極小，唇瓣的側裂片常側向捲曲，由於觀賞價值不高，且產在離島，即使個體數量不多，由於沒有面臨到立即的威脅，推測族群應該可以穩定增加。

辨識重點

株高約10至40公分。葉數枚，自莖上部生出，披針形。花序頂生，具有多朵疏生小花。花綠色，上萼片與花瓣緊貼；唇瓣三裂，側裂片絲狀，朝側向伸展，常捲曲，長3至5公釐；中裂片較短，舌狀。

Data
· 屬　闊蕊蘭屬
· 棲所　植株散生於濕潤的雨林底層，常與白花線柱蘭、雙袋蘭與齒唇羊耳蒜等地生蘭混生。

花期

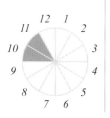

葉自莖上部生出，披針形。

葉子大約4至5枚。

上萼片與花瓣緊貼成罩狀

花綠色

短裂闊蕊蘭

Peristylus intrudens (Ames) Ormerod

短裂闊蕊蘭與裂唇闊蕊蘭（見344頁）外觀類似，對環境的需求也相近，但數量卻非常稀少，除了臺灣中部草生地之外，它在國外只記錄於中國南部及菲律賓。綜觀而言，是一種世界性的稀有蘭花。這兩個近緣種之間的差異，要借助花朵特徵來鑑定。顧名思義，「短裂」說明了本種的唇瓣側裂片較裂唇闊蕊蘭短，且通常短於中裂片；花朵色澤較白，尺寸也略小一些，可茲區分。

辨識重點

本種往昔置於*Peristylus spiranthes*的種下變種，後來又被郎楷永併入裂唇闊蕊蘭。但它與裂唇闊蕊蘭是有所區別的，本種的花為純白色，有較短的唇瓣，且唇瓣具三角形的側裂片，側裂片長度較中裂片短。

花白色

唇瓣側裂片較短

目前僅見於魚池及鹿谷鄉海拔500至800公尺之短草坡。

Data

· 屬　闊蕊蘭屬
· 棲所　生於短草坡上，地常年溼潤。目前僅發現於魚池鄉以及鹿谷鄉海拔500至800公尺處。

花期

裂唇闊蕊蘭

Peristylus lacertiferus (Lindl.) J. J. Sm.

裂唇闊蕊蘭對生長環境的需求，先決條件似乎是充足的陽光、土壤具一定的濕潤度，因此從海拔極低之處到接近中海拔的開闊坡地或草原，都有機會見到它們，只是普遍程度遠不如生育條件類似的綬草（見384頁）。它的葉片接近地面生長，花莖修長，小花綠白色，唇瓣亦為與本屬大多物種相同，三裂，但線形的側裂片並不朝橫向延伸，而是指向下方，可作為花部的辨識特徵。

辨識重點

莖2至3公分，葉2至3枚著生於近地表處，葉披針形至橢圓狀披針形。花綠白色，唇瓣三裂，三裂片先端均向下，中裂片舌狀三角形，側裂片線形。

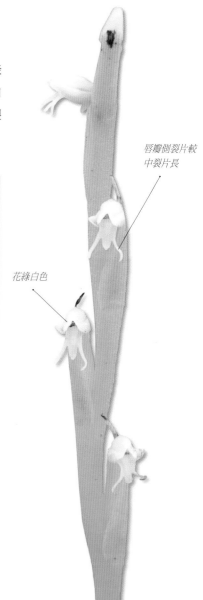

唇瓣側裂片較中裂片長

花綠白色

Data

· **屬** 闊蕊蘭屬
· **棲所** 臺灣中部如：蓮華池、日月潭等低海拔山區。喜生於開闊的短草坡地或透空的土坡上。

花期

生於臺灣中部中低海拔之開闊短草坡。

黃鶴頂蘭

Phaius flavus (Blume) Lindl.

黃鶴頂蘭的花美麗大方，大大的黃花，紅色喇叭狀的唇瓣，在山裡巧遇它的人都不禁讚美它的漂亮。與本屬其它的種類一樣，它也有一個很大的卵錐狀假球莖，神似青色的鵝卵石，在中藥界稱為「青石蛋」。在野外有這種大型假球莖的野蘭不多，下次在山裡看到如此形態的植物，應可輕易的識別它。在臺灣分布甚廣，主要產地在中央山脈及雪山山脈海拔約1,000公尺左右之林下，東部山區也有許多的族群。

辨識重點

植株高約1公尺，葉常具黃色斑點。地上具角錐狀之粗大假球莖，花莖自假球莖側方抽出，總狀花序；花黃色，唇瓣卵形，表面有紅紋，前端邊緣呈波皺狀，中部捲成喇叭形而包圍蕊柱。

唇瓣中部捲成喇叭形，包圍蕊柱

唇瓣表面有紅紋，先端邊緣皺波狀

具有稜角的粗大假球莖。　總狀花序，花黃色。

—— *Data*

· 屬　鶴頂蘭屬
· 別名　青石蛋。
· 棲所　闊葉林下或人造柳杉林下潮濕處常可見大片族群。

—— 花期

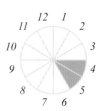

細莖鶴頂蘭

Phaius mishmensis (Lindl. & Paxt.) Rchb. f.

它的身高在臺灣的野生蘭中，可算是高個兒，有時在富腐植質的林地上，常可見到高達1公尺餘的植株。見到如此大的個頭，也許你會猜想它應該有個大大的花朵吧！然而它的花其實不大，約只5公分，而且是個半遮掩的小家碧玉，花朵半開。還好它的花序頗大，復加花朵是粉紫紅色的討喜色彩，頗為耐看。本種全島分布，但均甚為零星，東臺灣產量較豐，尤以海岸山脈的中段，發現有較大之族群。

花淡粉紅色，半開

辨識重點

莖高60至80公分，基部稍膨大。葉生於莖之上部，長橢圓形，長20至30公分，寬5至8公分。花莖自莖之中部抽出，上生少數花；花粉紫紅色，後轉橙，直徑約5公分；萼片及花瓣長橢圓形或披針形；唇瓣倒三角形，先端三裂，基部內捲。

Data

· 屬　鶴頂蘭屬
· 棲所　臺灣全島海拔1,000公尺以下之常綠闊葉林中，喜陰濕環境。

花期

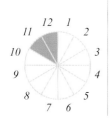

生於臺灣全島海拔1,000公尺以下之陰濕環境。

粗莖鶴頂蘭

Phaius takeoi (Hayata) H. J. Su

粗莖鶴頂蘭是臺灣本屬中最稀有的種類，筆者也僅在太魯閣看過二個生育地，且數量都是個位數，是一亟待保育的物種。它的植株一如本屬的種類，有著大型像竹葉的葉片，也具一大的肉質假球莖，但本種的假球莖呈棒狀或圓柱狀，且植株頂多60至70公分，可以此和臺灣其它種類區別。其花為淡綠色或黃白色，唇瓣捲曲呈喇叭狀，全花造型清新素雅，為野生蘭中的美花之一。

辨識重點

植株高約60公分。棒狀假球莖甚長，花莖自其節抽出，總狀花序，4至10朵花，花淡綠至白黃，唇瓣白黃色不具紅褐色，花寬約5公分。

花莖自假球莖的節抽出，總狀花序，花4至10朵。

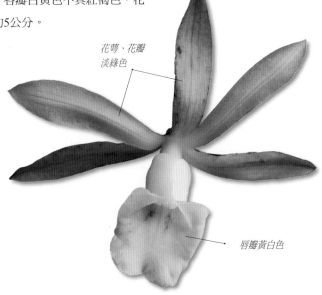

花萼、花瓣
淡綠色

唇瓣黃白色

—————— *Data*

· 屬　鶴頂蘭屬
· 棲所　生於低海拔河谷兩側半透光之原始森林下。

—————— 花期

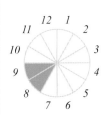

347

鶴頂蘭

Phaius tankervilleae (Blume *ex* L' Her.) Blume

鶴頂蘭在臺灣最早的記載，應該是在清同治10年（1871）陳培桂於《淡水廳志》記載：「鶴頂蘭，花白心紅。」由此可知當時臺北附近是有一些鶴頂蘭生長，但由於美花總是常被採擷，加上環境的開發，使得本種的野生族群在臺灣各處都難得一見。但也因為它的觀賞價值高，目前在各地花園或公園都有廣泛栽植，不難看見。筆者在野外多年，也只數年前於蘭嶼看到野生的族群，它生長在野溪旁半日照的山坡上，伴生著各式草本，一串的大紅花佇立在山野芒草中，散發著野蘭的獨特韻味，與人工栽植者大異其趣。

辨識重點

多年生地生草本。葉叢生，長橢圓至卵狀披針形，長可達60至80公分，表面略具褶皺。花莖高達60至100公分，花徑約8公分，花被外側白色，內面紅色；唇瓣邊緣上捲圍繞蕊柱，長約5公分，基部具短距。

生於低海拔闊葉林之林緣或半透空林下。

花被外側白色，
內側紅色

唇瓣捲成
圓柱狀

Data

·屬　鶴頂蘭屬
·棲所　全臺灣及蘭嶼低海拔闊葉林下。生於林緣或半透空的林內。

花期

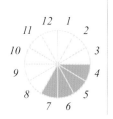

348

白蝴蝶蘭

Phalaenopsis aphrodite Rchb. f. subsp. *formosana* Christenson

白蝴蝶蘭曾經是日據時代臺灣野生蘭的代名詞，在許多充滿日本古意風味的藝術品上常有機會見到。白蝴蝶蘭是泛菲律賓群島的重要物種，臺灣的恆春半島、海岸山脈南端與蘭嶼是它分布的北端，分布於蘭嶼與臺灣本島的白蝴蝶蘭在葉片形態與部分花朵形態上有些許不同，但仍歸屬於同一種。白蝴蝶蘭的花朵與葉片線條優雅，具有極高的藝術欣賞價值，在育種與植物分類的貢獻上都有相當的重要性。臺灣森林曾經有幸擁有如此素淨出塵的花朵，希望藉由保育觀念的覺醒，白蝴蝶蘭能夠再次繽紛綻放於蒼勁的巨木上。

辨識重點

多年生附生草本。莖短；葉二列互生，長橢圓形，肥厚，長8至25公分，先端鈍。花莖長20至60公分，常有分枝。花白色，徑約5至7公分；萼片長橢圓形；花瓣菱狀倒卵形，長2.8至3.5公分；唇瓣三裂，裂片交接處具一盾狀肉突，肉突黃色帶橙斑；側裂片歪斜倒卵形，基部具紅紋；中裂片菱狀三角形，先端具一對捲鬚。

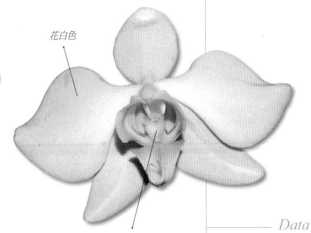

花白色

唇瓣三裂，裂片
交接處具一黃色肉突

因人類過度採集，野生的植株已不多見。

唇瓣先端有一對捲鬚。

Data

· 屬　蝴蝶蘭屬
· 棲所　長於楠榕林型內的中大樹之枝幹上，環境為涼爽之林內，午後有雲霧及陣雨。

花期

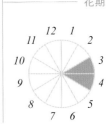

349

桃紅蝴蝶蘭

Phalaenopsis equestris (Schauer) Rchb. f.

相對於白蝴蝶蘭（見349頁）的雍容氣質，桃紅蝴蝶蘭則有經典小品的野性風味。本種是海岸森林中的重要指標物種，在臺灣它僅分布於小蘭嶼沿岸陡峭森林中的極小範圍。在戰後，經過蘭花商人的濫採，它曾經一度在臺灣野外絕跡，直到2009年才再度被發現。桃紅蝴蝶蘭能夠在春季花開多枝，它的花枝易於長出花梗苗，利於下一代的繁衍。因此，若無人為因素的干擾，要再度看見枝頭掛滿美麗蝴蝶蘭的盛況，應該是指日可待，這也必須依賴讀者們的努力宣導與愛心。

辨識重點

多年生附生草本。莖短；葉二列互生，長橢圓形，肥厚，長12至24公分，先端鈍。花莖斜上，彎曲，有時分枝。花淡紫色，徑約3公分；萼片長橢圓形；花瓣菱形；唇瓣三裂，裂片交接處具一盾狀肉突；側裂片歪斜倒披針形，中裂片卵形，先端無捲鬚。

目前僅生於小蘭嶼的森林內。

Data

· 屬　蝴蝶蘭屬
· 棲所　著生於小蘭嶼的蘭嶼羅漢松樹上。

花期

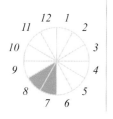
（圈：12 1 2 3 4 5 6 7 8 9 10 11）

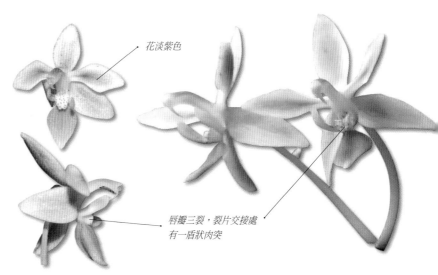

花淡紫色

唇瓣三裂，裂片交接處有一盾狀肉突

烏來石山桃

Pholidota cantonensis Rolfe

烏來石山桃在不受人為干擾、原始的森林中，是
一種容易見到的可愛物種。但是因為它開花性不
算佳，所以在野外觀察的時候很容易被誤認為是
豆蘭屬的蘭花。烏來石山桃廣泛生長於東南亞、
中國與臺灣，白色花朵配上亮黃色唇瓣，鮮明的
花色與優雅下垂的花序，展現出獨特的典雅氣
質。下次若在野外發現它，不妨多拍攝它的花序
特寫與柔軟青苔花床的全景照，必然有一番清新
風味。

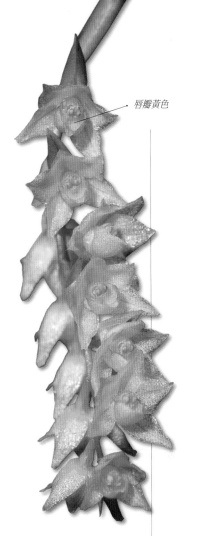

唇瓣黃色

辨識重點

附生，具匍匐根莖。假球莖漸尖頭，光滑，長2
公分，寬1公分。葉2片著生於假球莖頂部，線
形，長約9公分，寬7公釐，葉片近乎革質。花
莖生於假球莖頂端，與幼葉同時生出；總狀花
序，具二列排列的花朵。唇瓣基部具囊；蕊柱短
而寬，上端有翼包住花藥，無足。

花二列密生於花軸上。在原始林中為一常見物種。未開花時易被誤認為豆蘭屬植物。

Data

· 屬　石山桃屬
· 棲所　分布於中北
　部海拔1,000公尺以
　下之地區。

花期

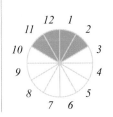

垂莖芙樂蘭

Phreatia caulescens Ames

垂莖芙樂蘭分布於菲律賓及臺灣，在臺灣目前僅大武山
及浸水營有紀錄。筆者在浸水營看到的二族群，一生於
直徑數米的大樹幹上，另一則長在透空的樹幹上，其著
生的樹幹上滿是青苔及卷柏，顯見它的生育地濕度非常
高。它的莖懸垂，故名為「垂莖芙樂蘭」；花一如臺灣
芙樂蘭屬的其他植物，白色且很小。

花白色，
甚小

辨識重點

莖懸垂，長可達20公分，叢生。葉二列互
生，線形，長約6公分，寬約6公釐。花序
纖細彎曲。花很小，白色；萼片卵形，長約
1.5公釐，寬約1公釐；花瓣橢圓形。唇瓣基
部有一短囊距，前端則為一突然擴大的瓣
片。蕊柱短，花粉塊8個。

Data

· **屬** 芙樂蘭屬
· **棲所** 海拔約1,500
  公尺左右，喜好陰
  濕的環境，高位著
  生至低位著生。

花期

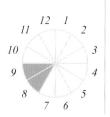

族群相當少。喜好陰濕的環境。

寶島芙樂蘭
Phreatia formosana Rolfe

寶島芙樂蘭是一種看起來很硬朗的植
物，葉大約10片，整齊的排成二列，
相當有型。其花小，30至40朵花長在
一很長的花序軸上，花序從植株基部的
葉腋生出。在臺灣的北部甚少發現，南
投以南及東半部花蓮以南的山區較多。

辨識重點

不具假球莖。莖短叢生。葉約10片，
二列互生，線形，長約10公分，寬可
達13公釐。花序腋生，花甚小，白
色；上萼片長橢圓形；側萼片歪卵形；
花瓣長橢圓形。唇瓣基部略成囊狀，前
面突然擴大成卵狀。蕊柱短；藥帽圓
形；花粉塊8個。

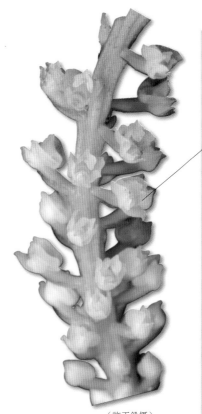

花白色，
甚小

（許天銓攝）

不具假球莖。葉二列互生，厚革質（許天銓攝）。

—— *Data*

· 屬　芙樂蘭屬
· 棲所　生於乾爽的
　闊葉樹林內，但午
　後常有雲霧及陣
　雨。

—— 花期

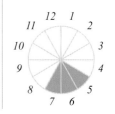

大芙樂蘭 特有種

Phreatia morii Hayata

在臺灣本屬中它的葉子是最大的，故名為「大芙樂蘭」。植株具一球形的假球莖，上生2片約10公分的葉子。它的數量並不少，但由於喜生於大喬木中上層，一般人少有機會看到它。它的花序很長，彎曲，無數的小花長在花序頂端，花純白，不完全開張。分布全島，但以東部較多，其中又以海岸山脈為最為豐富。

辨識重點

假球莖密集，球形，徑約1.5至2公分，上具2片葉。葉線狀長橢圓形，8至15公分，銳頭，具關節。花序彎曲，10至30公分，自假球莖基部而出，纖細；穗狀花序具無數小花。花白色，不伸展，寬約5公釐。

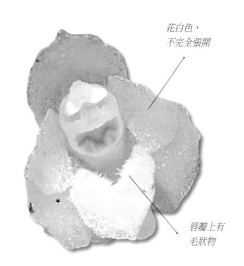

花白色，不完全張開

唇瓣上有毛狀物

Data

· 屬　芙樂蘭屬
· 別名　蓬萊芙樂蘭。
· 棲所　分布於海拔1,500公尺以下之闊葉樹林內，喜生於乾爽的稜線上。

花期

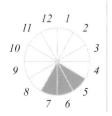

花序彎曲，不直立。

臺灣芙樂蘭 特有種

Phreatia taiwaniana Fukuy.

在臺灣四種芙樂蘭屬植物中,分成具有或
不具假球莖二類,本種與大芙樂蘭(見354
頁)具有假球莖。假球莖外觀很有特色,呈
扁壓狀或近圓盤形,與臺產的豆蘭等有假球
莖的種類都不太相同,相當有鑑別度。但未
開花時的植株與閉花八粉蘭(見396頁)又
有點相似,都有一扁型的假球莖,且葉一大
一小,常令人有些困惑。本種葉子較小,約
4至5公分,而閉花八粉蘭較大,常長於6公
分。

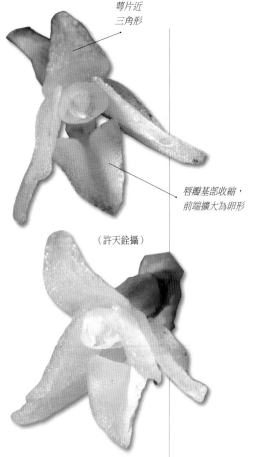

萼片近
三角形

唇瓣基部收縮,
前端擴大為卵形

(許天銓攝)

辨識重點

假球莖密集,呈扁壓狀或近圓盤形,直徑約
7至8公釐;葉單一或二片(一大一小),
線形或鐮刀形,長4至6公分,寬8至10公
釐。花軸細長,達7公分,上生多數小白
花;萼片近三角形,長約2.5公釐;唇瓣基
部收縮,前端擴大為卵形,長約2公釐。

葉單一或二枚(一大一小),線形或鐮刀形(許天銓攝)。

花軸細長,花白色(許天銓攝)。

—— *Data*

· **屬** 芙樂蘭屬
· **棲所** 生於常年溼
  潤的密林內。

—— 花期

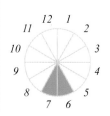

355

小腳筒蘭

Pinalia amica (Rchb. f.) Kuntze

蘋蘭屬的特徵為假球莖延長，並有數枚葉狀苞片包覆，小腳筒蘭也是如此。假球莖密集叢生，紡錘狀圓柱形，長5至7公分，著生於海拔300至1,800公尺之原始林大樹上，花莖自假球莖旁抽出，花黃白色帶紅色縱向條紋，唇瓣鮮黃色。小腳筒蘭分布於印度到中南半島及中國雲南南部，是一種廣泛分布於亞洲的物種。

辨識重點

小型附生蘭；假球莖長筒形，上下部稍縮小而近於長紡錘形，高5至7公分，直徑7至10公釐；頂端生3至4葉；葉披針形，長8至12公分，寬1至1.5公分，革質。花軸自莖頂抽出，長約6公分；花少數，黃綠色而帶有紫紋，直徑約1.5公分；唇瓣廣卵形，三裂，先端微凹，表面有兩條龍骨。

花黃綠色帶有紫紋。

假球莖密集叢生，紡錘狀圓柱形（許天銓攝）。

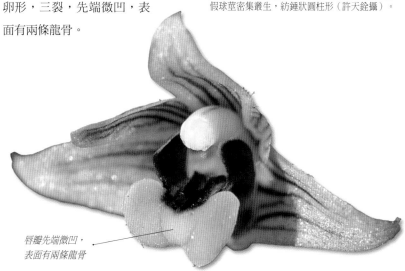
唇瓣先端微凹，表面有兩條龍骨

Data

· 屬　蘋蘭屬
· 棲所　分布於臺灣西部海拔300至1,800公尺山地，偏好通風良好之環境。

花期

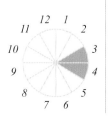

樹絨蘭

Pinalia copelandii (Leavitt) W. Suarez & Cootes

相對於其它野生蘭，樹絨蘭是一種普遍可見的蘭花，可是它長在高高的大樹上，要看到它的花可是一點都不簡單，但由於其老株可長的十分大叢，所以開花時期常可見繁花盛狀，煞是美觀。它的新芽會從莖的中央生出，年復一年，成為龐大的植株。其花黃色，但中心部位呈紅色，樣似星子，但花期甚短，數日即謝。

辨識重點

附生蘭，莖肉質，細長多分枝，圓柱狀，末端多少膨大。花莖側生，花密集，黃中帶紅褐色。莖及花均懸垂於樹幹上。

花密集。

莖肉質，細長多分枝，莖及花均懸垂於樹幹上。

花黃中帶
紅褐色

Data

· **屬** 蘋蘭屬
· **別名** 毛花竹鞭蘭、絨蘭、垂花絨蘭。
· **棲所** 長在低海拔潮濕之溪谷或迎風山坡之大樹上，海拔 400 至 1500 公尺。

--- 花期

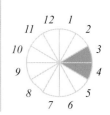

357

大腳筒蘭

Pinalia ovata (Lindl.) W. Suarez & Cootes

蘋蘭屬全世界的種類超過500種，分布於熱帶亞洲、馬來西亞、澳洲、波利尼西亞及太平洋的島群。大腳筒蘭廣泛分布於臺灣全島低海拔森林中，著生於大樹之中上層樹幹，雖易見卻不易接觸到它。大腳筒蘭植株聚生成叢，有些植株經年累月，株體甚大而掉落地面；花淡黃或白色，總狀花序長達30公分，花朵雖小但為數眾多，一起綻放亦極為壯觀。

辨識重點

假球莖叢生，呈肥大之圓柱狀，高10至25公分，直徑1至2公分。葉4至5片，厚革質，長橢圓形，10至15公分長，先端鈍頭。花莖由假球莖頂抽出，10至20公分長；花黃白色，直徑1.2公分；唇瓣卵狀三角形，紅色，長3公釐。

Data

· 屬　蘋蘭屬
· 棲所　普遍分布於臺灣全島及蘭嶼海拔200至1,200公尺山區，生長於陽光充足之樹幹上。

花期

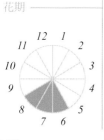

普遍生於海拔200至1,200公尺山區，陽光充足之樹幹上。

花黃或白色。

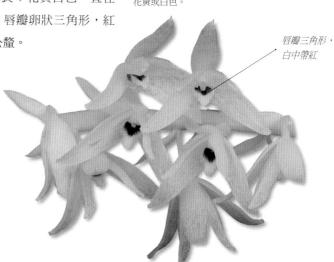

唇瓣三角形，白中帶紅

短距粉蝶蘭

Platanthera brevicalcarata Hayata

側萼片
平展

唇瓣先端
向下捲

短距粉蝶蘭像是臺灣冷杉及鐵杉林下的小仙子，在厚實的苔蘚上美麗的飛舞著。它的花朵如一串振翅欲飛的白蝴蝶，是登高山者不陌生的美景。它是臺灣粉蝶蘭屬中，唯一白色花者，花形也較小。

辨識重點

擬塊莖細長，橫臥，白色。植物體高約15公分以下。葉單一或兩枚，橢圓形，長3至5公分，寬2至3公分。花多數生於花軸頂端，白色，直徑約1公分；側萼片平展，長約5公釐；唇瓣長橢圓形，先端向下捲，基部具圓柱狀之短距。

—— Data

· 屬　粉蝶蘭屬
· 別名　白粉蝶、玉山粉蝶蘭。
· 棲所　本島可見於高山及中海拔草原及森林下，海拔自1,400 至 3,600 公尺均可見。常見於高山植群帶，冷杉林帶及鐵杉雲杉林帶，上至香柏林、灌叢、高山裸岩、箭竹草原，下至鐵杉或二葉松林均偶有發現，但最普遍之生育地則為冷杉林，形成林床植物。

—— 花期

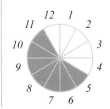

廣泛分布於海拔1,400至3,600公尺之草原及林下。

長葉蜻蛉蘭 特有種

Platanthera devolii (T. P. Lin & T. W. Hu) T. P. Lin & K. Inoue

同樣都是粉蝶蘭屬植物，為何它的中文名稱叫「蜻蛉蘭」？那是因為它的唇瓣基部具明顯的側裂片，在早期，這樣的特徵會被歸為蜻蛉蘭屬（*Tulotis*），但近來認為兩屬的分界不明顯，因而又歸於同屬。它喜生於有水的地方，不曾見它如一般的粉蝶蘭植物長在草原上。

辨識重點

地生蘭。根莖嵌合體似走莖，自其頂部附近生新芽。葉2片，線形，銳頭。花序有許多花，疏鬆或密集排列。花黃綠色，寬約9公釐。唇瓣肉質，成三裂片，中裂片線形但頗寬，鈍頭。

花黃綠色

唇瓣基部具明顯的側裂片

相似種鑑別

臺灣蜻蛉蘭
（見369頁）

Data

· **屬** 粉蝶蘭屬
· **棲所** 喜生長森林之林緣或路旁，土壤含水量高之山壁或土坡。

花期

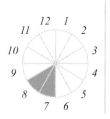

葉2枚，線形。

長距粉蝶蘭

Platanthera longicalcarata Hayata

從以往的採集及野外觀察來看，本種的族群並不多，為一稀有植物。粉蝶蘭屬的植物對大多人來說，有時會很容易的將相似的類群混淆，但只要把握住重點特徵，要區別本屬的植物不算太困難。如長距粉蝶蘭的花距超長，可為唇瓣的二倍長度，會向前彎曲，且唇瓣朝上或朝前，獨樹一幟，為重要的辨識特徵。

辨識重點

地下部呈走莖狀；葉主要有2片，基部者較大，長橢圓狀倒披針形，長7至10公分，寬3至4公分。花綠色，上萼片三角形，側萼片卵狀披針形；花瓣歪三角形；唇瓣卵狀三角形，向上直立，基部之距向前彎曲，長約8公釐；喙彎曲，包覆稍微突出之柱頭。

唇瓣朝上或朝前舉

距非常的長，並向前彎曲

葉主要為2枚，近基部者明顯較大。

— Data

· 屬　粉蝶蘭屬
· 棲所　產於臺灣鐵杉雲杉林帶之及針葉林下方或林緣，喜好陰濕之生育地。

— 花期

惠粉蝶蘭 特有種

Platanthera mandarinorum Rchb. f. subsp. *formosana* T. P. Lin & K. Inoue

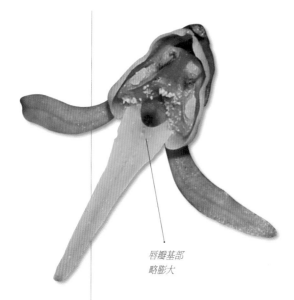

唇瓣基部
略膨大

本種常於潮濕的苔蘚土坡上生長，乍看之下與其它粉蝶蘭屬的植物沒有什麼不同，但仔細看它的葉子，你會發現它的葉表並非平滑，而是皺皺的像是長期缺水的樣子，這樣的質感是其它種類所沒有的。

辨識重點

根莖嵌合體紡錘形。莖具稜角。葉披針形或卵狀披針形，斜生於莖；上萼片廣卵形漸尖頭。花序多花。花綠色；上萼片三角形。唇瓣披針形，長1.2公分，基部處略膨大；距向下彎曲，線形。

Data

· 屬　粉蝶蘭屬
· 棲所　喜生於陰濕有苔蘚的土坡上，伴生植物通常為芒草及裏白。

花期

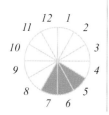

葉子總是皺皺的。喜生於陰濕有苔蘚的山坡。

千鳥粉蝶蘭

Platanthera mandarinorum Rchb.f. subsp. *ophrydioides* (F. Schmidt) K. Inoue

本種為筆者與許天銓至太平山從事植物調查，在空氣溼度甚高的山徑路旁發現的一新記錄植物，它與厚唇粉蝶蘭（見364頁）之區別為葉片多平展，花瓣及唇瓣先端較窄而呈尾狀。

辨識重點

株高15至30公分，葉2至4枚，散生於莖下部，伸展方向與莖近垂直；本種花被形態與厚唇粉蝶蘭（見364頁）接近，但先端較為尖細。

葉片多平展。

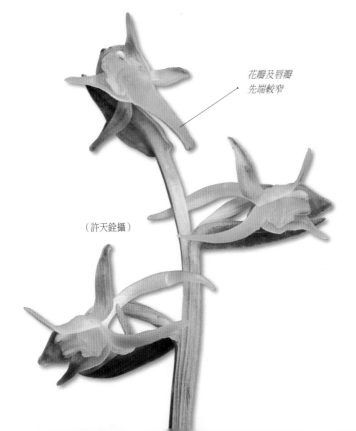

花瓣及唇瓣先端較窄

（許天銓攝）

相似種鑑別

厚唇粉蝶蘭
（見 364 頁）

— Data

· **屬** 粉蝶蘭屬
· **棲所** 見於臺灣東北部海拔約2,000公尺之檜木林帶，多生長於林下透空處；亦分布於日本。

花期

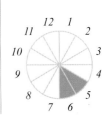

厚唇粉蝶蘭 特有種

Platanthera mandarinorum Rchb. f. subsp. *pachyglossa* (Hayata) T. P. Lin & K. Inoue

相似種鑑別

千鳥粉蝶蘭
（見363頁）

高山粉蝶蘭
（見366頁）

陰粉蝶蘭
（見370頁）

Data

· 屬　粉蝶蘭屬
· 棲所　臺灣高山草原，海拔約2,500至3,000公尺處均可見之。主要生長地為高山芒草原，在箭竹草原及二葉松林下亦有發現。

花期

```
        12   1
    11          2

  10              3

  9              4

    8          5
        7   6
```

本種與短距粉蝶蘭（見359頁）應是臺灣最常見的粉蝶蘭屬植物，每年的夏天是臺灣高山植物百花競秀的時期，而厚唇粉蝶蘭此時亦於草坡上展露容顏。它是害羞的，它的花面總是垂著向地，挽起細看，唇瓣像是延長的鼻子般，讓整朵花看起來頗似象頭。

辨識重點

植物體高達50公分。葉主要有兩枚，長橢圓形或線狀長橢圓形，長6至10公分，寬2至3公分。花軸有稜，具若干苞片；花綠色，上萼片寬卵形，長6公釐；側萼片歪長橢圓形，長8公釐，反捲；花瓣歪卵狀披針形，向外伸展，不具明顯之花罩構造；唇瓣厚肉質，披針形，長1公分，距長達1.5公分，向下彎曲。

常見於海拔2,500至3,000公尺之高山草原。

花總是垂著，花面向地

唇瓣厚肉質

唇瓣長，如象鼻，讓整朵花看起來頗似象頭

卵唇粉蝶蘭

Platanthera minor (Miq.) Rchb. f.

卵唇粉蝶蘭與短距粉蝶蘭（見359頁）的花在本屬中皆是較袖珍型的，它們的側萼片約僅有0.5公分。本種花的唇瓣為卵形，淡綠色或黃白色，側萼片會反捲並朝下。葉子大都2片，長橢圓形，最下部葉最大，把握住以上要訣，並不難辨識。

側萼片反捲，
先端朝向下方

辨識重點

莖連同花軸高20至40公分。葉1至2片，長橢圓或狹窄長橢圓形，莖上方之葉較小，最下部之葉長5至12公分，寬2至3.5公分。花序長10至15公分；花淡綠色；上萼片寬卵形，長4至5公釐，與花瓣合成明顯之花罩；唇瓣卵形，白色，長5至7公釐，基部之距長12至15公釐，下彎。

葉1至2枚，長橢圓形或狹窄長橢圓形。

Data

· **屬** 粉蝶蘭屬
· **棲所** 臺灣可發現於海拔2,000公尺以上之高地草原，似以中央山區中部以北較多見。可見於高山芒草原或箭竹草原，二葉松林間之草地亦可見之。

花期

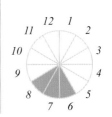

365

高山粉蝶蘭

Platanthera sachalinensis F. Schmidt

距長達2公分

相似種鑑別

厚唇粉蝶蘭
（見364頁）

花綠白色

上萼片及花瓣形成明顯花罩

側萼片歪卵形

唇瓣基部有一肉瘤

葉若干枚，由基部向上漸次縮小。

高山粉蝶蘭的花與厚唇粉蝶蘭（見364頁）一樣，有著長長的唇瓣，再加上其側萼片碩大如耳，令整朵花看起來像極了逗趣的象頭。另外，由於它的側萼片張開，也頗似振翅的鳥兒，相當可愛。此外，本種唇瓣基部有一向後突起之肉瘤，可做為辨認的特點。

辨識重點

植物體開花時高可達60公分。葉若干枚，由莖基部向上漸縮小，最大葉長橢圓形，長8至15公分，寬3至5公分。花序長10至30公分；花綠白色，有明顯花罩；唇瓣線形，長5至7公釐，基部有一向後突起之肉瘤，並有距長達2公分。

Data

・屬　粉蝶蘭屬
・棲所　臺灣見於海拔 2,300 至 3,200 公尺之高山向陽草原，如合歡山、畢祿山及南湖大山，以高山芒草原及箭竹草原最常見，二葉松疏林下亦有發現。

花期

12 1
11　　　2
10　　　　3
9　　　　4
8　　　　5
7 6

琉球蜻蛉蘭

Platanthera sonoharae Masam.

琉球蜻蛉蘭花部形態與長葉蜻蛉蘭
（見360頁）接近，但本種之距較
短，唇瓣不後捲，朝上或朝前，形
狀亦略有不同。目前僅在中部一潮
濕之土坡上發現。

辨識重點

株高不及20公分。葉1至2片，帶
狀，長可達15公分左右。總狀花
序頂生，花部形態與長葉蜻蛉蘭接
近，但本種之距較短，唇瓣不後
捲，形狀亦略有不同。

唇瓣朝上
或朝前

葉1至2枚，帶狀。生長於略遮陰之濕潤岩壁上。

距較長葉
蜻蛉蘭短

—— Data

· 屬　粉蝶蘭屬
· 棲所　海拔分布約
　1,900 公尺。生長
　於略遮陰之濕潤岩
　壁上。

—— 花期

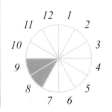

狹唇粉蝶蘭

Platanthera stenoglossa Hayata

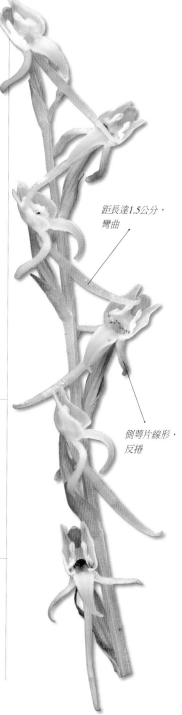

狹唇粉蝶蘭是本屬中最容易區別的，因為它的葉子僅一片，貼地而生，開花時抽出花莖，才會在莖上再長出小小的2、3片苞葉；且它的葉呈卵狀橢圓形，與本屬大都呈長橢圓形的葉片有所差異。通常長在濕度頗高的地區，且喜生近垂直的土坡上。

辨識重點

葉單一，生於基部，橢圓形或卵狀橢圓形，長5至10公分，寬2至4公分，先端銳尖，基部略呈心形。花軸高約20公分；花黃綠色；上萼片三角形，長5公釐；側萼片線形，反捲；花瓣歪三角形，先端外伸，未形成明顯之花罩；唇瓣線形，長7公釐，距長達1.5公分，彎曲。

距長達1.5公分，彎曲

側萼片線形，反捲

Data

· **屬** 粉蝶蘭屬
· **別名** 大屯粉蝶蘭。
· **棲所** 臺灣可見於中低海拔山區林緣或草叢中，亦常生於岩壁上。

花期

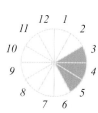

葉子僅一片，貼地而生。

臺灣蜻蛉蘭 特有種

Platanthera taiwanensis (S. S. Ying) S. C. Chen, S. W. Gale & P. J. Gribb

臺灣蜻蛉蘭與長葉蜻蛉蘭（見360頁）在外觀上非常相近，故在過去經常都將它視為長葉蜻蛉蘭而未加詳查。但經形態比較，可以發現這兩種彼此間有穩定差異，詳列於辨識特徵。

辨識重點

地生或岩生；形態接近長葉蜻蛉蘭，但葉為橢圓形，寬2至3公分（vs.線形，0.8至1.8公分），唇瓣綠色(vs. 綠白色)，側裂片先端尖（vs. 鈍），中裂片稍短，先端不明顯後捲（vs. 明顯後捲）；距略短或近等長於柄狀子房（vs. 距長於子房）。

唇瓣綠色

相似種鑑別

長葉蜻蛉蘭
（見 360 頁）

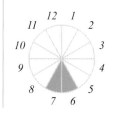

―― *Data*

· **屬** 粉蝶蘭屬
· **棲所** 臺灣特有種，零星紀錄於中部海拔 2,500 至 3,300 公尺山區，生長於半開闊而濕潤之岩壁或土坡。

―― 花期

唇瓣側裂片先端尖。

葉橢圓形。生於半開闊而濕潤之岩壁或土坡。

唇瓣先端不後捲。

陰粉蝶蘭 特有種

Platanthera yangmeiensis T. P. Lin

本種喜生於陰濕林下，中文名稱因而取作「陰粉蝶蘭」。陰粉蝶蘭地下部紡錘形，花被形成罩狀，花距長17至23公釐。臺灣有些種類的上萼片及花瓣亦會合成花罩，如高山粉蝶蘭（見366頁）及卵唇粉蝶蘭（見365頁），但高山粉蝶蘭的側萼片歪卵形，卵唇粉蝶蘭的花為黃白色，可容易區別，而本種的海拔分布也較前二者低。此外，陰粉蝶蘭亦近似厚唇粉蝶蘭（見364頁），但本種的距甚長，長於花柄與子房。

辨識重點

根莖嵌合體紡錘形，自頂部附近長出新芽。具1至2片葉著生於近地面，葉橢圓狀倒披針形。花淡黃色或淡綠色；上萼片甚圓，鈍頭，側萼片伸展。唇瓣線形但頗寬，彎向後；距纖細，彎曲，通常與子房平行。

相似種鑑別

厚唇粉蝶蘭
（見364頁）

Data

· **屬** 粉蝶蘭屬
· **棲所** 分布於北部山區海拔 1,000 至 1,700 公尺之稜線附近，背風面，陰濕林下。

花期

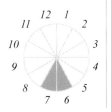

喜生於陰濕林下。

唇瓣向後彎曲

距纖細，彎曲，常與子房平行

子房

臺灣一葉蘭
Pleione formosana Hayata

一葉蘭的美在於它的脫俗,在於它有著一股野蘭獨有的氣質。筆者曾多次走入深山,在雲霧中的厚實苔蘚上親見成片的一葉蘭,它含著朝露,在微風中生姿,於林中相迎相送,常是山旅者最美的記憶。特化成喇叭狀的唇瓣,綴以蕾絲般的鬚邊,外層圍著5片長杓形的粉色花被片,顯得大而出色,難怪能於1920至1975年間,在英國皇家植物園得到六次蘭花大獎。也因為它的艷麗,過去這大半個世紀,一直是日本及歐美人士在臺灣採集的主要目標,使得原本不少的族群,一度成為臺灣山林中最稀有的植物。

辨識重點

假球莖紫色或黑色,具有一片葉子,葉於花後出現,具縱褶紋,冬季脫落。
花多單生,頂生,大而艷麗,花朵粉紅或白色;具明顯喇叭狀的美麗唇瓣,唇瓣具細鋸齒緣,內有黃色斑紋,並具五條縱列龍骨狀突起。

唇瓣具細鋸齒緣,
上有黃色斑紋及5條
龍骨狀突起

———— *Data*

· 屬　一葉蘭屬
· 棲所　全臺零星分
　布,北自宜蘭山
　區,南至北大武山
　區皆有。本種產於
　雲霧帶,可生長於
　岩壁或是樹上,喜
　好濕度高與低溫之
　環境。

———— 花期

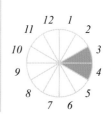

花單一,頂生,粉紅或白色。產於雲霧帶,生長於岩壁或樹上。

小鬚唇蘭

Pogonia minor (Makino) Makino

小鬚唇蘭相當的珍稀，在臺灣僅分布在南橫天池的開闊草坡上，顯見本種是一向陽的植物；植物體連同花序大約15公分高，葉單一，花亦單一，朝上生長。它的唇瓣先端密生三排紫紅絲狀的毛茸，故稱為小「鬚唇」蘭，其花白色，花不張開。

辨識重點

植物體連花序高達15公分。莖圓柱狀，綠色，基部暗紫。葉單生，窄長而平坦。花單生，半開，白色，管狀；花被片窄長倒披針形。蒴果圓柱形，長約2公分。

僅分布於南橫天池之開闊草坡，極珍稀。

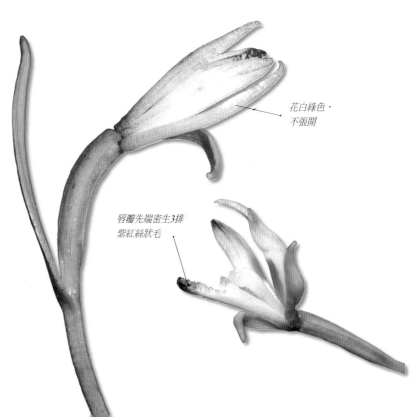

花白綠色，不張開

唇瓣先端密生3排紫紅絲狀毛

Data

- **屬** 鬚唇蘭屬
- **棲所** 僅生於南橫天池附近海拔 2,250 公尺之草生地。

花期

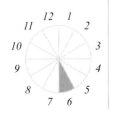

臺灣一葉蘭

Pleione formosana Hayata

一葉蘭的美在於它的脫俗，在於它有著一股野蘭獨有的氣質。筆者曾多次走入深山，在雲霧中的厚實苔蘚上親見成片的一葉蘭，它含著朝露，在微風中生姿，於林中相迎相送，常是山旅者最美的記憶。特化成喇叭狀的唇瓣，綴以蕾絲般的鬚邊，外層圍著5片長杓形的粉色花被片，顯得大而出色，難怪能於1920至1975年間，在英國皇家植物園得到六次蘭花大獎。也因為它的艷麗，過去這大半個世紀，一直是日本及歐美人士在臺灣採集的主要目標，使得原本不少的族群，一度成為臺灣山林中最稀有的植物。

辨識重點

假球莖紫色或黑色，具有一片葉子，葉於花後出現，具縱褶紋，冬季脫落。花多單生，頂生，大而艷麗，花朵粉紅或白色；具明顯喇叭狀的美麗唇瓣，唇瓣具細鋸齒緣，內有黃色斑紋，並具五條縱列龍骨狀突起。

唇瓣具細鋸齒緣，上有黃色斑紋及5條龍骨狀突起

—— *Data*

· 屬　一葉蘭屬
· 棲所　全臺零星分布，北自宜蘭山區，南至北大武山區皆有。本種產於雲霧帶，可生長於岩壁或是樹上，喜好濕度高與低溫之環境。

—— 花期

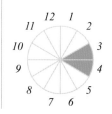

花單一，頂生，粉紅或白色。產於雲霧帶，生長於岩壁或樹上。

小鬚唇蘭

Pogonia minor (Makino) Makino

小鬚唇蘭相當的珍稀，在臺灣僅分布在南橫天池的開闊草坡上，顯見本種是一向陽的植物；植物體連同花序大約15公分高，葉單一，花亦單一，朝上生長。它的唇瓣先端密生三排紫紅絲狀的毛茸，故稱為小「鬚唇」蘭，其花白色，花不張開。

辨識重點

植物體連花序高達15公分。莖圓柱狀，綠色，基部暗紫。葉單生，窄長而平坦。花單生，半開，白色，管狀；花被片窄長倒披針形。蒴果圓柱形，長約2公分。

僅分布於南橫天池之開闊草坡，極珍稀。

Data

· 屬　鬚唇蘭屬
· 棲所　僅生於南橫天池附近海拔2,250公尺之草生地。

花期

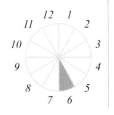

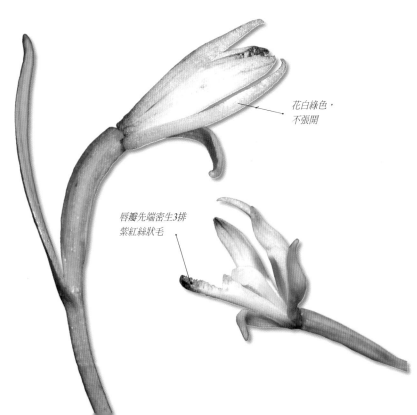

花白綠色，不張開

唇瓣先端密生3排紫紅絲狀毛

黃繡球蘭 特有種

Pomatocalpa undulatum (Lindl.) J. J. Sm. subsp. *acuminata* (Rolfe) Watthana & S. W. Chung

此屬全世界約有35種，分布於喜馬拉雅山、斯里蘭卡至薩摩亞等地，屬名「*Pomatocalpa*」意為壺狀，是形容其唇瓣下方有一囊袋狀的距。花小而多，密生成頭狀，一團狀如繡球，故有「繡球蘭」之稱號。黃繡球蘭為臺灣特有亞種，喜愛生長於低海拔溪谷兩岸的林緣，著生高度可低至1公尺以下，且因花序形態特殊，因此面臨高度的採集壓力。

辨識重點

附生。莖短，壓扁狀。葉二列互生，帶狀，長8至20公分，寬1.5至3公分，革質，葉密集，尖端常2裂。花莖自莖基部長出，長約1.5公分，粗壯。花6至10朵，密生成頭狀，棕黃色，徑約8公釐。花被具深紫紅塊斑，肉質。唇瓣3裂，有一黃色距，呈半球狀，內有舌狀物伸至距口。

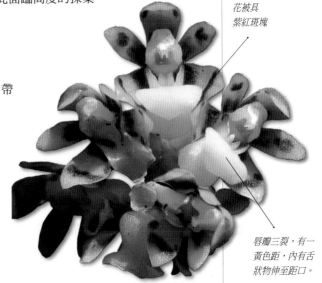

花被具紫紅斑塊

唇瓣三裂，有一黃色距，內有舌狀物伸至距口。

花小而多，密生成頭狀。喜生於海拔500至800公尺，溪谷兩岸之林緣。

— *Data*

· 屬　繡球蘭屬
· 棲所　好生於溪谷兩岸的林緣，海拔約500至800公尺處。

— 花期

12　1
11　　　2
10　　　3
9　　　4
8　　　5
7　6

373

奇萊紅蘭 特有種

Ponerorchis kiraishinensis (Hayata) Ohwi

唇瓣上有紅斑，
三裂，中裂片
先端凹頭

每年的夏天爬高山，常常都能在箭竹林邊緣或岩屑隙縫看到這美麗似蝶的紅蘭綻放，山客看到如此穠麗的野生蘭，無不在心中讚嘆。這美麗的小蘭花分布得非常廣泛，在臺灣著名的高山如：奇萊、南湖大山、關山嶺山、大霸尖山及雪山都可見到。

辨識重點

植物體10至15公分高；莖有稜；葉1至2片，線形或線狀披針形，4至8公分長，8公釐寬；花序頂生，通常只有1至2朵花；花紅紫色或近白色，直徑約1.5公分；萼片開展；唇瓣粉紅色而帶紅斑，三裂，中裂片先端凹頭。

Data

· **屬** 小蝶蘭屬
· **別名** 紅小蝶蘭。
· **棲所** 產於臺灣3,000公尺以上之高山。中央山脈各高峰上均有其蹤跡，可發現於高山植群帶之各種植群型，但以裸岩岩縫及岩屑地較多見。

花期

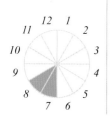

葉1至2枚，線形或線狀披針形。花通常1至2朵。

見於海拔3,000公尺以上山區，以開闊之岩屑地為主。

臺灣紅蘭 特有種

Ponerorchis taiwanensis (Fukuy.) Ohwi

本種是盛夏時分，臺灣東南部中高海拔最耀眼的風景之一。在覆滿苔蘚及各種小草本的潮濕林道邊緣，季節一到，零星冒頭的臺灣紅蘭，就準時地點綴在山壁上，一串串紫紅帶斑點的花朵經常成為登山客鏡頭下的主角。正如其名，它也是僅見於臺灣的特有種蘭花。本種唇瓣三裂，但中裂片特別大，呈寬闊的半圓形；花瓣邊緣有毛，朵朵排列在纖柔的花莖上，看來就像粉蝶飛舞在風露之間，因此又名「臺灣小蝶蘭」，假如有機會在山林中與它們不期而遇，不妨停下來仔細觀察其構造的精巧之處。

辨識重點

塊莖橢圓形。莖具紫紅色條紋，具2至5片葉。葉線形或線狀披針形，漸尖頭，基部稍抱莖。莖先端生有多花而密集的總狀花序，花約5至20朵。花多面向一側而開，紫色；唇瓣圓形或卵狀圓形，紫紅，基部有深紫紅斑，成三裂片，唇瓣中裂片半圓形，花瓣具緣毛。

唇瓣3裂，中裂片半圓形

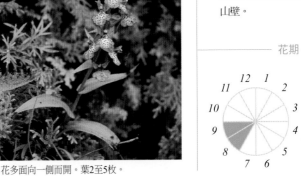

花多面向一側而開。葉2至5枚。

—— *Data*

· 屬　小蝶蘭屬
· 別名　臺灣小蝶蘭。
· 棲所　零星分布於高海拔地區之潮濕山壁。

—— 花期

12　1
11　　　2
10　　　　3
9　　　　4
8　　　　5
7　6

高山紅蘭 特有種

Ponerorchis takasago-montana (Masam.) Ohwi

高山紅蘭乍看之下，略似臺灣紅蘭（見375頁），但分布地更為局限，僅花蓮一帶中高海拔處，而花期也與臺灣紅蘭有明確差異。高山紅蘭綻放於春季的石灰岩山區，在潮濕的土坡或者岩屑地上，抓準時間，或許有可能看到它們成群出現。由於花多且次第開放，賞花期可維持相當時日。它的花色較臺灣紅蘭淡，為淺紫紅到近白色，唇瓣具有繁多的深紫紅色斑點，中裂片接近長方形，特色相當顯著。

辨識重點

地生蘭。株高15至30公分。塊莖球形或卵形。莖帶紫色，常具深色條紋。葉2至5片生於莖上，線形或線狀披針形，長達15公分，葉基抱莖。花序有5至17朵花，花淡紫紅色，或近白色；唇瓣上有紅紫色斑點，唇瓣三裂，中裂片近長方形，上萼片橢圓形，側萼片歪卵形；花瓣歪橢圓形。

Data

· 屬　小蝶蘭屬
· 棲所　僅分布於花蓮一帶的石灰岩區域，海拔 1,500 至 2,000 公尺陽光充足的岩屑地。

花期

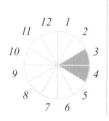

唇瓣3裂，
中裂片長方形

僅分布於花蓮一帶海拔1,500至2,000公尺之石灰岩地區。

紅斑蘭 特有種

Ponerorchis tominagai (Hayata) H. J. Su & J. J. Chen

海拔3,300公尺以上的高海拔裸
露石壁,是紅斑蘭活躍的領地。
在岩壁腐植質堆積的縫隙處,這
種精緻的蘭花適得其所,正如許
多高山植物的演化方向,為了適
應可能的強風和烈日,它的株形
比起中海拔的兄弟種矮小許多,
花朵也呈現顯著的分別。雖然色
彩同樣是淡紫紅色系,不過外形
上來說,特別醒目的唇瓣呈現倒
三角至圓形,雖亦呈三裂,但側
裂片邊緣為略不規則的波狀,且
中裂片淺二裂,和其他種類工整
的外觀,不易產生混淆。

花白色
具紅斑

唇瓣三裂,中裂
片先端再二裂

辨識重點

植株高6至22公分。塊莖卵狀或
球形,徑4至9公釐。莖光滑,
灰綠色,基部有1至2個苞葉,
有稜角。葉2片,互生,線狀或
線狀披針形。花1至4朵,白色
或淡紫色,唇瓣上具紅斑;唇瓣
倒三角形或近乎圓形,呈三裂,
前緣呈波狀緣或圓齒緣,中間裂
片先端再裂成二裂片;距圓錐狀
長柱形,指向下側。

見於海拔3,300公尺以上之裸岩區。

—— *Data*

· 屬 小蝶蘭屬
· 棲所 分布於海拔
3,300 公尺以上之
高山裸岩岩壁。

—— 花期

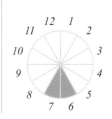

377

白肋角唇蘭

Rhomboda tokioi (Fukuy.) Ormerod

白肋角唇蘭在臺灣中北部是一常見的植物，由於它的葉面具有一白色中肋，形似斑葉蘭的鳥嘴蓮（見233頁），常被蘭友誤認。本種的葉片較大，且較鳥嘴蓮薄，還是可區別兩者。它的唇盤近基部有兩個角狀突起，故被稱為「角唇蘭」。

辨識重點

地生蘭。葉2至6片，葉面通常具有白色中肋。穗狀花序具3至10朵花。唇瓣菱形，圓頭狀，基部葫蘆狀卵形，長3.5公釐；唇盤近基部有兩個角狀突起。

葉中肋白色。

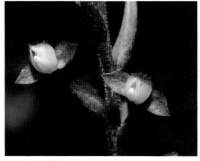

花小，不張開。

Data

· 屬　角唇蘭屬
· 別名　白點伴蘭。
· 棲所　喜愛在陰濕的環境下生長。臺灣多見於北部山區，海拔1,500公尺以下之闊葉樹林均可發現。

花期

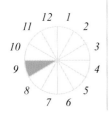

唇盤近基部有
兩個角狀突起

臺灣擬囊唇蘭 特有種

Saccolabiopsis taiwaniana S. W. Chung, T. C. Hsu & T. Yukawa

筆者多年前曾至滿州山區從事植物調
查，在濕度甚高的林內，於一株廣東瓊
楠上發現這個迷你的小植物。它的株態
類似香蘭（見243頁），花莖棍形，上
著生許多的小小綠花，其唇瓣廣三角
形，中間下陷，花開三四天即謝。另在
宜蘭某些山區的溪邊也有紀錄。

辨識重點

莖短，具3至5葉。葉歪披針形，革
質，長1.3至2.0公分，寬0.4至0.7公
分。花序長4公分，彎曲，多花，約13
至19朵；花徑約3公釐，花全展；花瓣
稍內曲，白綠色，唇瓣白色，藥帽黃
色；上萼片長約2公釐；唇瓣長約2公
釐，全緣，闊三角形，具一淺盤狀的
囊，囊內光滑。

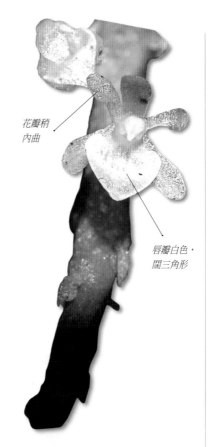

花瓣稍
內曲

唇瓣白色，
闊三角形

生於悶濕的低海拔闊葉林。

—— Data

· 屬　擬囊唇蘭屬
· 別名　假囊唇蘭。
· 棲所　悶濕的低海
　拔闊葉林，多生於
　小喬木細枝上。

—— 花期

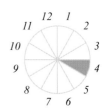

蘆蘭

Schoenorchis vanoverberghii Ames

蘆蘭又稱為「羞花蘭」，部分原因來自它含苞狀、似乎羞於見人的微小花朵，主要原因則來自它的英文屬名「*Schoenochis*」之諧音。蘆蘭產於東南亞地區，臺灣則分布在東南半部海拔500公尺以上雲霧繚繞的森林樹幹上。它在幼株時期通常株態柔弱，一旦長成成熟的個體，它的枝幹與分支便類似萬代蘭類的單莖蘭般健壯。若搭配起數量不少、開滿白花的花序，相當令人驚喜。通常它都出現在發育成熟的原始森林中，在進行奢侈的森林芬多精之旅時，也別忘了抬頭找找這羞怯的小精靈喔！

辨識重點

小型附生蘭。莖通常長5公分，葉二列互生，線形，葉長5至6公分，寬7公釐。花莖自腋部抽出，長6至7公分，具有分枝；花小而多，白色；上萼片長橢圓形；側萼片長卵形略歪斜；花瓣長橢圓形；唇瓣肉質，含距長4公釐，具三裂片；蕊柱短；花粉塊4個，接在一甚大的黏質盤上；蒴果5公釐，紡錘狀。

唇瓣肉質，三裂

花白色，半開

Data

· 屬　蘆蘭屬
· 棲所　通常生長於近稜線附近之森林，喜好通風而潮濕的環境。產於海拔800至1,500公尺之間。

花期

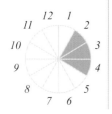

長在大樹上的小型附生蘭。

紫苞舌蘭

Spathoglottis plicata Blume

紫苞舌蘭分布於蘭嶼及綠島，雖然在臺灣的野外看不到，但由於它有美麗的外貌且易於栽植，種子萌芽力強，易在母株周圍土壤中自生成苗，所以在臺灣南部及東南亞各國都有許多愛花人士栽培觀賞，是一種容易看見的蘭花。雖然在綠島山區的小徑上，仍有零星個體不時的綻放美花，但在蘭嶼的數量已大不如前，筆者僅在東清溪上游還能看到稀疏族群。

辨識重點

地生草本。植物體高約1公尺。假球莖錐狀卵形。葉片窄而長，葉面略曲折，兩端均漸尖，質薄，淡綠。花莖自假球莖基部長出，灰綠，直立。花鮮麗，淡粉紅至微帶紫紅，頗伸展，寬約3公分。蒴果圓柱狀，有稜，紫色。

唇瓣中裂片
基部具柄

花淡粉紅至微帶紫紅色。

地生草本，高約1公尺。

Data

· **屬** 苞舌蘭屬
· **別名** 蘭嶼紫蘭。
· **棲所** 尚未受到大規模干擾前，可於蘭嶼荒地或芋田、村落邊發現其蹤跡，數量豐富。目前僅於溪邊峭壁、森林深處零星可見。

花期

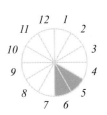

香港綏草

Spiranthes hongkongensis S. Y. Hu & Barretto

1975年發表的香港綏草是與綏草極為接近的類群，其蕊柱頂端的蕊喙退化，使花粉塊可與柱頭直接接觸，並自花授粉。香港綏草常被認為只是綏草的變異個體，近年研究則顯示其為雜交生成的異源四倍體，二倍體的綏草是可能的親本之一。據推論，由於香港綏草的野外族群常與綏草生長在相同的區域，而且形態上的差異需相當仔細地觀察方能確認，推測此種分佈的區域應該更廣泛。

辨識重點

外觀上與綏草（見384頁）相當接近，區別要點包含本種花序軸、花苞片、子房及花萼基部均被有疏至密的短腺毛，花近白色或僅花瓣先端帶淡粉紅色暈，以及柱頭盾形且明顯三裂。

相似種鑑別

綏草（見 384 頁）

Data

· 屬　綏草屬
· 棲所　原先僅紀錄於香港地區，新近發現於臺北近郊山區，海拔300至400公尺左右。相較於綏草，本種偏好較濕潤且略有遮蔭之草生環境。

花期

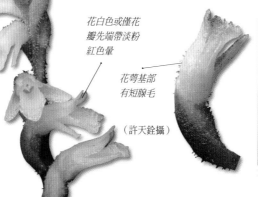

花白色或僅花瓣先端帶淡粉紅色暈

花萼基部有短腺毛

（許天銓攝）

花序軸、苞片、子房被有短腺毛（許天銓攝）。

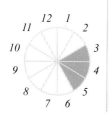

偏好較濕潤且略遮蔭之草生環境（許天銓攝）。

新近發現於臺北近郊山區（許天銓攝）。

義富綏草 特有種

Spiranthes nivea T. P. Lin & W. M. Lin

綏草屬是少數能棲息於人類活動區域的蘭科植物，常見於公園綠地、花圃草坪等開闊的草生環境；也生長於河床、天然草原及中低海拔公路邊坡與樹林邊緣的開闊地。每年4、5月，伴隨春雨，原本平凡無奇的草坪上常冒出串串細小紫紅花序。綏草這親人卻又獨樹一幟的野蘭，只在這個時節引起人們的注目。在2011年發表的義富綏草，已知生育地不多，都在中海拔山區的邊坡或山壁上，相當少見。

辨識重點

它與綏草（見384頁）的區別特徵包含花序及子房略被腺毛，花白色，萼片及花瓣略窄，唇瓣先端較狹且表面近無毛，基部腺體亦較不發達。

花白色，多生於山區道路邊坡草叢。

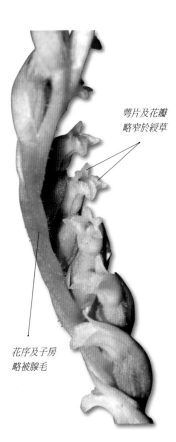

萼片及花瓣
略窄於綏草

花序及子房
略被腺毛

相似種鑑別

綏草（見384頁）

Data

· 屬　綏草屬
· 棲所　臺灣特有種，目前可見於宜蘭、南投及屏東之中海拔山地，多生於山區道路邊坡草叢。

花期

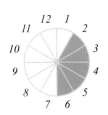

綏草

Spiranthes sinensis (Per.) Ames

綏草分布於臺灣全島低海拔陽光充足之草生地，甚至學校操場、公園等人工草地皆可見其蹤跡，可見分布之廣。清明時節前後陸續綻放小巧可愛的花朵，故有「清明草」之別稱。花序約10至25公分，小花在花莖上呈螺旋狀排列，造型十分特別，故亦有「青龍柱」等稱呼。

辨識重點

葉線狀披針形，長4至12公分，寬5到10公釐，薄膜質。花莖高15至30公分；花淡粉紅色或近白色；花瓣及萼片長4至5公釐；唇瓣長橢圓形，基部具有二瘤，表面有毛。

相似種鑑別

香港綏草
（見382頁）

義富綏草
（見383頁）

Data

· 屬　綏草屬
· 棲所　臺灣可見於全島低海拔山區及平地之草原，喜濕潤而陽光充足之處。

花期

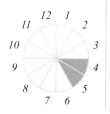

小花在花莖上呈螺旋狀排列

花淡粉紅色或近白色

常見於臺灣全島低海拔日照充足之草地。

豹紋蘭

Staurochilus luchuensis (Rolfe) Fukuy.

豹紋蘭有著像萬代蘭類的葉片，這類的大型著生蘭，通常長在高高的大樹上，遠望也許很難清楚的辨識它是否為蕉蘭（見30頁）、虎紋蘭（見109頁）、龍爪蘭（見45頁）或豹紋蘭，但本種的莖相較於其他種類，為硬挺直立狀。它的花徑可達4公分，黃棕色的斑塊如豹紋般靚麗，是值得推廣人工繁殖的臺灣野生蘭。

辨識重點

莖常可達100公分以上，單軸；莖圓柱形。葉二列互生，硬革質，帶狀或線狀長橢圓形，葉長20至25公分。花莖自莖中上側腋生，常具分枝。總狀花序至圓錐花序。花徑約3公分；花被黃白色，上具許多紅褐色的塊狀斑點，厚肉質。

花黃白色，上有許多紅褐色斑塊

分布於低海拔山區之樹幹中上部，以溪流兩岸最多。

---- *Data*

· **屬** 豹紋蘭屬
· **棲所** 分布於低海拔山區之榕楠林型及木荷櫧木林型，以溪流兩岸最多，常著生於樹幹之中上部。

---- 花期

肉藥蘭

Stereosandra javanica Blume

第一次看到這無葉綠素植物是在琉球西表島，當初還以為這是臺灣未記錄的蘭科植物，查文獻後才發現，在1987年，蘇鴻傑老師曾在鹿寮溪與欖仁溪分水嶺地區有過一次紀錄，壽卡附近的某一闊葉林內為第二個發現點，顯見在臺灣是一種數量非常少的野生蘭。本種於大約6月時從地下莖抽出花莖，花莖上約有10朵花，花半開、下垂，萼片與花瓣相似，先端帶有紫暈。它的蕊柱構造特異，雄蕊及雌蕊未充分合生。

辨識重點

無葉綠素蘭，具紡錘狀地下莖。花莖高約30公分，總狀花序頂生，肉質，白色帶紅褐色，花數朵，不甚張，懸垂狀；萼片與花瓣近似；唇瓣不裂，基部膨大無距；蕊柱短，無足；花粉塊2個，具柄。果實紡錘柱狀體，長7公釐。

花白色，帶紫褐色，不甚張開

Data

· 屬　肉藥蘭屬
· 棲所　僅產於南仁山山區，數量不多，為非常稀有的物種。

花期

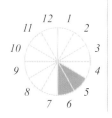

無葉綠素蘭，花莖高約30公分。

絲柱蘭

Stigmatodactylus sikokianus Maxim. *ex* Makino

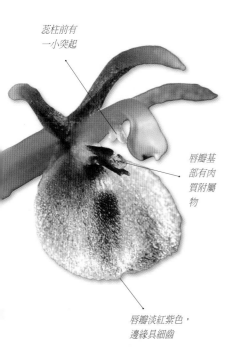

蕊柱前有一小突起

唇瓣基部有肉質附屬物

唇瓣淡紅紫色，邊緣具細齒

目前僅發現於新竹及苗栗的雲霧帶山區。

絲柱蘭屬是個很小的屬，約有6種，多見於東南亞高山地帶。本種記錄於中國大陸及日本，亦為此屬分布之北界。在臺灣本種僅見於正宗嚴敬之《臺灣維管束植物名錄》（1954），及應紹舜（1977）之著作。應氏雖引證了一份採自南湖大山之標本，但該份標本至今下落不明，而在《臺灣植物誌》及其他相關文獻中對此物種隻字未提，也因此本種在臺灣的是否真的存在一直是個很大的問號。2009年，許天銓終於在苗栗山區發現了它的族群。它的植物體非常小型，不易被發現，似乎在有陽光的時候花才會全開。植株的根部有許多細密的鬚根，甚為特殊。

辨識重點

莖纖細，長4至10公分，中部具1葉，基部有1枚小鱗片狀鞘。葉片三角狀卵形，長3至5公分，寬2至4公分，先端漸尖，具3脈。總狀花序具1至3花；花淡綠色，僅唇瓣淡紅紫色；上萼片線形，基部邊緣有長緣毛；側萼片狹線形；唇瓣寬卵狀圓形，邊緣具細齒，基部有附屬物；附屬物肉質，在中部分裂為上裂片與下裂片，上裂片略短於下裂片，兩者先端均為2淺裂；蕊柱前方中部有1小突起。

Data

· **屬** 絲柱蘭屬
· **棲所** 長在闊葉林、人工柳杉林或竹林內，目前僅發現於新竹及苗栗的中海拔雲霧帶山區。

花期

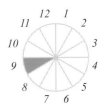

綠花寶石蘭

Sunipia andersonii (King & Pantl.) P. F. Hunt

綠花寶石蘭的植株具有延長的根莖，其上長出假球莖及單一葉片，模樣跟豆蘭屬的植物相似，筆者也曾將它誤認為黃萼捲瓣蘭（見70頁）。其實本種的假球莖無溝稜且光滑，可茲區別。它單一花莖通常著兩朵花，花形呈星狀，明顯與豆蘭屬植物有所差異。在臺灣，本種大部份的花都呈黃白色帶紫暈，偶見整朵翠綠色的個體。由於本種的花不討喜，族群數量也多，在許多森林內的枯幹上常可見到掉落的植株。

辨識重點

附生蘭，假球莖頂生1葉。花莖由假球莖基部生出。花數朵成總狀或單生；萼片與花瓣相似；花瓣披針狀卵形，下部邊緣絲狀裂；唇瓣黃棕色，前端刺尖頭。

假球莖光滑，無溝稜，頂生1葉。

Data

· **屬**　寶石蘭屬
· **棲所**　著生於向陽山坡日照較多之巨大樹木樹冠層頂，亦可著生於林緣透光良好之岩石上，常見大面積著生。

花期

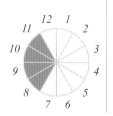

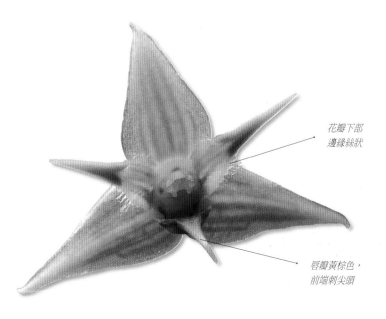

花瓣下部邊緣絲狀

唇瓣黃棕色，前端刺尖頭

假蜘蛛蘭

Taeniophyllum compacta Ames

臺灣的蜘蛛蘭屬有3種，本種的植株有葉2至4片，與完全無葉的其它2種有所區別。它株身非常小，花莖高約2公分，花綠色，半開，通常同時僅開1至2朵花，花序漸次開放。整個花期甚長，花莖上具有明顯的葉狀苞片。

辨識重點

附生蘭，植株甚小，莖從缺，葉子2至4片，花莖與葉叢生，花莖高僅約2公分，花綠色，甚小，僅半開。唇瓣有不明顯之三裂片，基部形成囊狀。

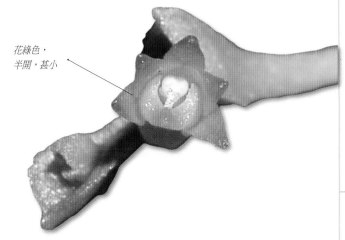

花綠色，
半開，甚小

葉2至4枚。通常漸次開花。

———— *Data*

· **屬** 蜘蛛蘭屬
· **別名** 侏儒蘭。
· **棲所** 已知產地均為受保護之山區，著生樹種從大喬木至小灌木均有，如柳杉、杜鵑花、茶花等。

———— 花期

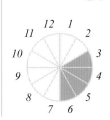

389

扁蜘蛛蘭 特有種

Taeniophyllum complanatum Fukuy.

本種的特徵在其不具葉子，葉退化成很小的鱗片狀，行光合作用的功能則由根部取代，因此它的根是綠色的。初看到它時，也許難以想像它竟是蘭科植物，但如假包換，它有蘭科應有的蕊柱及花粉塊等形態組成，這種奇妙的外觀，也說明了蘭科植物在演化上的多樣性，假如要來選臺灣何者是最矮的植物，我想它應該是名列前茅的，在還沒有開花時它的根扁平貼在大樹上，身高應該就只有1至4公釐吧，還有比它更矮的蘭花嗎？

唇瓣有一向上翹之針刺

辨識重點

附生蘭。無莖、葉，根綠色，極扁平，3至5公分長，輻射狀生長。花莖約1至4公分長，由根系中心點抽出；花綠色，甚小；萼片卵狀披針形；唇瓣卵狀三角形，唇瓣有一向上翹之針刺。

Data

· **屬** 蜘蛛蘭屬
· **別名** 長腳蜘蛛蘭。
· **棲所** 著生於半透光通風良好之樹幹上。

花期

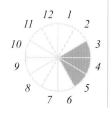

沒有葉子的奇特蘭花。根綠色。

蜘蛛蘭

Taeniophyllum glandulosum Blume

蜘蛛蘭喜生於濕氣高的森林內，最有名的產地為溪頭及福山，大多時候它們長在高高的樹冠層上，在福山植物園水生池邊，只要撿拾掉落地面柳杉的細枝，或者就可以見到它了。在溪頭，它們除了長在大喬木上之外，其實在杜鵑矮叢中亦可輕易看到這像忍者般隱身的蘭花。

辨識重點

附生蘭，無莖及葉，根系發達，圓柱形或稍微扁平，長1至3公分。花莖自輻射狀的根系中心抽出，長約1至2.5公分，花約3至4朵，綠色。萼片箭形，唇瓣舟形至卵形，先端有延長的附屬物，唇瓣的基部和先端之間有2片狀物。

果實

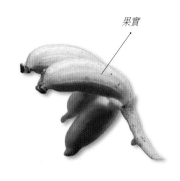

花3至4朵，綠色。無莖及葉；根圓柱形或稍微扁平，綠色。生於空氣濕潤之森林內。

—— *Data*

· **屬**　蜘蛛蘭屬
· **別名**　小蜘蛛蘭。
· **棲所**　零星分布於海拔約400至1,400公尺左右之森林中。生於空氣濕潤之雜木林內，常見生於柳杉之細小枝條上，或著生在落葉樹之大樹幹上，以及向陽低矮樹木之枝條，如杜鵑花等。

—— 花期

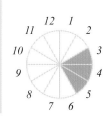

心葉葵蘭

Tainia cordifolium Hook. f.

心葉葵蘭因葉片呈心形而得名，表面暗綠色並散布塊斑，稍可見網脈。花大而美麗，花瓣和萼片淺黃色底，散布紫色或紫褐色縱向脈紋，白色唇瓣則點綴暗紅或血紅色斑，尖端淺黃或鮮黃色，頗具觀賞價值。

辨識重點

葉片單一，肉質，表面灰綠色，側脈網紋明顯，有時還會綴上深綠色塊狀斑。花莖綠褐或暗褐色，總狀花序有花約3至8朵。花朵整體呈黃褐色，徑約4公分許；側萼片較中萼片狹長，花瓣與萼片形、色相若，但稍寬闊些；唇瓣最吸引人，略作三裂形，下半部白底紅斑，先端則為鮮黃色，中央部位有3條黃色脊稜。

葉表面灰綠色並具斑塊。

Data

・屬　杜鵑蘭屬
・棲所　中低海拔潮濕之森林內及林緣土坡。

花期

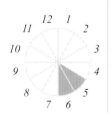

花黃色，有紫褐色縱脈

唇瓣白色，上有紅色斑點，先端黃色

長葉杜鵑蘭

Tainia dunnii Rolfe

長葉杜鵑蘭是一常見於中北部的野生蘭，它有一紫黑色細長的假球莖，假球莖上生有一狹長的橢圓形葉片，其特徵顯著，為賞蘭者的入門種。雖然本種在臺灣的第一次紀錄是在陽明山竹仔山，然由於陽明山經過長年的開發及伐木，它在當地已不復以往常見。其花序甚長，可達50公分，散生許多小花；萼片通常為棕褐色，唇瓣黃色，上有三條龍骨。耀眼的黃色花朵，開花時為山旅者注目的焦點。

辨識重點

假球莖長棍形或近圓柱形，紫紅色，高約3.5公分。葉狹長，近線形，長20至40公分，寬2至3.5公分，柄長約5公分。花軸紫紅色，高可達40公分，著花10至15朵；花黃色，半開，直徑約3公分；唇瓣三裂，有紅棕斑點。

相似種鑑別

闊葉杜鵑蘭
（見 394 頁）

花半開

唇瓣黃色，上有三條龍骨。

常見於中北部低海拔濕潤闊葉林內。

Data

· 屬　杜鵑蘭屬
· 別名　鄧蘭、小杜鵑、島田氏杜鵑蘭。
· 棲所　喜生於低海拔的濕潤闊葉樹林內。

花期

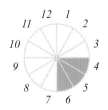

393

闊葉杜鵑蘭
Tainia latifolia (Lindl.) Rchb. f.

與長葉杜鵑蘭（見393頁）相較之下，它的數量就少多了，似乎只分布在竹東以南至臺南關仔嶺的西部山區，喜生海拔約400至1,000公尺的密樹林或竹林內，呈零星分布。它的葉呈橢圓形，大抵不超過20公分長，是一重要特徵。其花序與花部和長葉杜鵑蘭甚為相似，本種的唇瓣為倒卵狀楔形，有紅斑點，球莖緊密排列，可與長葉杜鵑蘭的唇瓣倒三角形、有褐斑點、假球莖排列疏鬆有所區別。

辨識重點

假球莖密生，長卵形或近圓柱狀，綠色或紫色。葉卵狀橢圓形，略帶肉質，基部收縮成柄，先端漸尖，長15至20公分，寬4至7公分。花莖長達20至40公分；花疏生，萼片黃褐色，線狀披針形，長約1.4公分；花瓣線狀鐮刀形，長約1.3公分；唇瓣黃色具紅紋，基部略呈囊狀，先端三裂，唇盤表面具龍骨。

相似種鑑別

長葉杜鵑蘭
（見393頁）

Data

· **屬** 杜鵑蘭屬
· **別名** 橢圓葉杜鵑蘭、竹東杜鵑蘭。
· **棲所** 生長於原始林內，腐植質豐厚、潮濕之處，通常位於斜坡處。

花期

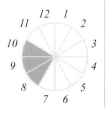

生長於原始林內潮濕處（許天銓攝）。

唇瓣黃色，三裂，唇盤表面有龍骨

綠花安蘭

Tainia penangiana Hook. f.

本種的外形類似杜鵑蘭，然它的假球莖為紫色，略呈角錐形，至大可達4公分左右。如此有稜有角的假球莖令人印象深刻，也是在野外辨識它的特徵。然而在臺灣它是一稀有的物種，目前僅在苗栗、南投、臺南及高雄有見過，生長在大部分時間土壤水份缺少，但午後空氣中有雲霧圍繞的林內或土坡上。它的花瓣與花萼同形同色，黃綠色花，有許多的紫棕色長條紋路。

（許天銓攝）

辨識重點

假球莖密集，卵球形，光滑，直徑約4公分，暗綠或紫色；葉柄長達30公分。葉片單一，長橢圓形，表面暗綠。花瓣與花萼相似且同色。唇瓣三裂，基部有距，彎曲。

花黃綠色，
有紫棕色長條紋

唇瓣三裂，
基部有距

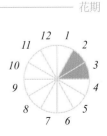

假球莖紫色，角錐形（許天銓攝）。　　生於海拔1,000公尺以下之森林或竹林（許天銓攝）。

Data

· **屬** 杜鵑蘭屬
· **別名** 紫球杜鵑蘭。
· **棲所** 分布於海拔1,000 公尺以下之森林或竹林。

花期

12 1 2 3 4 5 6 7 8 9 10 11

閉花八粉蘭

Thelasis pygmaea (Griff.) Blume

閉花八粉蘭有一別稱「隱封八粉蘭」，從名稱上可知它的花是不開放的。仔細看它的小花，你會發現它的花甚扁平，花萼及花瓣呈閉合狀態，它應該是一種完全自花授粉的種類。它的株身遠望很像臺灣芙樂蘭（見355頁），都有一個扁壓的盤狀假球莖，上生1至2片葉子，而且若有2片葉子，一片一定遠大於另一片，這樣的特徵相當有特色，容易辨識。但它卻不太常被發現，因為它的數量及生育地都很少，筆者為了尋找此種，曾遠至臺東知本溪的上游搜尋了二日，並冒險溯溪方見其本尊。在臺灣，它被發現的生育地皆在低山溪谷的大樹幹上。

辨識重點

附生。假球莖壓扁呈盤狀，具1或2片葉，常有一葉特大，一葉較小。葉鐮刀狀長橢圓形，先端鈍頭，革質，長5至13公分，寬7至10公釐。花莖由假球莖基部生出，圓柱狀，無毛，上生有許多密集小花，花黃棕色，扁平，不展。

花僅有一個微小的缺口

Data

· **屬** 八粉蘭屬
· **別名** 隱封八粉蘭、蘭嶼短柱蘭、矮柱蘭。
· **棲所** 海拔500公尺以下之山區溪谷兩旁。

花期

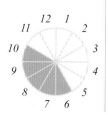

葉子兩片，一大一小。

白毛風蘭

Thrixspermum annamense (Guill.) Garay

在紀錄上，白毛風蘭是一種分布範圍局限且稀少的物種，除了臺灣中南部低海拔地區有少量紀錄外，在國外，只出現在中南半島及海南島等處，為一世界性的罕見蘭花。本種生長環境類似常見的臺灣風蘭（見400頁），但數量卻遠不及後者。乍看之下，兩者外觀略近似，但白毛風蘭的唇瓣，不會呈現臺灣風蘭那樣深而拉長的囊狀，比較傾向半圓碗狀；此外，唇瓣前端具有兩簇白毛，為白毛風蘭最醒目且因之得名的特色。

辨識重點

植株在陽光曝曬處會在葉面上出現密集的紫色斑點。花白色，輕微偏乳黃色，綻放一天即謝，具香味。唇瓣略呈囊狀，肉質，先端具兩簇白毛。

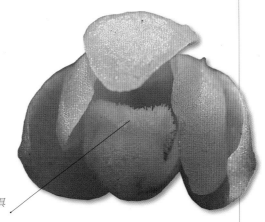

*唇瓣先端具
兩簇白毛*

分布範圍侷限且數量稀少，著生於通風處之樹枝上（許天銓攝）。

———— *Data*

· 屬　風蘭屬
· 別名　海台白點蘭。
· 棲所　著生於通風處之樹枝枝椏上。

———— 花期

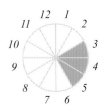

397

異色風蘭

Thrixspermum eximium L. O. Williams

臺灣產的風蘭屬中，異色風蘭算是花朵最多彩的物種了，花朵經常帶有明顯的紅色暈染，而它的種名「*eximium*」是「優異」的意思，說明了它的美麗外觀。異色風蘭喜歡生長在空氣濕度較為穩定的地方，因此中低海拔環境的破壞對它的族群有更明顯的殺傷力。異色風蘭較常見於臺灣南北兩端、受東北季風吹拂的山區。當短暫的花季來臨，由於本種的花朵不轉位（大多蘭花的花朵皆會轉位，造成我們看到的唇瓣在下側的外觀），看似倒轉的花朵依序開放，這也是我們最容易見到它的時期。

唇瓣囊狀，
內面鮮黃色

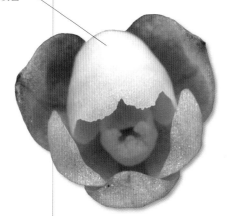

辨識重點

多年生附生草本。莖短，葉二列互生，帶狀長橢圓形，先端尖，長4至8公分，寬8至15公釐。花莖纖細，長6至8公分；花序軸短縮且膨大，花數朵依序開放，花壽甚短；花白色，偶帶紅暈，徑約1公分；唇瓣囊狀，內面鮮黃色，具一對「Y」形肉突。

Data

· **屬** 風蘭屬
· **棲所** 喜生於終年溼潤的林內，可於樹梢或樹幹處附生。

花期

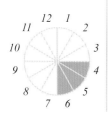

花朵不轉位，唇瓣在上。葉二列互生。喜生於終年濕潤之林內。

金唇風蘭

Thrixspermum fantasticum L. O. Williams

一如其名，本種囊袋狀的唇瓣上有醒目的金黃棕色暈染，因而得名。在臺北烏來較深處的溪谷環境，沿著河岸的路旁樹叢中，假如運氣好，或許會是最容易親近金唇風蘭的觀賞地點。雖然它不常出現大群落聚集，但分布範圍廣，因此不算太難見到。對這類植株外觀差異不是很大的小型附生蘭來說，觀測時是否能剛好碰上開花，會是能否辨識的決定性因素！

辨識重點

葉子密集生長，葉倒披卵形，革質，堅硬。花莖細長，花開於頂端，每次一兩朵，半天即謝，白色帶有黃暈，不轉位，側萼片凹形內捲；花瓣近圓形；唇瓣捲為囊狀，外側帶黃棕色暈，先端有鋸齒，中央內側有兩條縱向肉突，先端各有一叢毛。

唇瓣上有金黃塊斑，先端有鋸齒

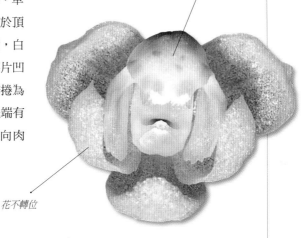

花不轉位

分布範圍廣，喜生於終年濕潤之林內。

———— *Data*

· **屬** 風蘭屬
· **棲所** 產於海拔1,000公尺以下闊葉林，喜生於終年濕潤的林內。

———— 花期

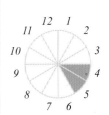

臺灣風蘭

Thrixspermum formosanum (Hayata) Schltr.

臺灣風蘭可能是最容易在野外看到的附生蘭了，它對附生蘭最注重的「空氣濕度」沒有太高的要求，加上植物體小型，人為活動干擾較少影響，因此在中南部的路旁景觀樹上、果園、茶園都可能出現一定數量的族群。它的唇瓣是臺灣產的風蘭屬種類中最深囊狀的，相當容易區別。當整個區域的族群同時開花，是最適合用「繁星點點」來形容的時刻了。可惜花期甚短，欲欣賞除了運氣，也需要把握機會。

辨識重點

葉線狀倒披針形，長4至6公分，厚革質。花莖自莖之中部抽出，纖細，先端膨大；花每次開1至2朵，半天即謝，白色；唇瓣成長囊狀，約1公分長。

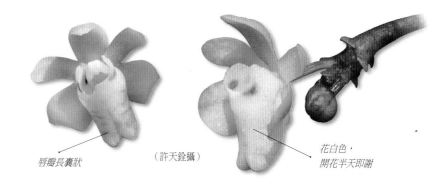

唇瓣長囊狀　　　　　（許天銓攝）　　　　花白色，
　　　　　　　　　　　　　　　　　　　　開花半天即謝

Data

- **屬　風蘭屬**
- **棲所**　主要分布在臺灣中部以南，可至恆春半島低地。北部亦有，但數量較南部為少。生長於通風良好之樹幹或樹枝上。

花期

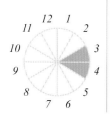

可說是臺灣最容易見到的附生蘭，生長於通風良好之樹上（許天銓攝）。

400

黃蛾蘭

Thrixspermum laurisilvaticum (Fukuy.) Garay

黃蛾蘭是臺產風蘭中非常具有觀賞
價值的種類，花色呈現鮮明的黃綠
到乳黃，唇瓣側裂片帶有緊密的紅
棕色線條，宛如虎紋；且成熟的植
株經常一次抽出多梗懸垂的花序，
花序上排列疏鬆的數朵花，均同時
開放，可維持約一星期。黃蛾蘭喜
歡生長在穩定而潮濕的森林內，在
中低海拔的闊葉林，或者人造針葉
林中皆可能見到它。

辨識重點

葉二列互生，密集，長橢圓鐮刀
形。花序軸甚長，花疏鬆排列於軸
上，同時開放，花壽命約一星期左
右；花柄具2片鞘狀苞，花序具2
至5朵花，花形伸展，黃綠色漸轉
為乳黃色，唇瓣側裂片帶有鮮明之
紅棕色條紋。

葉二列互生。花序懸垂而下。

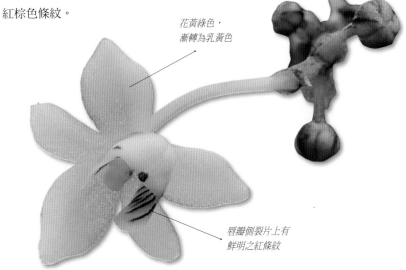

花黃綠色，
漸轉為乳黃色

唇瓣側裂片上有
鮮明之紅條紋

Data

· 屬　風蘭屬
· 別名　新竹風蘭。
· 棲所　可生長於原
　始林或人造針葉林
　中，林內終年濕
　潤。

花期

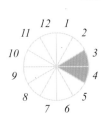

高士佛風蘭

Thrixspermum merguense (Hook. f.) Kuntze

在臺灣產風蘭中，獨一無二的鮮黃花色，和囊狀唇瓣具三被毛肉突，是高士佛風蘭的註冊商標。相較於其他物種清幽的野逸感，它則帶有一股小巧豔麗的氣質。這個低海拔分布的物種，由於環境的開發破壞，因此僅剩下少數能保持穩定濕度且通風的溪谷環境，支撐著剩餘的族群。雖然它的花色醒目，但承襲了風蘭屬大多花壽甚短的特徵，再加上數量稀少，因此屬於相當不易在野外觀測到的物種。

辨識重點

多年生附生草本。莖短，葉二列互生，帶狀長橢圓形，先端尖，長2至4公分，寬4至6公釐。花莖纖細，長3至5公分。花序軸短縮，花數朵依序開放，花壽甚短。花鮮黃色，徑約8公釐；唇瓣基部囊狀，內面具三個被毛之肉突。

唇瓣有三個被毛之肉突

Data

· 屬　風蘭屬
· 棲所　生於乾爽但有充沛水氣的溪旁樹木上。

花期

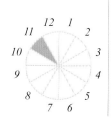

生於乾爽但有充沛水氣的溪邊樹上。

倒垂風蘭

Thrixspermum pensile Schltr.

在臺灣中南部，低海拔溪流兩側的粗大橫
枝上，假如運氣不錯，看到像簾幕懸垂而
下、隨風擺盪的蘭花莖枝，也許就是這種
外觀特殊、觀察重點集中在莖葉的
倒垂風蘭吧。它的株型令人一見難
忘，質薄且長橢圓的葉片，在長可達1公
尺以上的莖上雙列互生，非常醒目，因此
即使它白色的花朵相對於植株顯得非常
小，也就不是觀察的重點了！

辨識重點

多年生附生草本。莖甚長，懸垂。葉二列
互生，長橢圓形，長4至8公分。花莖自
葉腋抽出，長約2公分；花朵依序開放，
花壽甚短。花白色，略帶黃暈，徑約1.2
公分；唇瓣具少數黃斑，近囊狀，內側具
肉突。

果實

著生在溪流兩岸的橫枝上。

花白色，
略帶黃暈

（林哲緯繪）

Data

· **屬** 風蘭屬
· **別名** 倒吊風蘭、
  懸垂風鈴蘭。
· **棲所** 溪流兩岸之
  榕楠林型較易見
  之。

— 花期

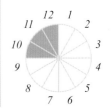

小白蛾蘭

Thrixspermum saruwatarii (Hayata) Schltr.

小白蛾蘭的外觀有些類似黃蛾蘭（見401頁），但花朵及株型都小了一號，且花白色，故得其名。它也如同許多中低海拔的著生蘭般，對空氣濕度有相對穩定的需求，由於西部開發嚴重，往往東部是較容易看到它們的地點。與黃蛾蘭一般，它的花朵在抽長傾垂的花梗上疏落的分布，一次不只開一朵，盛花期相當熱鬧，就像許多小白蛾環繞著植株飛舞。

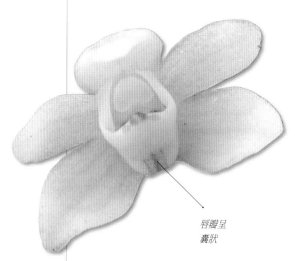

唇瓣呈
囊狀

辨識重點

小型附生蘭，莖極短。葉二列互生，鐮刀形，長5至12公分，寬6至12公釐，革質。花軸自莖上抽出，橫伸或下垂，6至9公分長，先端開3至8朵花；花白色，直徑約1.2公分；唇瓣三裂，內捲呈囊形，側裂片內有橙色條紋，中裂片肉質肥厚，內側基部有黃色長毛。

Data

· **屬** 風蘭屬
· **別名** 溪頭風蘭。
· **棲所** 產於臺灣中低海拔陰濕之楠櫧林中。

花期

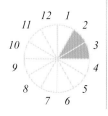

盛花期相當熱鬧，如許多小白蛾飛舞（許天銓攝）。

厚葉風蘭

Thrixspermum subulatum Rchb. f.

厚葉風蘭與倒垂風蘭（見
403頁）一般，都是臺灣產
的大型風蘭，分布區域也大
致重合，集中在中南部及東
部。相較於倒垂風蘭的單莖
型態，厚葉風蘭更常成叢生
長，不斷分枝，形成一個龐
大的個體。走近觀察，厚葉
風蘭的葉片相當多肉而厚，
雖然同樣是二列互生，但葉
片基部會扭轉，搭配狹長的
葉形，使得這物種具有些許
草莽氣息。黃白色的花朵由
葉腋抽出，由於花期很短，
所以大多時候我們只能看到
它壯觀的植株。

大型風蘭，成叢生長，形成龐大的個體。

辨識重點

附生草本。莖甚長，懸垂。
葉二列互生，帶狀長橢圓
形，基部扭轉，先端尖，長
6至10公分，甚為肥厚。花
莖自葉腋抽出，長約1.5公
分；花朵依序開放，花壽甚
短。花淡黃色，徑約1.5公
分；唇瓣近囊狀，內側中央
具肉突，肉突表面被毛。

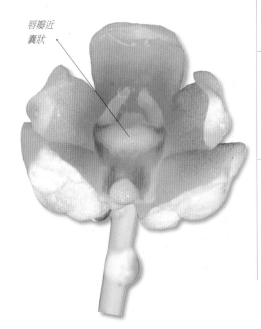

唇瓣近
囊狀

——— *Data*

· 屬　風蘭屬
· 棲所　喜生於乾爽
　之處，但時有雲
　霧。

——— 花期

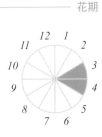

細花蠅蘭

Tipularia cunninghamii (King & Prain) S. C. Chen, S. W. Gale & P. J. Cribb

蠅蘭屬是1896年發表的蘭科小屬，該屬模式種細花軟葉蘭（*Didicea cuninghami*）的標本採自喜馬拉雅山脈東部的錫金，後來甚少有發現的紀錄。從100多年來的採集史來看，它是相當稀有的植物，少為人知及研究，以至於在蘭花親緣系統學中還曾經被歸於未確定屬，如今，經過分子親緣研究已將它併入蠅蘭屬。細花蠅蘭在臺灣最早的採集紀錄可追溯至1940年日人福山伯明，採集地點在南湖圈谷至基立亭間。當時戰事吃緊，在那個動盪不安的年代，福山伯明僅在標本台紙上寫著「*Didiciea neglecta*」這個裸名，讓這個標本靜靜躺在標本館中數十年，無人識得。其後，在蘇鴻傑老師的研究撰文後才讓臺灣人真正的認識它。

辨識重點

屬於地生蘭，具假球莖。葉片具柄，長卵形，貼地而生，長約4公分，葉脈平行。花莖自植株基部長出，花很小，約十餘朵，萼片與花瓣相似，唇瓣為倒卵形，基部有一個短距。

Data

· **屬** 蠅蘭屬
· **別名** 細花軟葉蘭。
· **棲所** 合歡山、羊頭山、南湖大山、雪山之冷杉、鐵杉林內。

花期

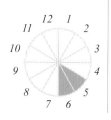

地生蘭；葉長卵形，具長柄，貼地而生。

萼片與花瓣相似

南湖蠅蘭 特有種

Tipularia odorata Fukuy.

為何喚稱蠅蘭？它的英文名為「Crain fly Orchid」（大蚊蘭），意即形容本屬的花展開形似大蚊（貌似蚊子但其實是蚊子的遠親），但不知後來為何會被轉叫為蠅蘭？本種的距非常的長，很容易讓人想到它應該是跟授粉者有關。的確，在美洲蠅蘭的研究觀察中，發現它的授粉者為夜蛾科（Noctuid Family）的飛蛾，本種的花僅在晚上發出香味，吸引他們的夜間授粉者前來，至於誰是臺灣蠅蘭的媒人？且待有心人的研究觀察。

辨識重點

植株僅具1片葉，葉卵狀橢圓形，漸銳頭，表面綠色，葉背紫紅色；邊緣細齒狀至波浪狀，葉基甚圓。花莖自根莖頂部長出，紫褐色；具排列不甚緊密之小花，花甚張，花面朝下。唇瓣三裂，側裂片在基部，邊緣波浪狀，中裂片長方形；距長達11公釐，彎曲。

喜生於海拔 1,500 至 2,800 公尺之潮濕森林（許天銓攝）。

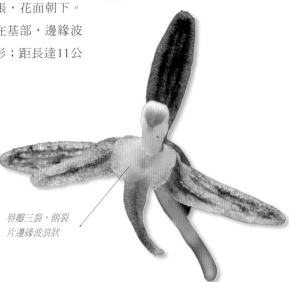

唇瓣三裂，側裂片邊緣波浪狀

Data

· 屬　蠅蘭屬
· 棲所　臺灣中北部櫟林帶至鐵杉雲杉林帶偶可見之，喜生於海拔1,500至2,800公尺之潮濕森林地被苔蘚上。

花期

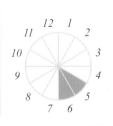

短穗毛舌蘭

Trichoglottis rosea (Lindl.) Ames

本種成熟的植株可大叢的下垂懸掛，其樣宛若鳳凰的長尾巴而得美名「鳳尾蘭」。在臺灣最北可見於宜蘭山區，但恆春半島及臺東南部才是它的大本營，在深山常可見它超過1公尺長的植株在大樹上擺盪著光影，飄逸的樣貌是許多賞蘭者在野外追尋的標的物。細看它的小花，雪白的萼瓣配上粉嫩的紫紅斑紋，閃爍生色！

辨識重點

附生。莖懸垂，長達50公分，莖上遍布葉片。葉亮綠色，窄長，漸尖頭，革質，二列互生。花序頗短，與葉對生，近乎無柄；花序上生3至6朵花。花頗伸展，壽命長，寬約1.4公分，白色，唇瓣上有紫紅色斑點。

附生，莖懸垂。葉亮綠色，二列互生。

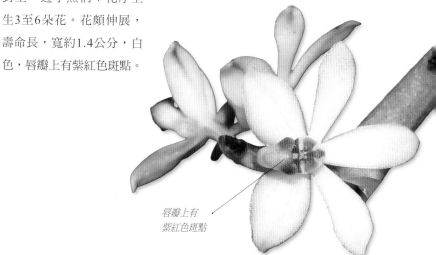

唇瓣上有
紫紅色斑點

Data

· 屬　毛舌蘭屬
· 別名　鳳尾蘭、短穗石蘭。
· 棲所　生育地屬低海拔之榕楠林型及木荷櫧林型。

花期

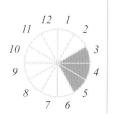

仙茅摺唇蘭

Tropidia curculigoides Lindl.

仙茅摺唇蘭是廣泛生長於東南亞的摺唇蘭屬植物，在國外有相當多的植株形態變化，身高也是摺唇蘭屬植物中相對高大的一種。它在外形上很類似禾本科植物，也頗似百合科，但一開起極小、不顯眼的白花後，就能夠輕而易舉的辨認出它其實也是蘭科的家族成員。它的白色花朵開放後並不轉位，上方兩個翹起的側萼片就像牛的角，是一個很容易辨識的特徵喔。

辨識重點

莖纖細，長達50公分，節間3至4公分。葉大致呈二列，披針形或長橢圓形，長8至15公分，具多條突起之脈。花序極短，頂生或腋生；花開之前為大形苞片所包，淡綠色或近白色；萼片長7至8公釐；側萼片從基部裂至全花長的1/4至1/5處；唇瓣囊形，5公釐長，先端下捲。

莖纖細；葉大致二列排列，披針形或長橢圓形（許天銓攝）。

唇瓣囊形，
先端下捲

花不轉位

Data

· 屬　摺唇蘭屬
· 棲所　生長於原始林內底層，稍微乾燥或是潮濕之環境皆可生長。

花期

11　12　1
10　　　　2
9　　　　3
8　　　　4
7　6　5

臺灣摺唇蘭

Tropidia formosana Rolfe

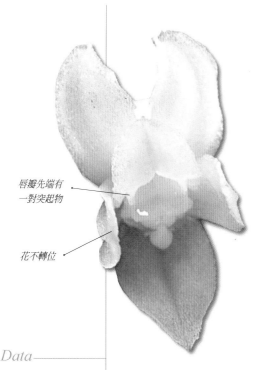

唇瓣先端有
一對突起物

花不轉位

臺灣摺唇蘭最為人知的地點就在南部的南化水庫一帶。它其實廣泛分布於臺灣的中部以南地區，尤其是一些土質較貧瘠、鹼性，或是土壤層不穩定的地帶，這暗示著本種的根系也許能將貧瘠偏鹼的土壤轉化為養分。雖然植株整體與仙茅摺唇蘭的外形十分類似，但植株體型較小，葉鞘明顯，可以在野外當作辨識的重要特徵。

辨識重點

未開花時外形極似仙茅摺唇蘭（見409頁），此種最大特徵為其擬頭狀花序，多花群集於頂端，植株雖與仙茅摺唇蘭近似，但它的花序頂生，花軸大約為2公分，密生超過30朵以上的小花，花的苞片為線狀，花瓣及萼片的先端鈍或圓，側萼片從基部裂至全花長的1/2處，唇瓣先端有一對突起物等特徵，明顯可與仙茅摺唇蘭區別。

Data

· **屬** 摺唇蘭屬
· **別名** 南化摺唇蘭
· **棲所** 幾乎皆生長
  於次生林、竹林
  中，接近人類活動
  頻繁處。生育地土
  壤基質通常貧瘠，
  鹼性青灰岩地帶或
  是岩屑地。

花期

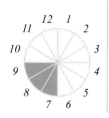

花序集中在植株的頂端。

日本摺唇蘭

Tropidia nipponica Masam.

日本摺唇蘭在本島的分布地點，從南到北都有，但似乎集中在島嶼的兩端。它亦產於日本南部，所以根據植物地理學的推測，臺灣的綠島、龜山島、蘭嶼，或許遠至菲律賓巴丹島，在未來可能都有機會發現這種摺唇蘭屬植物。日本摺唇蘭擁有波浪狀的葉片，橢圓形，相當可愛；它的葉鞘也相當明顯，這些特徵都可以輕易的在野外辨識它與相馬氏摺唇蘭（見412頁）的不同。在某些山區，相馬氏摺唇蘭會生長在在附近，但生態位置不重疊，開花的季節也完全不同。

臺灣從南到北都有，但集中於南北兩端，生長於原始林底層。

辨識重點

莖直立，多分枝，高30至40公分，直徑3至4公釐，每一分枝上生1至4葉。葉橢圓形，6至15公分長，3至10公分寬；表面暗綠色，紙質。花軸自頂端抽出，5至7公分長；花黃白色；兩側萼片合成一片，長橢圓形，先端二短裂；側萼片從基部裂至全花長的7/10至9/10處；唇瓣卵狀披針形，無距，但基部為淺囊狀，先端厚肉質，黃，向下彎曲。

唇瓣先端黃色，厚肉質

花不轉位

Data

· 屬　摺唇蘭屬
· 棲所　海拔分布於200至1,000公尺。生長於原始林內底層，稍微乾燥或是潮濕之環境皆可生長。

花期

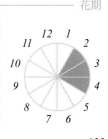

相馬氏摺唇蘭

Tropidia somai Hayata

這種摺唇蘭通常只有一片葉子，它的葉片相當寬圓，葉脈細密、清楚，質地粗糙。相馬氏摺唇蘭分布在日本、中國、臺灣與菲律賓，在臺灣於南部地區較容易見到，蘭嶼也有它的蹤跡。它的花朵呈潔白色，側萼片朝上合生為具有小缺口的片狀物，唇瓣的末先端中央具有鮮豔的黃色，典雅可愛。相馬氏摺唇蘭喜歡生長在貧瘠、多碎石的土壤，生命力強勁，下次若在野外見到它難得的綻放時刻，別忘了蹲下來仔細的觀察它喔。

辨識重點

植株矮小，通常具1至2片心或卵形葉片。花柄伸長，唇瓣在上，具有一明顯黃斑；唇瓣成為一囊狀或距狀，側萼片合生為一瓣狀物，頂端具一極淺的開叉；側萼片從基部裂至全花長9/10處。南部及蘭嶼的族群花朵上的距稍微長一些，其他地區則為囊狀，值得再做進一步的觀察。

側萼片朝上合生為一瓣狀物

花不轉位

Data

· 屬　摺唇蘭屬
· 別名　矮摺唇蘭
· 棲所　本種可忍受極端的環境條件，岩屑地、土壤層淺薄處、土壤豐厚處皆可生長，原始林或次生林中皆能發現其蹤跡。

花期

12　1
11　　　2
10　　　　3
9　　　　4
8　　　　5
7　6

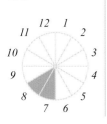

葉心形或卵形，通常1至2枚。

管唇蘭

Tuberolabium kotoense Yamam.

大家都知道蘭嶼島上盛產各式各樣的野蘭，其中以蝴蝶蘭、雅美萬代蘭（見414頁）等最負盛名，但若要選擇，本種其實最具蘭嶼的代表性，因為它的別名為紅頭蘭，紅頭乃是過去蘭嶼的舊稱。它的植物體與蝴蝶蘭類似，開花時滿滿的花密集於花軸上，又有淡淡的杏仁香味，討人喜愛，鮮有人不想擁有它。早期曾伴隨蝴蝶蘭被大量採集，目前在蘭嶼島的盛況已大不如前。本種因唇瓣下部呈肉質的管狀囊，而有「管唇蘭」之名。其花序呈下垂性，不分枝，每花序可著花數十朵，花徑僅約8公釐，花色白中綴著紫紅斑，甚具園藝價值。

辨識重點

葉2至7片，肉質，側生總狀花序，長而懸垂，具肉質之柄與軸；花序粗壯，具有無數朵、密集的白色小花，並帶有淡淡的杏仁香味。花被厚肉質，白色，帶粉紅，唇瓣具一伸長的肉質管狀囊。

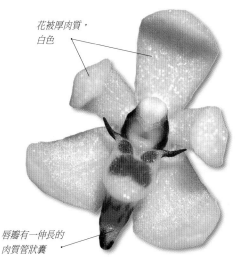

花被厚肉質，白色

唇瓣有一伸長的肉質管狀囊

花序粗壯，具有密集的白色小花，並帶有淡淡的杏仁香味。

Data

· **屬** 管唇蘭屬
· **別名** 蘭嶼管唇蘭、紅頭蘭。
· **棲所** 附生於蘭嶼各原始森林或次生林之樹幹、樹梢上。

— 花期

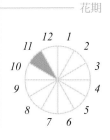

413

雅美萬代蘭

Vanda lamellata Lindl.

萼片與花瓣
近相似，黃
白色或白色

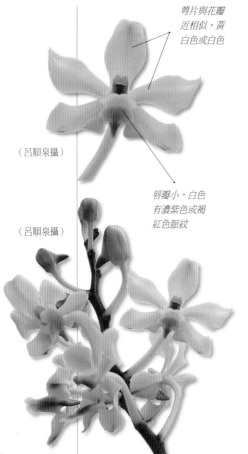

（呂順泉攝）

（呂順泉攝）

唇瓣小，白色
有濃紫色或褐
紅色脈紋

雅美萬代蘭是臺灣唯一的萬代蘭屬植物。它曾經繁茂的生長在蘭嶼南部的森林中，但人類的濫採使它長期以來被認為已經滅絕於島上，且百年來均未曾留下它在原生地的影像紀錄。歷經多次辛苦的尋覓，終於在蘭嶼南部約百公尺高的峭崖下發現數十株開花成株。這個岩壁接近垂直，人類難以到達，也因此才得以保留這僅有的種源。與菲律賓的種群相比，蘭嶼的雅美萬代蘭其花萼及花瓣較為粉白，且圓潤端整，顯示出它的獨特及代表性。

辨識重點

附生。葉片帶狀，橫面呈V字形，長30至40公分，先端2裂，革質，葉二列。莖頗長，具短節間。總狀花序，直立，數朵花。萼片與花瓣近相似，黃白色或白色，近基處有紅色斑紋，基部均窄，波狀緣；唇瓣小，肥厚，白色有濃紫色或褐紅色脈紋。

Data

· 屬　萬代蘭屬
· 棲所　生於大樹幹或岩石上。

花期

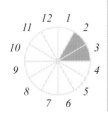

葉片帶狀，橫切面呈V字形，二列排列。

臺灣梵尼蘭

Vanilla somae Hayata

在臺灣多樣的野生蘭中，有兩種
的生活型態為蔓生植物，除了蔓
莖山珊瑚（見177頁）之外，就
是梵尼蘭。本種在臺灣1,200公
尺以下的闊葉林中數量不少，常
著生於岩壁上或大樹基部，或由
樹幹及石上垂下，喜陰濕之山麓
或溪谷。梵尼蘭屬中的香草蘭
（*V. planifolia*）是著名的珍貴香草
植物，果實部份可做為高級冰淇
淋、蛋糕及各種食物的香料。本
種亮澤的肉質葉非常的秀緻，攀
援性的特性讓它很適合做為陰蔽
處的垂懸園藝植物，而它的花徑
頗大也很漂亮，為一具園藝潛力
的野生蘭。

唇瓣呈管狀，
先端表面有乳突

辨識重點

莖肉質，直徑約1公分。葉互
生，橢圓狀披針形，長15至20
公分，寬5至8公分，厚肉質
而有光澤。花莖短，著生2至3
朵；花乳黃綠色，直徑5至6公
分；唇瓣三裂，橙色，基部內捲
呈管狀，先端開展，邊緣波浪
形，表面有乳突及一刷狀附屬
物。花期春秋二季。

常著生於岩壁上或樹幹基部或由樹幹及岩石上垂下。

——— Data

· 屬 梵尼蘭屬
· 別名 梵尼蘭。
· 棲所 臺灣1,200
  公尺以下之山區闊
  葉林中產之，常著
  生於岩壁上或樹幹
  基部，或由樹幹及
  岩石上垂下，喜陰
  濕之山麓或溪谷。

——— 花期

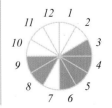

415

二尾蘭

Vrydagzynea nuda Blume

二尾蘭是一種只在臺北盆地局限分布的稀有蘭花。它生長在陰濕之森林下，平舖地面，常與大花羊耳蒜（見278頁）等植物為鄰。它體型不大，莖匍匐而上，直立大約5公分高，葉子頂多2至3公分長，葉面微帶光澤；花序甚短，約2至5公分，花頗為密集，白色，不甚張開，很難想像它的授粉者是誰，也許它是自花授粉？臺北最潮濕的地方在哪，就是二尾蘭可能出現的地方，濕度頗高的烏來及坪林森林內，常去踏青不難發現它。

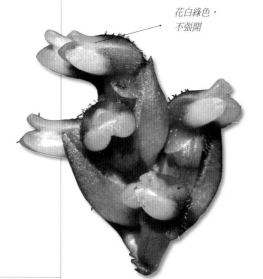

花白綠色，
不張開

辨識重點

小型地生蘭，植株高約5公分。葉卵狀橢圓形，暗綠色，長達3公分，寬1.7公分。密集之穗狀花序；花序柄有毛。花白綠色；萼片窄長；花瓣長卵形。唇瓣與蕊柱平行，全緣，黃色；唇盤中央肉質，具有距；距緊靠著子房。蕊柱短，側腹則甚平，藥帽心形；柱頭成二裂片，圓形，位於喙之二側。

Data

· 屬　二尾蘭屬
· 棲所　喜生長在陰濕之森林底層，海拔分布約在300至400公尺之間。

花期

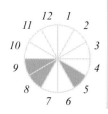

二尾蘭是一種只在臺北盆地局限分布的稀有蘭花。

密鱗長花柄蘭 特有種

Yoania amagiensis Nakai & F. Maek. var. *squamipes* (Fukuy.) C. S. Leou & C. L. Yeh

密鱗長花柄蘭早在1937年，就曾被日本植物學家瀨川孝吉（K. Segawa）於嘉義山區所採集，匿蹤數十年後，直到2006年才又被重新發現於臺灣南部山區。密鱗長花柄蘭是一種季節性的美麗蘭花，每年僅於5月從地底冒出豔麗酒紅色的花苞。花正面粉白色，是一種深具魅力又亟待保護的蘭科植物。

辨識重點

真菌異營草本。根狀莖分支較密集。花密集，花白色帶有粉紅色暈；唇瓣外側腹面白色，唇瓣先端具一深紫色斑點或色紋、內側布有深紫紅色大斑點數枚，邊緣全緣；蕊柱兩旁之附屬臂狀物約與花藥等長。

唇瓣先端具一
深紫色斑點或色紋

花白色帶有
粉紅色暈

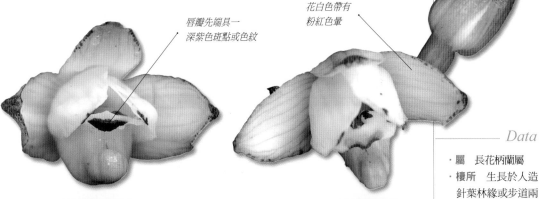

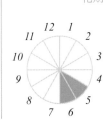

―――― *Data*

· **屬** 長花柄蘭屬
· **棲所** 生長於人造針葉林緣或步道兩旁灌叢下以及竹林，其生育條件或許與人類干擾（伐木、造林、開路等因素）有關。

―――― 花期

為一稀有之無葉地生蘭。

417

長花柄蘭

Yoania japonica Maxim.

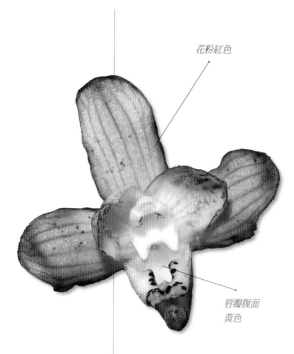

花粉粉紅色

唇瓣腹面
黃色

長花柄蘭分布於中國、日本與臺灣，與密鱗長花柄蘭（見417頁）同樣是外形豔麗的無葉綠素蘭。長花柄蘭有著桃紅色的花朵，唇瓣外側腹面黃色，先端不具斑點、內側前端具數枚密集分布之小斑點，邊緣鋸齒狀，可與密鱗長花柄蘭輕易的分別出來。長花柄蘭與密鱗長花柄蘭的生態習性相當接近，常綻放於人類活動頻繁的步道邊或木棧道邊，但可惜的是它開放的時間非常有限且不耐日曬，能夠親自在野外目睹的人，真的是相當幸運！

辨識重點

真菌異營草本。根狀莖分支較鬆。花鬆散，粉紅色；唇瓣外側腹面黃色，唇瓣先端不具斑點，內側前端具多數密集分布之小斑點；蕊柱兩旁之附屬臂狀物短於花藥甚多。

Data

· 屬　長花柄蘭屬
· 棲所　生長於人造針葉林緣或步道兩旁。

花期

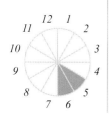

長花柄蘭是極豔麗的無葉綠素蘭。

白花線柱蘭

Zeuxine affinis (Lindl.) Benth.

白花線柱蘭廣泛生長於中國、東南亞與臺灣，但因為各地區的花朵的唇瓣形態上仍有些微差異，所以它的分類地位仍有待研究。在臺灣，僅有外島蘭嶼以及恆春半島可以見到本種。在蘭嶼島上，淡綠葉片襯托小小白花的白花線柱蘭幾乎遍布全島，是島上的優勢種蘭花。但它在台灣本島的數量分布上則相對的較少，不容易見到。

辨識重點

地生蘭。莖淡紫褐色，柱狀，肉質。葉大約5片，長卵形。花莖白綠色，頂部具數朵小花。花不伸展；萼片外被毛；唇瓣先端突然擴大成二裂片，每裂片長3公釐，前緣不規則齒緣。

在蘭嶼，淡綠葉片襯托小小白花的白花線柱蘭幾乎遍布全島（許天銓攝）。

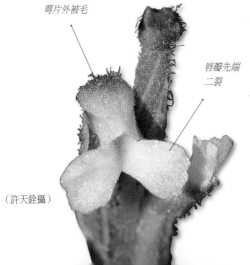

萼片外被毛

唇瓣先端二裂

（許天銓攝）

—— *Data*

· 屬　線柱蘭屬
· 棲所　蘭嶼及恆春半島之陰濕環境。

—— 花期

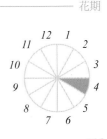

阿玉線柱蘭

Zeuxine agyokuana Fukuy.

阿玉線柱蘭，最初是由日本植物學者採集於臺灣北部的阿玉山而得名，它在世界上的分布地點則僅日本與臺灣，為一相當稀有的種類。阿玉線柱蘭的花擁有一個淡紅色的帽子（上萼片），像極了聖誕老公公，以及兩條強而有力向兩旁伸展的淡綠色側裂片。花雖然很不起眼，卻有著極為討喜的配色，再加上深綠色波浪狀的葉片，整體予人一種人小志氣高的氣息，各位在野外遇著時不妨可以觀察看看。

辨識重點

植株小，莖上散生4至5片小葉。葉卵狀披針形，約3至4公分，葉面深綠色。花細小，側萼片伸展，上萼片貼合，花瓣與唇瓣幾乎貼合不張開；唇瓣先端三淺裂。

側萼片伸展

Data

· **屬**　線柱蘭屬
· **棲所**　喜生於低海拔闊葉樹密林內，環境濕涼，土壤富腐植質之林下。

花期

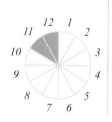

葉卵狀披針形，深綠色。

全唇線柱蘭

Zeuxine integrilabella C. S. Leou

全唇線柱蘭是臺灣幾種葉片具白肋的斑葉蘭亞族中最稀少的成員，只要有幸見過它，將會被它對比鮮明的葉片與高大的外形所吸引。本種是臺灣的特有植物，產於中部中央山脈地區，它擁有白底暈淡緋紅色的小型花朵，仔細觀察，可以見到線柱蘭屬植物中少見的完整唇瓣（不開裂）。它的唇瓣外形，像是由花朵中央吐出一條捲曲的舌頭，相當俏皮，也能夠當作是一個野外辨識的特徵喔！

辨識重點

多年生地生草本。葉卵狀橢圓形，長可達7公分，寬達3公分，中肋通常具一白色帶。花序頂生，被毛，具8至14朵花。花半展，近光滑，唇瓣菱形，全緣，不裂，與蕊柱完全分離，長約6公釐，寬約4公釐。

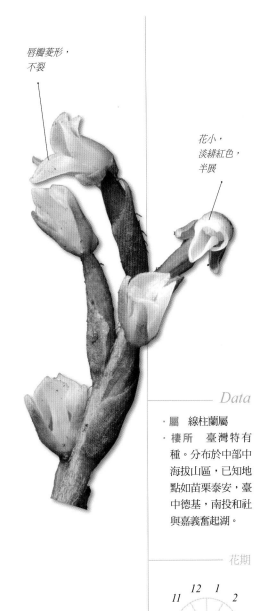

唇瓣菱形，不裂

花小，淡緋紅色，半展

葉卵狀橢圓形，中肋通常具一白色帶（許天銓攝）。

Data

· 屬　線柱蘭屬
· 棲所　臺灣特有種。分布於中部中海拔山區，已知地點如苗栗泰安，臺中德基，南投和社與嘉義奮起湖。

--- 花期

12 1
11 2
10 3
9 4
8 5
7 6

芳線柱蘭

Zeuxine nervosa (Lindl.) Trimen

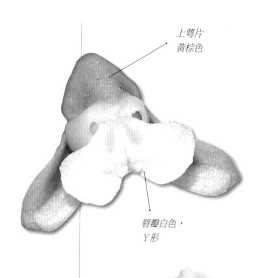

上萼片
黃棕色

唇瓣白色，
Y形

芳線柱蘭又稱寶島線柱蘭，是一種廣布全島，頗容易見到的線柱蘭。它廣泛分布於中國、東南亞、新幾內亞一帶。本種在葉片色彩上呈現兩種形態：全綠或帶有銀白色的中肋。在花朵的基底色調上亦有淺綠或橘黃色的差異。仔細觀察花部外觀，綻放的側萼片就像獵兔犬的耳朵，唇瓣的裂片則像聖誕老人的大鬍子，相當的逗趣。

辨識重點

莖長約20公分，直徑4.5公釐。葉卵形，有短柄，長3.6公分，寬2.5公分，表面深綠色，但中肋兩側稍帶銀白色暈。花莖高可達20公分，疏毛；花序穗狀。花綠至橘黃色；萼片及花瓣長約6 公釐；唇瓣白色，Y形，先端有二寬圓裂片。

花序穗狀

芳線柱蘭是一種廣布全島，很容易見到的線柱蘭屬植物。

Data

· **屬** 線柱蘭屬
· **別名** 寶島線柱蘭。
· **棲所** 分布於琉球及中南半島。臺灣產中南部山區常綠闊葉林下，海拔在1,500 公尺以下。

花期

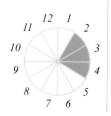

香線柱蘭

Zeuxine odorata Fukuy.

香線柱蘭在世界上僅產於日本的琉球與臺灣的
蘭嶼。它的株勢健壯，有著油亮的葉片與繁茂
的分支，在野外很容易跟稀有的長橢圓葉伴蘭
（見249頁）混淆。在蘭嶼島上，長橢圓葉伴
蘭局限在一個地點，但香線柱蘭在島上某些原
始的森林底層中則是相當強勢的存在。本種的
花序挺直，花朵呈現白綠相襯的美麗顏色，並
帶有濃郁的香味，非常宜人。

辨識重點

大型地生蘭。莖斜上，綠色。葉闊卵形，葉面
有光澤，長可達10公分，寬達6公分。花白綠
色，側萼片張開約180度；花瓣歪卵形；唇瓣
肉質，基部呈囊狀。蕊柱綠色，基部與唇瓣連
生；藥帽心形；花粉塊4個，黃色；喙頗大，
深裂；柱頭二個突出，位於蕊柱二側。

上萼片與花瓣
形成罩狀

唇瓣先端
二裂

喜生長於海拔300公尺左右潮濕之林下。

花白綠色，
有濃郁的香味

Data

· 屬　線柱蘭屬
· 棲所　本種僅分布
　於琉球群島以及蘭
　嶼，喜生長於潮濕
　之林下，海拔約
　300公尺左右的地
　方。

花期

12 1
11   2
10   3
9   4
8   5
7 6

菲律賓線柱蘭

Zeuxine philippinensis (Ames) Ames

菲律賓線柱蘭在世界上僅分布於菲律賓與臺灣的蘭嶼，自從在菲律賓被發現之後，野外已經多年沒有採集紀錄，直到2005年才被臺灣的植物學家在蘭嶼島上重新找到。菲律賓線柱蘭葉片擁有相當亮麗的雲斑，在雨水充足的森林中會顯現出寶石般耀眼的光澤。它淺棕綠色的花朵亦擁有線柱蘭屬植物中少見的，不開裂的唇瓣，並有淡黃色的囊。

辨識重點

本種具有美麗且特殊的葉片，葉片呈現罕見的三角至披針形，及具雲斑、網紋及白暈兼有的瑰麗色彩。花則不顯眼，但具有臺灣線柱蘭家族中少有的全唇（無裂片）以及明顯的囊。

唇瓣囊狀

葉片呈現罕見的三角形至披針形，具雲斑、網紋及白暈兼有的瑰麗色彩（許天銓攝）。

Data

· 屬　線柱蘭屬
· 棲所　本種產於蘭嶼次生林或原始林內。

花期

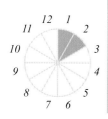

424

阿里山線柱蘭

Zeuxine reflexa King & Pantl.

阿里山線柱蘭普遍產於臺灣中南部的次生林與竹林中。在雨季來臨時，它會從休眠的走莖長出翠綠色的紙質葉片。而在花莖逐漸發育的過程中，葉會逐漸下垂甚至凋萎，以致出現接近開花時無葉的現象。阿里山線柱蘭的花朵極小，每一朵皆朝向不同的方向開放，小小的花朵中吐露出白色的長方形唇瓣裂片。阿里山線柱蘭與毛鞘線柱蘭（見428頁）最大的不同在於葉鞘片邊緣光滑無毛。

辨識重點

莖高約12公分。葉卵狀披針形，長約3至4公分。形似白花線柱蘭，本種唇瓣的小裂片為菱形至長方形，而白花線柱蘭則為楔形至圓形。

花被有毛

唇瓣
白色

開花時葉片會漸漸枯掉。

葉卵狀披針形（許天銓攝）。

— Data

· 屬　線柱蘭屬
· 棲所　生於臺灣中南部海拔約600至1,000公尺的山區。可生於較乾燥的環境中。

花期

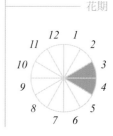

黃唇線柱蘭

Zeuxine sakagutii Tuyama

黃唇線柱蘭普遍生長於東南亞與華南一帶，在臺灣似乎在南部比較常見，外島蘭嶼也能夠見到，但不算是普遍可見的物種。本種在雨季來臨時會長出亮麗、帶有波浪狀的葉片，在花序逐漸發育完成時陸續凋萎，直至綻放時，僅剩幾葉仍帶有些許綠色。它的花具有深綠色、顯眼的子房，搭配亮黃色唇瓣裂片，相當易於辨認。本種可以生長在原始森林內，亦能生長在濱海的叢林碎石中，生育環境相當多元化。

辨識重點

葉卵狀披針形或卵形。唇瓣三裂，先端呈T形，黃色。開花時葉常乾枯。

生於低海拔較乾爽的闊葉林內（許天銓攝）。

Data

· **屬** 線柱蘭屬
· **棲所** 生於低海拔較乾爽的闊葉樹林內。

花期

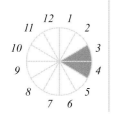

唇瓣先端呈T形，黃色

426

線柱蘭

Zeuxine strateumatica (Lindl.) Schltr.

線柱蘭為一種神奇、小巧，生長於我們生活周遭的好鄰居。它藉由旺盛的生命力、土壤移植，或種子傳播，使得它在全臺灣從東北角到墾丁龍磐草原，甚至無人島小蘭嶼都能發現。春雨之後，它藉由地下根莖長出針狀的葉片，而後綻放白色帶有黃唇的花朵，十幾朵花擠在短而健壯的花序上，十分熱鬧。但隨著花陸續受孕、果實迸裂後，線柱蘭的植物體逐漸凋萎，藉由地下莖所儲存的養分越冬，等待來年的再次燦爛。

辨識重點

地生。根莖短，斜上。莖淡棕色，直立。葉無柄，淡褐，線形至線狀披針形，漸尖頭。花序幾無柄，花多而密；花小，白色但具黃唇。

長在空曠的草地，是都市、校園草坪常見的植物。

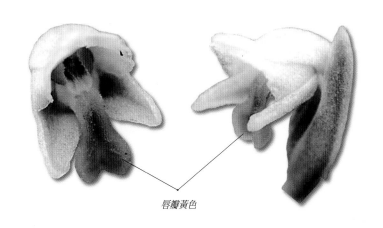

唇瓣黃色

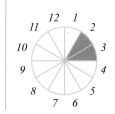

Data

· 屬　線柱蘭屬
· 棲所　零星分布於低海拔之開闊地。

花期

12 1
11   2
10   3
9   4
8   5
7 6

427

毛鞘線柱蘭

Zeuxine tenuifolia Tuyama

毛鞘線柱蘭在很多特性上都與阿里山線柱蘭（見425頁）十分接近，但在花朵內部的構造上有著極大的不同。最簡單的辨識特徵是葉鞘片邊緣具有柔毛，在野外是一個可以迅速鑑定的參考資訊。毛鞘線柱蘭在某些大學的校園中即能生長，分布地點從海平面到海拔1,000多公尺處都能發現，且多生長在次生林與竹林內，因為與之競爭的物種較原始林中單純，且地被植物也相對不那麼擁擠，極適合毛鞘線柱蘭生長。

辨識重點

地生。根莖短，斜上。莖淡棕色，直立。葉短柄，淡褐，線形至線狀披針形，漸尖頭。花序幾無柄，花多而密；花小，白色但具黃唇；子房與萼片被有毛茸，唇瓣先端成二裂片，唇瓣囊之腺體有疣狀突起。葉柄邊緣有細突。

葉線形至線狀披針形。

花白色但具黃唇

Data

· 屬　線柱蘭屬
· 棲所　零星分布於低海拔之開闊地。

花期

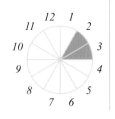

中文檢索

學名索引